普通高等教育"十一五"国家级规划教材

全国高等学校自动化专业系列教材
教育部高等学校自动化专业教学指导分委员会牵头规划

国家级精品教材

System Modeling and Simulation
(Second Edition)

系统建模与仿真
（第2版）

大连理工大学　张晓华 编著
Zhang Xiaohua

U0269232

清华大学出版社
北京

内 容 简 介

本书以 MATLAB 语言为平台,以工程案例教学为特色,系统地阐述了系统建模与仿真技术的基本概念、原理与方法,涉及运动控制、过程控制、电力电子与电力传动控制领域的系统建模、控制器设计与仿真实验等内容。

全书共分 5 章,主要包括:概述、系统建模与分析、控制系统设计与仿真、虚拟样机技术与应用、实物/半实物仿真技术与应用;书中配有练习型、分析/设计型、探究型习题,有助于激发读者的兴趣和进一步领会与掌握自动化领域相关课程内容。

本书系高等学校自动化专业本科生用教材,也可作为电气工程及其自动化、机械电子工程/机械设计制造及其自动化等专业本科生(或研究生)“仿真技术”类课程的教学用书。

图书在版编目(CIP)数据

系统建模与仿真/张晓华编著. —2 版. —北京:清华大学出版社,2015(2024.8重印)
(全国高等学校自动化专业系列教材)
ISBN 978-7-302-42282-2

Ⅰ. ①系… Ⅱ. ①张… Ⅲ. ①系统建模—高等学校—教材 ②系统仿真—高等学校—教材 Ⅳ. ①N945.12 ②TP391.9

中国版本图书馆 CIP 数据核字(2015)第 283725 号

责任编辑:王一玲
封面设计:傅瑞学
责任校对:焦丽丽
责任印制:丛怀宇

出版发行:清华大学出版社
   网 址:https://www.tup.com.cn,https://www.wqxuetang.com
   地 址:北京清华大学学研大厦 A 座 邮 编:100084
   社 总 机:010-83470000 邮 购:010-62786544
   投稿与读者服务:010-62776969,c-service@tup.tsinghua.edu.cn
   质量反馈:010-62772015,zhiliang@tup.tsinghua.edu.cn
   课件下载:https://www.tup.com.cn,010-83470236
印 装 者:天津鑫丰华印务有限公司
经 销:全国新华书店
开 本:175mm×245mm 印 张:20.5 字 数:431 千字
版 次:2006 年 12 月第 1 版 2015 年 12 月第 2 版 印 次:2024 年 8 月第 9 次印刷
定 价:59.00 元

产品编号:046673-03

出版说明

《全国高等学校自动化专业系列教材》 >>>>>

为适应我国对高等学校自动化专业人才培养的需要,配合各高校教学改革的进程,创建一套符合自动化专业培养目标和教学改革要求的新型自动化专业系列教材,"教育部高等学校自动化专业教学指导分委员会"(简称"教指委")联合了"中国自动化学会教育工作委员会"、"中国电工技术学会高校工业自动化教育专业委员会"、"中国系统仿真学会教育工作委员会"和"中国机械工业教育协会电气工程及自动化学科委员会"四个委员会,以教学创新为指导思想,以教材带动教学改革为方针,设立专项资助基金,采用全国公开招标方式,组织编写出版一套自动化专业系列教材——《全国高等学校自动化专业系列教材》。

本系列教材主要面向本科生,同时兼顾研究生;覆盖面包括专业基础课、专业核心课、专业选修课、实践环节课和专业综合训练课;重点突出自动化专业基础理论和前沿技术;以文字教材为主,适当包括多媒体教材;以主教材为主,适当包括习题集、实验指示书、教师参考书、多媒体课件、网络课程脚本等辅助教材;力求做到符合自动化专业培养目标、反映自动化专业教育改革方向、满足自动化专业教学需要;努力创造使之成为具有先进性、创新性、适用性和系统性的特色品牌教材。

本系列教材在"教指委"的领导下,从 2004 年起,通过招标机制,计划用 3~4 年时间出版 50 本左右教材,2006 年开始陆续出版问世。为满足多层面、多类型的教学需求,同类教材可能出版多种版本。

本系列教材的主要读者群是自动化专业及相关专业的大学生和研究生,以及相关领域和部门的科学工作者和工程技术人员。我们希望本系列教材既能为在校大学生和研究生的学习提供内容先进、论述系统并适于教学的教材或参考书,也能为广大科学工作者和工程技术人员的知识更新与继续学习提供适合的参考资料。感谢使用本系列教材的广大教师、学生和科技工作者的热情支持,并欢迎提出批评和意见。

《全国高等学校自动化专业系列教材》编审委员会

2005 年 10 月于北京

序

自动化学科有着光荣的历史和重要的地位,20 世纪 50 年代我国政府就十分重视自动化学科的发展和自动化专业人才的培养。五十多年来,自动化科学技术在众多领域发挥了重大作用,如航空、航天等,"两弹一星"的伟大工程就包含了许多自动化科学技术的成果。自动化科学技术也改变了我国工业整体的面貌,不论是石油化工、电力、钢铁,还是轻工、建材、医药等领域都要用到自动化手段,在国防工业中自动化的作用更是巨大的。现在,世界上有很多非常活跃的领域都离不开自动化技术,比如机器人、月球车等。另外,自动化学科对一些交叉学科的发展同样起到了积极的促进作用,例如网络控制、量子控制、流媒体控制、生物信息学、系统生物学等学科就是在系统论、控制论、信息论的影响下得到不断的发展。在整个世界已经进入信息时代的背景下,中国要完成工业化的任务还很重,或者说我们正处在后工业化的阶段。因此,国家提出走新型工业化的道路和"信息化带动工业化,工业化促进信息化"的科学发展观,这对自动化科学技术的发展是一个前所未有的战略机遇。

机遇难得,人才更难得。要发展自动化学科,人才是基础、是关键。高等学校是人才培养的基地,或者说人才培养是高等学校的根本。作为高等学校的领导和教师始终要把人才培养放在第一位,具体对自动化系或自动化学院的领导和教师来说,要时刻想着为国家关键行业和战线培养和输送优秀的自动化技术人才。

影响人才培养的因素很多,涉及教学改革的方方面面,包括如何拓宽专业口径、优化教学计划、增强教学柔性、强化通识教育、提高知识起点、降低专业重心、加强基础知识、强调专业实践等,其中构建融会贯通、紧密配合、有机联系的课程体系,编写有利于促进学生个性发展、培养学生创新能力的教材尤为重要。清华大学吴澄院士领导的《全国高等学校自动化专业系列教材》编审委员会,根据自动化学科对自动化技术人才素质与能力的需求,充分吸取国外自动化教材的优势与特点,在全国范围内,以招标方式,组织编写了这套自动化专业系列教材,这对推动高等学校自动化专业发展与人才培养具有重要的意义。这套系列教材的建设有新思路、新机制,适应了高等学校教学改革与发展的新形势,立足创建精品教材,重视实践性环节在人才培养中的作用,采用了竞争机制,以激励和推动教材建设。在此,我谨向参与本系列教材规划、组织、编写的老师致以诚挚的感谢,并希望该系列教材在全国高等学校自动化专业人才培养中发挥应有的作用。

吴澄迪 教授

2005 年 10 月于教育部

《全国高等学校自动化专业系列教材》编审委员会在对国内外部分大学有关自动化专业的教材做深入调研的基础上，广泛听取了各方面的意见，以招标方式，组织编写了一套面向全国本科生（兼顾研究生）、体现自动化专业教材整体规划和课程体系、强调专业基础和理论联系实际的系列教材，自 2006 年起将陆续面世。全套系列教材共 50 多本，涵盖了自动化学科的主要知识领域，大部分教材都配置了包括电子教案、多媒体课件、习题辅导、课程实验指示书等立体化教材配件。此外，为强调落实"加强实践教育，培养创新人才"的教学改革思想，还特别规划了一组专业实验教程，包括《自动控制原理实验教程》、《运动控制实验教程》、《过程控制实验教程》、《检测技术实验教程》和《计算机控制系统实验教程》等。

自动化科学技术是一门应用性很强的学科，面对的是各种各样错综复杂的系统，控制对象可能是确定性的，也可能是随机性的；控制方法可能是常规控制，也可能需要优化控制。这样的学科专业人才应该具有什么样的知识结构，又应该如何通过专业教材来体现，这正是"系列教材编审委员会"规划系列教材时所面临的问题。为此，设立了《自动化专业课程体系结构研究》专项研究课题，成立了由清华大学萧德云教授负责，包括清华大学、上海交通大学、西安交通大学和东北大学等多所院校参与的联合研究小组，对自动化专业课程体系结构进行深入的研究，提出了按"控制理论与工程、控制系统与技术、系统理论与工程、信息处理与分析、计算机与网络、软件基础与工程、专业课程实验"等知识板块构建的课程体系结构。以此为基础，组织规划了一套涵盖几十门自动化专业基础课程和专业课程的系列教材。从基础理论到控制技术，从系统理论到工程实践，从计算机技术到信号处理，从设计分析到课程实验，涉及的知识单元多达数百个、知识点几千个，介入的学校 50 多所，参与的教授120 多人，是一项庞大的系统工程。从编制招标要求、公布招标公告，到组织投标和评审，最后商定教材大纲，凝聚着全国百余名教授的心血，为的是编写出版一套具有一定规模、富有特色的、既考虑研究型大学又考虑应用型大学的自动化专业创新型系列教材。

然而，如何进一步构建完善的自动化专业教材体系结构？如何建设基础知识与最新知识有机融合的教材? 如何充分利用现代技术,适应现代大学生的接受习惯,改变教材单一形态,建设数字化、电子化、网络化等多元形态、开放性的"广义教材"? 等等,这些都还有待我们进行更深入的研究。

　　本套系列教材的出版,对更新自动化专业的知识体系、改善教学条件、创造个性化的教学环境,一定会起到积极的作用。但是由于受各方面条件所限,本套教材从整体结构到每本书的知识组成都可能存在许多不当甚至谬误之处,还望使用本套教材的广大教师、学生及各界人士不吝批评指正。

吴 澄 院士

2005 年 10 月于清华大学

第2版前言

一、关于本书

2004 年 5 月,针对"系统建模与仿真"技术的广泛应用与发展趋势,为满足本科生教学工作的需要,教育部高等学校自动化专业教学指导委员会决定组织编写"系统建模与仿真"课程的本科生教材,经在全国范围内招投标,确定由张晓华教授编著,薛定宇教授主审,并由清华大学出版社资助出版;本书面世十余年来,先后为国内数十所院校选为"仿真技术"类课程教材,被读者评价为"注重基础、可读性强、工程案例丰富、课件资料实用",其也是激励作者与本书再版的主要原因。

根据教学需要与篇幅所限,本书内容上有所增减:

(1) 删除原书第 3 章(系统仿真)内容。鉴于本书的重点将放在"基于系统数学模型的控制系统设计、分析与仿真实验",故原书中"系统仿真的基本原理"内容已不适合,如读者教学上还有需求,可参考第 1 章后的参考文献[18]。

(2) 系统建模与分析部分增加了"电力电子与电力传动"案例,即"直流电动机转速控制问题"、"PWM 整流器控制问题",以加强电气工程领域的工程案例。

(3) 控制系统设计与仿真部分增加了"自平衡式两轮电动车直行与转向复合控制"和"电力电子与电力传动控制"案例,以加强系统建模在控制工程中的应用案例。

(4) 增加了"dSPACE/半实物仿真技术与应用"内容,以拓展读者在线/实时仿真技术的视野,为仿真技术的工程应用开阔思路。

(5) 增加了"电力电子与电力传动"相关领域的系统建模与控制习题。

(6) 删减或补充了各章参考文献。

我们希望,本书通过以上内容的删减与补充能够在"注重基础、内容精炼、可读性强"写作风格的基础上,进一步加强工程案例教学,使工程问题与仿真实验有机地结合,以期培养学生独立思考、勤于实践、勇于解决复杂工程问题的思维方法,以及紧随新技术发展、不断开拓进取的创新精神。

全书共分5章,其中第2、3章中的"电力电子技术"相关内容,由大连理工大学电气学院郭源博讲师编写;全书由张晓华教授统稿,东北大学薛定宇教授主审。

二、关于教师用电子课件

为便于选用本书的院校与专业教师有效地组织教学,本书为任课教师备有电子课件光盘(800MB),其中包括"仿真技术概述 PPT、各章电子教案 PPT、习题解答、教学参考影像资料",以及教学文档(教学大纲、实验指导书、课程设计指导书)等资料,请选用本书作为"仿真技术"类课程教材的教师直接给作者发 E-mail 索取;同时,作者也希望与广大读者就教学内容、工程应用等问题开展讨论与交流。

三、关于教学环节的组织

本书按授课30学时编写,其中第3章的内容可视专业/行业需要适当增减,第4章与第5章作为拓展内容,供教学参考与读者选读,以扩大知识面;作为实践性较强的"仿真技术"类课程,应安排"课程实验"教学环节(4~8学时),有条件的院校还可安排"课程设计"教学环节(一周时间),在"电子课件"光盘中备有相关的"实验指导书"、"课程设计指导书/教学大纲"等教学资料,仅供参考;作为以提高学生综合解决"复杂工程问题"能力为主的专业基础课,课程考核建议采取(实验验收＋习题报告＋课程试卷)的"累加式"考核模式,重点培养与考核学生"独立解决问题、归纳总结、知识掌握"的能力与水平。

四、致谢

在本书的成稿与面世过程中,得到以下同仁的热诚支持与帮助:
国家自然科学基金(项目编号:51377013/E070602,51407023);
大连理工大学教学与改革发展基金;
大连理工大学电气工程学院;
东北大学薛定宇教授;
大连理工大学电气工程学院黄凯、张宇、夏金辉研究生;
《全国高等学校自动化专业系列教材》编审委员会;
清华大学出版社。
在此,一并致以衷心的谢意。

由于编者水平有限,错误与不当之处在所难免,殷切期望广大读者批评指正。

信函请至:辽宁省大连市高新区凌工路 2 号

大连理工大学电气工程学院基础部 102 室　张晓华收

邮编:116023

E-mail:xh_zhang@dlut.edu.cn。

作　者

2015 年 8 月

第1版前言

10 年前，MATLAB 语言在国内的出现与推广改变了以往人们"手工编程"的历史，使得数字仿真技术进入到"实质性的应用阶段"；5 年前，MATLAB/Simulink 的日臻完善，使得"数字仿真技术"进入到"视窗化与图形化的人机交互阶段"，"数字仿真技术"开始广泛应用于教学与科研工作中；今天，以虚拟现实技术、3D 显示技术、数字仿真技术为核心内容的"虚拟样机技术"（又称"虚拟制造技术"）也已进入科研院所与大专院校，并开始在工厂企业中广泛应用，"数字仿真技术"又进入一个新的应用与发展阶段。

"系统建模与仿真"技术在其近 50 年的发展中，"推动了几乎所有设计领域的革命"，被喻为 20 世纪下半叶"十大工程技术成就之一"。如今，系统建模与仿真技术已成为现代工程技术人员应该掌握的基本技能之一。

2004 年 5 月，针对"数字仿真与 CAD 技术"的广泛应用与发展趋势，为满足本科生教学工作的需要，教育部高等学校自动化专业教学指导分委员会决定组织编写"系统建模与仿真"课程的本科生教材。经在全国范围内招投标，确定由哈尔滨工业大学张晓华教授主编、东北大学薛定宇教授主审，并由清华大学出版社资助出版该教材。

作为联系"自动控制理论"、"自动控制系统/设计"、"计算机控制"、"课程设计"、"毕业设计"等教学环节的专业方向选修类课程，其不仅可以使学生了解与掌握"系统建模与仿真"技术的基本理论与方法，而且还可为学生在毕业设计中提供一个强有力的工具，有效地加强教学中的实践性教学环节，培养学生的独立工作能力和创造性思维能力。

因此，本书编写的目的在于：

(1) 向读者传授"系统建模与仿真"技术这一利器，并使读者清楚：随着新技术的不断发展，将会不断地产生更有效、更实用的"仿真工具"，而我们应该不断地学习与掌握，以使自己能够与时俱进；

(2) 为读者讲明"系统建模与仿真"技术中所涉及的基本原理、基本概念与基本方法，因为它们是我们能够有效运用仿真工具的理论基础；

(3) 给读者提供一些生动有趣、启迪思想的工程实际问题，创造一个"自由畅想、激发创造"的空间，以使读者从中体会到："数字仿真技术"是我们学习、探究以及生活中不可缺少的有力工具。

本书在"注重基础、内容精炼、可读性强"写作风格的基础上,在如下几方面进行了积极的探索。

1. 案例教学

(1) 在系统建模方面,包含有"一阶直线倒立摆系统"、"龙门吊车防摆控制系统"、"水箱液位控制系统"、"燃煤热水锅炉温度控制系统"等工程案例。

(2) 在系统仿真/CAD 方面,包含有"直流电动机转速电流双闭环控制系统设计"、"一阶直线倒立摆运动控制"、"龙门吊车负载防摆控制"、"一阶直线双倒立摆系统的可控性研究"、"自平衡式两轮电动车运动控制"等工程案例。

(3) 从例题到习题,给读者提供了十余个生动、形象的工程实际问题,它们是:
① 一阶直线倒立摆小车位置伺服控制问题;
② 龙门吊车重物防摆伺服控制问题;
③ 水箱液位控制问题;
④ 燃煤热水锅炉水温控制问题;
⑤ 一阶直线双摆系统可控性问题;
⑥ 水轮发电机组功率控制问题;
⑦ 具有弹性立杆的移动小车控制问题;
⑧ 自平衡式两轮电动车运动控制问题;
⑨ 斜梁-滚球系统的控制问题;
⑩ 多部直行电梯运行管理的最佳调度控制问题。

通过对这些问题的分析、设计与仿真实验研究,有助于提高学生独立分析问题与解决问题的能力;同时,也希望这些案例能够对本科生毕业设计的选题有所帮助。

2. 启发与探究式教学

21 世纪,人类社会进入到知识经济时代,社会对人才的需求发生了变化。那些具有"独立思维能力、自主创新能力与敏捷适应能力"的能力型人才将成为社会进步的中坚力量。

作为一门时代特色鲜明,以向学生传授系统分析与设计的"利器",培养学生"综合运用所学知识、勤于思考、勇于探索"工作作风的专业课,在"系统建模与仿真"课程的教学工作中,笔者认为:**"能力"比"知识"更重要**,新技术的不断涌现会使得已有的知识变得陈旧,而获取新知识与独立工作的能力永恒;**"过程"比"结果"更重要**,随着"问题与条件"的改变,"结果"将会不同,而通过"提出问题、分析问题、解决问题、归纳总结"这样一个"过程"的训练,将会有效地塑造学生们科学的"思维方式"与"工作习惯",而这将会使他们终身受益。

因此,本书在各章中均设立了"问题与探究"一节,为读者提供了一个畅想与实践的空间,以求抛砖引玉。同时,作者声明:在本书各章的例题、习题及有关工程案例的阐述中,其工程背景(或问题的提出)是确凿的,但是其中模型建立的有效性、控制策略的优劣性、仿真结果的可信性等方面内容,作者不敢说是最终结果,希望读者勇于给出质疑,以使我们共同进步。

3. 虚拟样机与实物仿真

系统建模与仿真技术的最终目的是指导人们去实践。

本书在"应用篇"中系统地阐述了虚拟样机与实物仿真技术的最新成果,希望读者能够从中理解"数字仿真与实物仿真"在认识世界与自身成长过程中所起到的不同作用。同时,也希望有条件的院校能够结合自身的行业背景,建立自己的实物仿真平台,尽可能多地给学生提供一些亲手实践的环境与机会,因为"实践出真知"是古今中外的教育家们所崇尚的认知理念。

4. 参考文献

一个人的经验与阅历是有限的,在探究未知中,如何快速准确地把握他人已有的经验与结论是我们在教学与研究中要面对的一个实际问题。本书在各章均给出相关的参考文献,在有关章节中还给出了网上资源等信息。希望这些资料能够有助于读者对所感兴趣的问题进行深入探究,以达到触类旁通的目的。

5. 电子课件

本教材为任课教师配有"现代仿真技术概述"多媒体课件(适用于本书第 1 章的教学)与"系统建模与仿真"电子教案(适用于本书各章节的教学),所配电子课件中还将包括:各章习题解答、图像资料、参考文献电子文档以及 PPT 讲稿等教学参考资料。需要说明的是,为便于选用本书的院校与教师有效地组织教学工作,凡选用本书作为"仿真技术"类课程教材院校的任课教师,均可获赠逐年更新的"多媒体课件与电子教案"。

本书共 6 章,其中第 1、4、5、6 章由哈尔滨工业大学张晓华教授编写,第 3 章由西安理工大学王华民教授编写,第 2 章由张晓华、王华民合作编写;全书由张晓华教授统稿,东北大学薛定宇教授主审。

本书按授课 30 学时编写。对于"计算机仿真技术基础"类课程,可选用本书的前 3 章;一般学时数为 20 学时授课 + 4 学时实验。对于"系统建模与仿真"类课程,可选用全书内容(其中第 4、5、6 章内容,可视具体情况灵活掌握);一般学时数为 30 学时授课 + 8 学时实验。

    "系统建模与仿真"是一门实践性较强的专业课,一般均要求安排一定量的上机实验。对于 4 学时的实验,可安排 MATLAB/Simulink 基础内容的上机实验,重点在引领学生入门;对于 8 学时的实验,可在 MATLAB/Simulink 入门实验内容的基础上,安排"水箱液位控制"、"双闭环直流调速系统设计"或"基于双闭环 PID 控制的一阶倒立摆控制系统设计"等方面的"系统仿真实验",重点在于培养学生的综合应用能力;如有条件,还可进一步安排书中有关内容的"验证性仿真实验"。

    作为以提高学生能力为主要目的的专业类课程,"系统建模与仿真"一般为考查课。因此,笔者建议:本门课程的考核以"写作报告"形式为主(如"实验报告"或"课程报告"),重点考核学生解决实际问题的能力、归纳总结能力以及科技论文的撰写能力。

    在本书的成稿与面世过程中,我们得到《全国高等学校自动化专业系列教材》编审委员会、清华大学出版社以及哈尔滨工业大学教学发展基金的支持;东北大学薛定宇教授提出的中肯意见为本书添色许多;还有许多同仁给予了无私的帮助。在此,一并致以衷心的谢意。

    由于编者水平有限,错误与不当之处在所难免,殷切期望广大读者批评指正。
信函请至:哈尔滨工业大学 354 信箱   张晓华 收   邮编 150001。
E-mail:xh_zhang@hit.edu.cn

编　者

2006 年 9 月

目录

CONTENTS >>>>>

第1章

概　　述

1.1　系统的实验研究方法

在工程设计与理论学习过程中,我们会接触到许多系统的分析、综合与设计问题,需要对相应的系统进行实验研究,概括起来有解析法、实验法与仿真实验法三种实验方法。

1. 解析法

所谓解析法,就是运用已掌握的理论知识对控制系统进行理论上的分析、计算。它是一种纯理论意义上的实验分析方法,在对系统的认识过程中具有普遍意义。

例如,在研究汽车轮子悬挂系统的减震器性能及其弹簧参数变化对汽车运动性能的影响时,可从动力学角度分析,将系统等效为图 1-1 所示模型形式,进而得出描述该系统动态过程的二阶常微分方程

$$a\frac{\mathrm{d}^2 x}{\mathrm{d}t^2} + b\frac{\mathrm{d}x}{\mathrm{d}t} + cx = F(t) \tag{1-1}$$

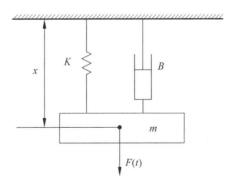

图 1-1　悬挂系统动力学模型

对于式(1-1)的分析求解显然就是一个纯数学解析问题。但是,在许多工程实际问题中,由于受到理论的不完善性以及对事物认识的不全面性

等因素的影响(例如"黑箱"、"灰箱"问题等),解析法往往有很大的局限性。

2. 实验法

对于已经建立的(或已存在的)实际系统,利用各种仪器仪表与装置,对系统施加一定类型的信号(或利用系统中正常的工作信号),通过测取系统响应来确定系统性能的方法称为实验法。它具有简明、直观与真实的特点,在一般的系统分析与测试中经常采用。

图 1-2 给出的是一带传动性能试验机转速控制系统,其动态性能 $n(t)$ 及静态性能 $n(I_d)$ 均可通过实验的方法测得,图 1-3 是其静特性的测量结果。

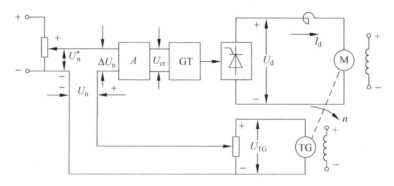

图 1-2　带传动试验机转速控制系统

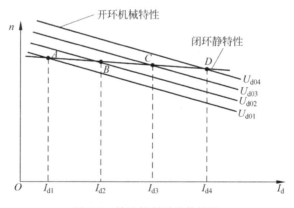

图 1-3　转速控制系统静特性

但是,由于种种原因,这种实验方法在实际中常常难以实现。归纳起来有如下几方面的原因:

(1) 对于控制系统的设计问题,由于实际系统还没有真正地建立起来,所以不可能在实际的系统上进行实验研究。

(2) 实际系统上不允许进行实验研究。比如在化工控制系统中,随意改变系统运行的参数,往往会导致最终产品的报废,造成巨额损失,类似的问题还有许多。

（3）费用过高、具有危险性、周期较长。比如：大型加热炉、飞行器及原子能利用等问题的实验研究。

鉴于上述原因，在模型上进行的仿真实验研究方法逐渐成为对控制系统进行分析、设计与研究的十分有效的方法。

3. 仿真实验法

仿真实验法就是在模型上（物理的或数学的）所进行的系统性能分析与研究的实验方法，它所遵循的基本原则是相似原理。

系统模型可分为两类，一类为物理模型，另一类是数学模型。例如，在飞行器的研制中，将其置放在"风洞"中进行的实验研究，就是模拟空中情况的物理模型的仿真实验研究，其满足"环境相似"的基本原则。又如，在船舶设计制造中，常常按一定的比例缩小建造一个船舶模型，然后将其置放在水池中进行各种动态性能的实验研究。这满足"几何相似"的基本原则，是模拟水中情况的物理模型的仿真实验研究。

在物理模型上所做的仿真实验研究具有效果逼真、精度高等优点，由于造价高昂，或者耗时过长，不为广大的研究人员所接受，大多是在一些特殊场合下（比如，导弹或卫星一类飞行器的动态仿真，发电站综合调度仿真与培训系统等）采用。

随着计算机与微电子技术的飞速发展，人们越来越多地采用数学模型在计算机（数字的或模拟的）上进行仿真实验研究。在数学模型上所进行的仿真实验是建立在"性能相似"的基本原则之上的。因此，通过适当的手段与方法建立高精度的数学模型是其前提条件。

1.2　仿真实验的分类

由于仿真实验是利用模型（物理的或数学的）来进行系统动态性能研究的实验，其中绝大多数都要应用计算机（模拟的或数字的），因此其分类方式以及相应的称呼均有所不同。下面仅就常用的几种情况加以说明。

1. 按模型分类

若仿真实验采用的模型是物理模型，则称之为物理仿真；若是数学模型，则称之为数学仿真。

事实上，人们经常把仿真实验中有无实物介入以及与时间的对应关系来对模型进行分类，可归纳成图 1-4 所示的情况。由图可见，物理仿真总是有实物介入的，具有实时性与在线

图 1-4　按模型分类的几种情况

的特点。因此,物理仿真系统具有构成复杂、造价较高等特点,图 1-5 给出了某卫星姿态控制的实物仿真系统原理,从中可略见一斑。数学仿真是在计算机上进行的,具有非实时性与离线的特点,是一种经济、快捷与实用的实验方法。

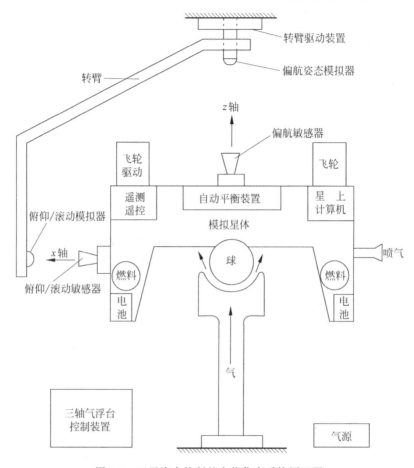

图 1-5　卫星姿态控制的实物仿真系统原理图

本书重点讨论基于数学模型的数字仿真问题。

2. 按计算机类型分类

由于数学仿真是在计算机上进行的,所以视计算机的类型以及仿真系统的组成不同可有多种仿真形式。

(1) 模拟仿真

采用数学模型在模拟计算机上进行的实验研究称为模拟仿真。模拟计算机的组成如图 1-6 所示,其中"运算部分"是它的核心,它

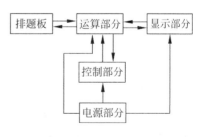

图 1-6　模拟计算机的组成

是由我们熟知的"模拟运算放大器"为主要部件所构成的,能够进行各种线性与非线性函数运算的模拟单元。下面的例子说明了模拟仿真实验的实现过程。

例 1-1　在图 1-1 所示系统中,若初始条件为 $\dot{x}(t)|_{t=0} = \dot{x}(o) = \alpha, x(t)|_{t=0} = x(o) = \beta$,试分析参数 B 对系统振动特性的影响。

解　对于式(1-1),不难确定:$a = m, b = B, c = K$,则有

$$\ddot{x}(t) = -\frac{B}{m}\dot{x}(t) - \frac{K}{m}x(t) + \frac{1}{m}f(t) \tag{1-2}$$

据式(1-2)可有图 1-7 所示的模拟仿真结构图,依据它在模拟计算机排题板上即可进行排版及作仿真实验。

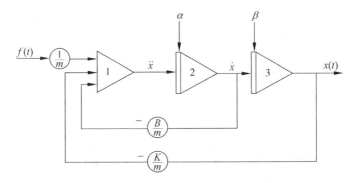

图 1-7　模拟仿真结构图

若 $f(t) = 1(t)$,则当参数 B 取不同值时,有图 1-8 所示仿真结果。从中可见,适当选择 B 值可以使系统减小或消除振动,提高汽车乘坐的舒适性。这一结果与解析法分析结果是一致的。阻尼系数 B 值过小时系统易产生振动。

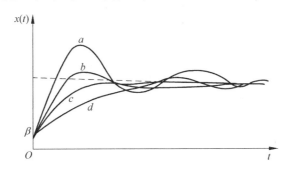

图 1-8　动态仿真结果

模拟仿真具有如下优缺点:

① 描述连续的物理系统的动态过程比较自然而逼真。

② 仿真速度极快,失真小,结果可信度高。

③ 受元器件性能的影响,仿真精度较低。

④ 对计算机控制系统(采样控制系统)的仿真较困难。

⑤ 仿真实验过程的自动化程度较低。

(2) 数字仿真

采用数学模型,在数字计算机上借助于数值计算的方法所进行的仿真实验称为数字仿真。数字仿真具有简便、快捷、成本低的特点,同时还具有如下优缺点:

① 计算与仿真的精度较高。由于计算机的字长可以根据精度要求来"随意"设计,因此从理论上讲系统数字仿真的精度可以是无限的。但是,由于受到误差积累、仿真时间等因素的影响,其精度不易定得过高。

② 对计算机控制系统的仿真比较方便。

③ 仿真实验的自动化程度较高,可方便地实现显示、打印等功能。

④ 计算速度比较低,在一定程度上影响到仿真结果的可信度。因此,对一些"频响"较高的控制系统进行仿真时具有一定的困难。

随着计算机技术的发展,"速度问题"会在不同程度上得以改进与提高,因此可以说数字仿真技术有着极强的生命力。

(3) 混合仿真

通过上面的介绍可以看到,模拟仿真与数字仿真各有优缺点,同时其优缺点可以互补,由此就产生了将这两种方法结合起来的混合仿真实验系统,简称混合仿真,主要应用于下述情况:

① 要求对控制系统进行反复迭代计算时,例如:参数寻优、统计分析等。

② 要求与实物连接进行实时仿真,同时又有一些复杂函数的计算问题。

③ 对于一些计算机控制系统的仿真问题。此时,数字计算机用于模拟系统中的控制器,而模拟计算机用于模拟被控对象。

混合仿真集中了模拟仿真与数字仿真的优点,其缺点是系统构成复杂、造价偏高。

(4) 全数字仿真

对于计算机控制系统的仿真问题,在实际应用中为简化系统构成,对象的模拟也可用一台数字计算机来实现,用软件来实现对象各种机理的模拟,如图1-9所示。从中可见,控制计算机系统是真实系统,即今后要实际应用的;而仿真计算机

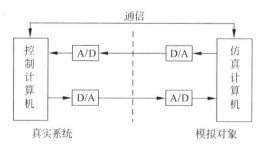

图 1-9　全数字仿真系统原理图

是用来模拟被控对象的,可用软件灵活构成各种线性及非线性特性,因此全数字仿真系统具有灵活、多变、构成简便的特点。

在全数字仿真中,若想进一步降低仿真系统成本,或仅用其作理论研究,则图 1-9 中的 A/D 与 D/A 接口电路部分可以去掉,用网络通信的方法实现控制器与模拟对象之间的信息交换,其在复杂系统数字仿真加速方法上具有独到之处。

（5）分布式数字仿真

对于算法复杂的大型数字仿真问题,仅用一两台 PC 进行数字仿真往往受到速度与精度这一对矛盾因素的影响,尽管数字计算机单机的运行速度在不断提升,这一矛盾问题始终困扰数字仿真技术的推广及深入的应用。大型（或巨型）计算机虽然具有卓越的性能,但价格限制了其市场范围。

那么如何用普通 PC 来解决数字仿真中的加速与精度的提高问题呢? 现代计算机网络技术为其开辟了新径。图 1-10 给出了基于网络技术实现的分布式数字仿真系统。从中可见,数字仿真系统将所研究的问题分布成若干个子系统,分别在主站与各分站的计算机上同时运行,有用数据通过网络与主站进行信息交换,在网络通信速度足够高的条件下,分布式数字仿真系统具有近似的多 CPU 并行计算机的性能,使仿真速度与精度均可有所保证,而成本却相对低得多,这是一种简便有效的解决复杂系统数字仿真问题的方法。

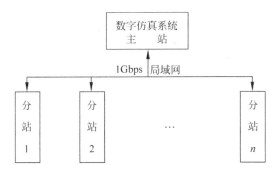

图 1-10　分布式数字仿真系统

1.3　相似性原理

相似性是人们在认识世界过程中广泛存在的一种现象,众多科学家的发明或发现都应用到相似性原理;从 1638 年伽利略论述的"威尼斯人在造船中应用几何相似原理"、1686 年牛顿在他的名著《自然哲学的数学原理》中讨论的"两个固体运动过程中的相似法则",到 1848 年物理学家柯西（Cauchy）从弹性物体的运动方程导出了集合相似物体中的声学现象与规律,再到 1920 年前后 M. B. 基尔比切夫在其"弹性现象中的相似性定理"问题研究中使"相似性原理"得以逐步完善。可以说"相似性原理"是科学技术创新与应用的桥梁。

1. 相似方式

在现代实验科学中,常用的相似方式可归纳成如下几种基本类型。

(1) 几何相似

在几何学中,相似性具有多种"等比"特性。依据该原理,人们在"风洞试验"、"水池船舶实验"等问题的研究中广泛应用"几何相似原理"。图 1-11 所示的是水池船舶实验与船舶模型。

(a) 船舶模型   (b) 水池船舶实验

图 1-11   水池船舶实验与船舶模型

同理,在实验科学研究中还经常应用"时间相似"、"速度相似"、"动力学相似"等原理。

(2) 环境相似

在有人参与的仿真实验系统中(例如:虚拟现实),人们往往追求耳、眼、鼻等感觉器官的真实性。因此,"环境相似"就成为相似方式中的重要一环,它可使仿真系统更为真实。图 1-12 给出了某大型船舶"驾驶员操控培训系统"的实物场景,从中可见,仿真培训系统从视觉、听觉、身体触觉等多方面达到了与真实船舶驾驶舱完全相同的境地。

图 1-12   船舶驾驶培训仿真系统

环境相似是现代仿真技术——虚拟现实(VR)——的基本要素之一。

(3) 性能相似

性能相似也称为"数学相似",是指不同的问题可以用相同的数学模型来描述。图 1-13 给出了几种物理过程的性能相似原理。它是数字仿真所遵循的基本原则。

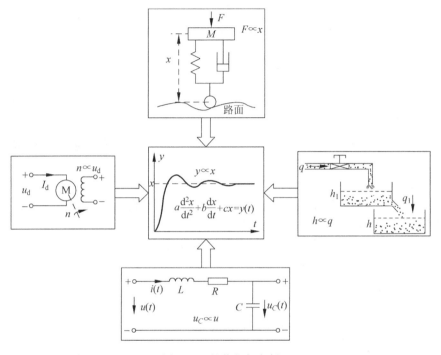

图 1-13　性能相似实例

(4) 思维相似

人的思维方式包括逻辑思维和形象思维,在模拟人的行为的仿真实验中,应遵循思维相似的原则。

逻辑思维相似主要是应用数理逻辑、模糊逻辑等理论,通过对问题的程序化,应用计算机来仿真人的某些行为,例如:专家系统、知识库、企业管理 ERP 等。

形象思维相似主要是应用神经网络等理论来模拟人脑所固有的大规模并行分布处理能力,以模拟人的瞬时完成对大量外界信息的感知与控制的能力。

(5) 生理相似

为了有效地对人体本身进行模拟,以推进现代医学、生物学、解剖学等的发展,生理相似理论已有长足的发展(如人体生理系统数学模型 Human),但是,由于人体生理系统是一个十分复杂的系统,甚至还有许多机理至今尚未搞清楚,所以生理相似理论还不完善,这也是当今仿真技术中一个重要的交叉学科。

2. 相似定理

(1) 相似第一定理

定理：彼此相似的现象必定具有数值相同的相似准则,通常称之为相似第一定理或相似正定理。

对于一些复杂的问题与现象,常常存在一定的相似准则,例如,黏性不可压缩流体的稳定等温流动存在三个相似准则：

$$\frac{\rho w l}{\mu} = 常数, \qquad \frac{P}{\rho w^2} = 常数, \qquad \frac{g l}{w^2} = 常数$$

相似准则中的物理量一般按同一点或同一状态来取,对于同一系统不同点或不同状态的相似准则具有不同数值。

相似第一定理说明,实验时应测量哪些量,即必须测量各相似准则所包含的所有量,这样才可以整理出相似准则的关系式。

(2) 相似第二定理

定理：对于同一种类现象,即都被同一完整方程组所描述的现象,当单值条件相似,而且由单值条件的物理量所组成的相似准则在数值上相等,则这些现象就必定相似,通常称之为相似第二定理或相似逆定理。

可见,要实现现象相似,就必须满足如下相似条件：

① 相似现象都由文字完全相同的数学方程组所描述；

② 单值条件相似；

③ 由单值条件的物理量组成的相似准则在数值上相等。

大量实践表明,随着定性准则数量的增多,会使模型的实现愈加困难,甚至无法实现。因此,常常只保证三个以内的定性准则在数值上相等,而忽略那些对系统影响小的准则,这样使模型较容易实现。

相似第二定理说明：进行模型实验必须遵守上面提到的三个相似条件。

(3) 相似第三定理

定理：描述某现象的各种量之间的关系,可表示成相似准则 $\Pi_1, \Pi_2, \cdots, \Pi_n$ 之间的函数关系,即

$$F(\Pi_1, \Pi_2, \cdots, \Pi_n) = 0$$

这种关系式,称为准则关系式或准则方程式。

相似第三定理也称为 Π 定理。

因为对于所有彼此相似的现象,相似准则都保持同样数值,所以它们的准则关系式也应是相同的。由此,如把某现象的实验结果整理成准则关系式,那么得到的这种准则关系式,就可以推广到与其相似的现象中去。

相似第三定理说明应该如何整理实验结果,即必须将其整理成相似准则之间的关系式。

（4）相似性原理是仿真实验所遵循的基本原则

在科学史上，无数科学家发现的事实表明，源于相似理论的启示是科学与技术创新之桥梁。

如今，相似理论已逐步发展成为一门独立的边缘学科，正在形成从基础科学的相似理论与相似系统理论到应用科学的相似工程学。相似理论的发展，为相似工程应用提供基础，主要表现在以下几个方面：

① 相似理论是从系统的角度而非个别现象出发来研究相似问题；

② 相似理论把相似性问题从概念明确提升到数值确定，把定性分析与定量计算结合起来；

③ 相似理论论证了可变相似性，可进行相似性动态分析；

④ 通过对不同系统间相似特性的研究，可找出系统之间的相互关系；

⑤ 通过找出各种系统间存在相似性的原因，可研究相似性的形成过程和演变动力。

相似系统理论是相似理论中的重要内容和理论基础。它主要从系统角度，研究各种系统间普遍存在的相似性，各种性质的共同性及差异性，揭示自然界中存在的各种相似系统的形成原理和演变规律。

相似理论可以广泛地应用于科学实验中，小到分子原子，大到宇宙天体，相似理论可以帮助我们揭示事物间内在的联系以及其动力学特性。

总之，相似理论是实验科学的基础，是仿真实验所遵循的基本原则。

1.4　系统、模型与数字仿真

在进行数字仿真实验时，对实际系统的认识，对系统模型的理解以及在计算机上的实现是一个有机的整体，每个环节都不同程度地对最终结果有所影响。因此，有必要对它们深入了解与掌握。

1. 系统的组成与分类

所谓系统就是由一些具有特定功能的、相互间以一定规律联系着的物体（又称子系统）所构成的有机整体。

（1）组成系统的三个要素——实体、属性和活动

实体　就是存在于系统中的具有确定意义的物体。比如电力拖动系统中的执行电动机，热力系统中的控制阀等。

属性　即实体所具有的任何有效特征。比如温度、控制阀的开度及传动系统的速度等。

活动　系统内部发生的任何变化过程称之为内部活动，系统外部发生的对系统产生影响的任何变化过程称之为外部活动。比如：控制阀的开启为热力系统的

内部活动,电网电压的波动为电力拖动系统的外部活动(即外部扰动)。

(2) 系统具有的三种特性——整体性、相关性和隶属性

整体性　即系统中的各部分(子系统)不能随意分割。比如任何一个闭环控制系统的组成中,对象、传感器及控制器缺一不可。因此,系统的整体性是一个重要特性,直接影响系统功能与作用。

相关性　即系统中的各部分(子系统)以一定的规律和方式相联系,由此决定了其特有的性能。比如电动机调速系统是由电动机、测速机、PI 调节器及功率放大器等组成,并形成了电动机能够调速的特定性能。

隶属性　一般情况下,有些系统并不像控制系统(由人工制成的)那样可清楚地分出系统的"内部"与外部,它们常常需要根据所研究的问题来确定哪些属于系统的内部因素,哪些属于系统的外界环境,其界限也常常随不同的研究目的而变化,将这一特性称之为隶属性。分清系统的隶属界限是十分重要的,它往往可使系统仿真问题得以简化,有效地提高仿真工作的效率。

(3) 系统的分类

系统的分类可有多种形式,下面是以"时间"作为依据的分类情况。

$$
系统
\begin{cases}
连续系统 \\
离散系统
\begin{cases}
离散时间系统 \\
离散事件系统
\end{cases} \\
混合系统
\end{cases}
$$

连续系统　系统中的状态变量随时间连续变化的系统为连续系统。如电机速度控制系统、锅炉温度调节系统等。

离散时间系统　系统中状态变量的变化仅发生在一组离散时刻上的系统为离散时间系统。如计算机系统。

离散事件系统　系统中状态变量的改变是由离散时刻上所发生的事件所驱动的系统为离散事件系统。如大型仓储系统中的"库存"问题,其"库存量"是受"入库"、"出库"事件的随机变化的影响的。

离散事件系统的仿真问题本书未涉及,有兴趣的读者可参阅有关文献。

连续离散混合系统　若系统中一部分是连续系统,而另一部分是离散系统,其间有连接环节将两者联系起来,则称之为连续离散混合系统。如计算机控制系统,通常情况下其对象为连续系统,而控制器为离散时间系统。

本书中所述的"离散系统"均指离散时间系统。

2. 模型的建立及其重要性

(1) 模型

系统模型是对系统的特征与变化规律的一种定量抽象,是人们用以认识事物的一种手段(或工具)。

$$\text{模型}\begin{cases}\text{物理模型}\\\text{数学模型}\\\text{描述模型}\end{cases}$$

对于物理模型与数学模型,我们已有所了解,下面着重谈一下描述模型。

所谓描述模型是一种抽象的(无实体的),不能或很难用数学方法描述的,而只能用语言(自然语言或程序语言)描述的系统模型。

随着科学技术的发展,在许多系统中都存在着"精确"与"实现"之间的矛盾问题,即若过分追求模型的精确(即严格的数学模型),则实际中往往很难实现。因此,为了有效地对一类复杂系统实现控制,人们已不再单纯地追求"数学模型",而是建立起基于"经验"或"知识"的描述模型。例如,在模糊(fuzzy)控制系统中,人们对控制对象的描述就是一组基于"经验"的 If-then-else 语句的描述。

描述模型是系统模型由"粗"向"精"转换过程中的一个中间模型,随着人们对系统行为的不断深入认识,其最终将被精确的数学模型所取代。

(2) 模型的建立

建立系统模型就是(以一定的理论为依据)把系统的行为概括为数学的函数关系。其包括以下内容:

① 确定模型的结构,建立系统的约束条件,确定系统的实体、属性与活动。

② 测取有关的模型数据。

③ 运用适当理论建立系统的数学描述,即数学模型。

④ 检验所建立的数学模型的准确性。

(3) 系统建模的重要性

由于控制系统的数字仿真是以其数学模型为前提的,所以对于仿真结果的可靠性来讲,系统建模至关重要,它在很大程度上决定了数字仿真实验的成败。

长期以来,由于人们对系统建模重视不够,使得数字仿真技术的应用仅仅限于理论上的探讨,缺乏对实际工作的指导与帮助,因而在一部分人的思想概念中产生了"仿真结果不可信"或"仿真用处不大"的错误认识。

现代的数字仿真技术已日趋完善地向人们提供强有力的仿真软件工具,从而对系统建模的要求越来越高,因此应予以充分的重视与熟练的掌握。

3. 数字仿真的基本内容

通常情况下,数字仿真实验包括三个基本要素,即实际系统、数学模型与计算机。联系这三个要素则有如下三个基本活动,即模型建立、仿真实验与结果分析。以上所述三要素及三个基本活动的关系可用图 1-14 来表示。由图可见,将实际系统抽象为数学模型,称为一次模型化,它还涉及到系统辨识技术问题,统称为建模问题;将数学模型转换为可在计算机上运行的仿真模型,称为二次模型化,这涉及到仿真技术问题,统称为仿真实验。

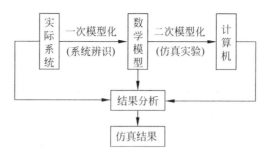

图 1-14　数字仿真的基本内容

　　长期以来,仿真领域的研究重点一直放在仿真模型的建立这一活动上(即二次模型化问题),并因此产生了各种仿真算法及工具软件,而对于模型建立与仿真结果的分析问题重视不够,因此使得当一个问题提出后,需要较长的时间用于建模。同时,仿真结果的分析常常需要一定的经验,这对于进行仿真实验的工程技术人员来讲是有困难的,容易造成仿真结果不真实,可信度低等问题。这些问题有碍于数字仿真技术的推广应用。

　　综上所述,仿真实验是建立在模型这一基础之上的,对于数字仿真要完善建模、仿真实验及结果分析体系,以使仿真技术成为控制系统分析、设计与研究的有效工具。

1.5　仿真技术的应用

1.5.1　控制系统 CAD

　　计算机辅助设计(computer aided design,CAD)技术是随着计算机技术的发展应运而生的一门应用型技术,至今已有近40年的历史。1989年,美国评出了科技领域近25年间最杰出的十项工程技术成就,将CAD/CAM技术列为第四项,称之为"推动了几乎所有设计领域的革命"。

　　"工欲善其事,必先利其器",CAD技术已成为当今推动技术进步与产品更新换代的不可缺少的有力工具。

1. CAD 技术的一般概念

(1) 什么是 CAD 技术

　　CAD技术就是将计算机高速而精确的计算能力、大容量存储和处理数据的能力与设计者的综合分析、逻辑判断以及创造性思维结合起来,用以加快设计进程、缩短设计周期、提高设计质量的技术。

　　CAD不是简单地使用计算机代替人工计算、制图等"传统的设计方法",而是通过 CAD 系统与设计者之间强有力的"信息交互"作用,从本质上增强设计人员的想象力与创造力,从而有效地提高设计者的能力与设计结果的水平。在近 20年的发展历史中,汽车制造业的推陈出新、服装加工业的层出不穷,以及航空航天领域的卓越成就……无不与 CAD 技术的发展有着密切的联系。

因此,CAD 技术中所涉及的"设计"应该是以提高社会生产力的水平、加快社会进步为目的的创造性的劳动。

（2）CAD 系统的组成

CAD 系统通常是由应用软件、计算机、外围设备以及设计者本身（即用户）组成的,它们之间的关系如图 1-15 所示。其中:

应用软件是 CAD 系统的"核心"内容,在不同的设计领域有相应的 CAD 应用软件,例如,机械设计中有 AutoCAD 软件,控制系统设计中有 MATLAB 软件（及相应工具箱）。

计算机是 CAD 技术的"基础",随着单机性能的不断提高,CAD 技术将更广泛地为各行业所采用。

外围设备是人机信息交换的手段。显示技术与绘图打印技术的不断发展为CAD 技术提供了丰富多彩的表现形式,在提高设计者的想象力、创造力以及最终结果的展现等方面具有重要意义。

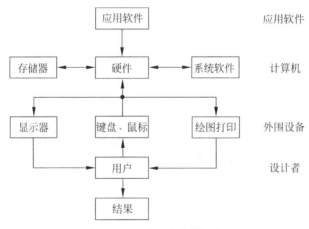

图 1-15　CAD 系统的组成

（3）怎样面对 CAD 技术

由于 CAD 技术涉及到数字仿真、计算方法、显示与绘图以及计算机等诸多内容,作为 CAD 技术的使用者,我们应注意以下几方面的问题:

① 注重对所涉及内容基本概念的理解与掌握,它是我们能够进行创造性思维与逻辑推理的理论基础。

② 选择数值可靠、性能优越的应用软件作为 CAD 系统的"核心",以使设计结果具有实际意义。

③ 将理论清晰、概念明确但分析计算复杂的工作交给计算机来做，作为设计者应主要从事具有创造性的设计工作。

控制系统 CAD 作为 CAD 技术在自动控制理论及自动控制系统分析与设计方面的应用分支，是本门课程的另一个重要内容。

2. 控制系统 CAD 的主要内容

CAD 技术为控制系统的分析与设计开辟了广阔天地，它使得原来被人们认为难以应用的设计方法成为可能。一般认为，控制系统分析与设计方法有两类，即频域法（又称变换法）和时域法（又称状态空间法）。

（1）频域法

频域法属经典控制理论范畴，主要适用于单输入单输出系统。频域法借助于传递函数、劳斯判据、伯德图、奈奎斯特图及根轨迹等概念与方法来分析系统动态性能和稳态性能，设计系统校正装置的结构，确定最优的装置参数。

（2）时域法

时域法为现代控制理论内容，适用于多输入多输出系统的分析与设计。其主要内容有：①线性二次型最优控制规律与卡尔曼滤波器的设计；②闭环系统的极点配置；③状态反馈与状态观测器的设计；④系统稳定性、可控性、可观测性及灵敏度分析等。

此外，自适应控制、自校正控制以及最优控制等现代控制策略都可利用 CAD 技术实现有效的分析与设计。

3. 数字仿真软件

作为控制系统 CAD 技术中的"核心"内容——应用软件，数字仿真软件始终为该领域研究开发的热点，人们总是以最大限度地满足使用者（特别是工程技术人员）方便、快捷、精确的需求为目的，不断地使数字仿真软件推陈出新。

（1）数字仿真软件的发展

随着计算机与数字仿真技术的发展，数字仿真软件经历了以下四个阶段：

① 程序编制阶段　即在人们利用数字计算机进行仿真实验的初级阶段，所有问题（如微分方程求解、矩阵运算、绘图等）都是仿真实验者用高级算法语言（如 BASIC、FORTRAN、C 等）来编写。往往是几百条语句的编制仅仅解决了一个"矩阵求逆"一类的基础问题，人们大量的精力不是放在研究"系统问题"如何，而是过多地研究软件如何编制、其数值稳定性如何等旁支问题，其结果使得仿真工作的效率较低，数字仿真技术难以为众人所广泛应用。

② 程序软件包阶段　针对"程序编制阶段"所存在的问题，许多系统仿真技术的研究人员将他们编制的数值计算与分析程序以"子程序"的形式集中起来形成了"应用子程序库"，又称为"应用软件包"（以便仿真实验者在程序编制时调用）。

这一阶段的许多成果为数字仿真技术的应用奠定了基础,但还是存在着使用不便、调用繁琐、专业性要求过强、可信度低等问题。这时人们已开始认识到,建立具有专业化与规格化的高效率的"仿真语言"是十分必要的,这样才能使数字仿真技术真正成为一种实用化的工具。

③ 交互式语言阶段　从方便人机信息交换的角度出发,将数字仿真涉及到的问题上升到"语言"的高度所进行的软件集成,就产生了交互式的"仿真语言"。仿真语言与普通高级算法语言(如 C、FORTRAN 等)的关系就如同 C 语言与汇编语言的关系一样,人们在用 C 语言进行乘(或除)法运算时不必去深入考虑乘法是如何实现的(已有专业人员周密处理了);同样,仿真语言可用一条指令实现"系统特征值的求取",而不必考虑是用什么算法以及如何实现等低级问题。

曾经具有代表性的仿真语言有:瑞典 Lund 工学院的 SIMNON 仿真语言、IBM 公司的 CSMP 仿真语言以及 ACSL、TSIM、ESL 等。20 世纪 80 年代初,由美国学者 Cleve Moler 等人推出的交互式 MATLAB 语言以它独特的构思与卓越的性能为控制理论界所重视,现已成为控制系统 CAD 领域最为普及与流行的应用软件。

④ 模型化图形组态阶段　尽管仿真语言将人机界面提高到"语言"的高度,但是对于从事控制系统设计的专业技术人员来讲还是有许多不便,他们似乎对基于模型的图形化(如框图)描述方法更亲切。随着"视窗"(Windows)软件环境的普及,基于模型化图形组态的控制系统数字仿真软件应运而生,它使控制系统 CAD 进入到一个崭新的阶段。目前,最具代表性的模型化图形组态软件当数美国 Math Works 软件公司 1992 年推出的 Simulink,它与该公司著名的 MATLAB 软件集成在一起,成为当今最具影响力的控制系统 CAD 软件。

(2) MATLAB

MATLAB 是美国 Math Works 公司的软件产品。

20 世纪 80 年代初期,美国的 Cleve Moler 博士(数值分析与数值线性代数领域著名学者)在教学与研究工作中充分认识到当时的科学分析与数值计算软件编制工作的困难所在,便构思开发了名为 Matrix Laboratory(矩阵实验室)的集命令翻译、科学计算于一体的交互式软件系统,有效地提高了科学计算软件编制工作的效率,迅速成为人们广泛应用的软件工具。MATLAB 作为原名的缩写成为后来由 Moler 博士及一批优秀数学家与软件专家组成的 Math Works 公司软件产品的品牌。

尽管 MATLAB 一开始并不是为控制系统的设计者们设计的,但是它一出现便以其"语言"化的数值计算、较强的绘图功能、灵活的可扩充性和产业化的开发思路很快就为自动控制界研究人员所瞩目。目前,在自动控制、图像处理、语言处理、信号分析、振动理论、优化设计、时序分析与统计学、系统建模等领域,由著名专家与学者以 MATLAB 为基础开发的实用工具箱极大地丰富了 MATLAB 的内容,使之成为国际上最为流行的软件品牌之一。

应该指出的是，尽管 MATLAB 在功能上已经完全具备了计算机语言的结构与性能，人们将其简称为"MATLAB 语言"，但是由于其编写出来的程序并不能脱离 MATLAB 环境而独立运行，所以严格地讲，MATLAB 并不是一种计算机语言，而是一种高级的科学分析与计算软件。

（3）Simulink

Simulink 是美国 Math Works 软件公司为其 MATLAB 提供的基于模型化图形组态的控制系统仿真软件，其命名直观地表明了该软件所具有的 simu(仿真)与 link(连接)两大功能，它使得一个复杂的控制系统的数字仿真问题变得十分直观而且相当容易。例如，对于图 1-16 所示的高阶 PID 控制系统，采用 Simulink 实现的仿真界面如图 1-17 所示。

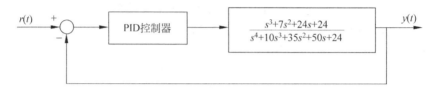

图 1-16   PID 控制系统结构图

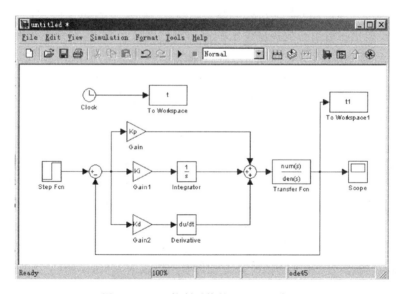

图 1-17   PID 控制系统的 Simulink 实现

值得一提的是，图 1-17 所示的仿真实现过程全部是在鼠标下完成的，从模型生成、参数设定到仿真结果的产生不过几分钟的时间，即使再复杂一些的系统仿真问题所需的时间也不会太多。Simulink 使控制系统数字仿真与 CAD 技术进入到人们期盼已久的崭新阶段。

有关 MATLAB 与 Simulink 进一步的内容，本书在后续章节中将有进一步的介绍。

1.5.2　虚拟现实

虚拟现实(virtual reality,VR)是仿真实验的高级形式,通过虚拟现实技术在仿真系统中的应用,能使仿真过程可视化,使人体会到仿真实验的真实性,有助于人们的创造性与想象力的发挥。

1. 系统仿真与虚拟现实

系统仿真实验是以科学规律为基础,以系统模型为对象,通过对真实世界的科学抽象与数学模拟来揭示其内在规律;传统系统仿真实验的数学表现形式单一(数据或曲线),不便于人们对事物内在本质的再认识与创意的发挥。

虚拟现实是在建模技术、计算机技术、图形技术、传感技术、显示技术等多种学科技术上发展起来的综合性技术。它追求的是人们对已知或未知世界的"真实再现",着眼于利用各种新技术或新手段使"表现形式"更加有效与真实。

虚拟现实技术在系统仿真实验中的应用,可使仿真实验的结果更加直观、生动而有效,有利于仿真技术在生活、工业、军事等领域的广泛应用。

2. 虚拟现实系统的组成

如图 1-18 所示,虚拟现实系统通常由感知设备、计算机、人机交互界面、系统表现装置以及网络设备组成。

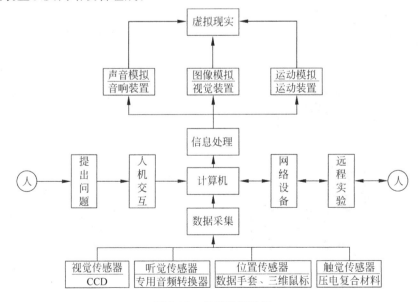

图 1-18　虚拟现实系统

（1）感知设备

① 视觉传感器　如平面 CCD、三维视觉等；

② 听觉传感器　如三维/多维（声道）感应器、专用音频转换器等；

③ 位置传感器　如数据手套/衣装（图 1-19），用以实现人在虚拟世界中的位置信息刻画；

④ 触觉传感器　如基于应变片、压力弹簧、压电复合材料（图 1-20）等触觉传感器，用于表现虚拟环境下人的行为动作。

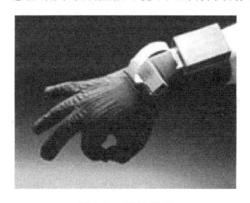 

图 1-19　数据手套　　　　　　　　　　图 1-20　压电复合材料

（2）表现装置

① 音响装置　如多通道音响播放设备，用以模拟虚拟环境下的音响效果。

② 视觉装置　如立体宽视场头盔显示器（图 1-21），180°环形显示屏等设备，用以模拟虚拟环境下的视觉效果。

③ 运动装置　如六自由度运动转台（图 1-22），用以模拟虚拟环境下的运动/振动等特性。

图 1-21　头盔显示器　　　　　　　　　图 1-22　六自由度运动转台

（3）计算机系统　用以实现虚拟现实系统中的运动学、动力学以及逻辑推理等仿真算法的计算与信息处理。

（4）人机交互设备　如显示器、键盘、三维鼠标等外围设备，用以实现软件编制、算法生成等工作。

（5）网络设备　用以实现虚拟现实与仿真实验过程的运动监控与联合管理。

3. 虚拟现实技术的特征

图 1-23 给出了虚拟现实技术的三大基本特征，即 3I（Immersion 沉浸感、Interaction 交互性、Imagination 想象力）。

沉浸感是指人作为主角存在于虚拟环境中的真实程度；虚拟现实技术很大程度就是追求沉浸感，即逼真程度。

交互性是指人作为虚拟环境中的一员对环境中的事与物的可操作性或可干预性；交互性的好坏反映了基于虚拟现实技术的产品性能的高低。

图 1-23　虚拟现实技术的基本特征

想象力是指人处于虚拟环境中所激发出的创造能力（或创造意识）。能够最大程度上激发人的创造力与创造性思维，是虚拟现实技术在实际应用中所追求的目标。

4. 虚拟现实仿真技术

20 世纪 80 年代初，"虚拟现实"这一概念一经推出，就在系统仿真领域中产生了巨大的影响。20 多年来，虚拟现实技术与仿真技术相结合使得系统仿真结果在表现形式上更加"逼真、形象"，使人富有想象；而系统仿真技术在虚拟现实中的应用（如运动学、动力学等原理的应用）使得虚拟现实技术得以更广泛地应用（如影视特技、电脑游戏等）。下面是虚拟现实仿真技术在自动化领域中的几个典型应用。

（1）虚拟样机

现在，人们可以借助于虚拟现实仿真工具软件（如 ADAMS）来"制造"机械部件、设备、车辆甚至飞行器的"虚拟样机"，在计算机上对"样机"进行各种动态/静态性能的测试。目前，虚拟样机"制造"的准确性可达 95％以上，可广泛应用于制造业和科研工作中。

图 1-24 给出的是月球车的实物样车与"虚拟样车"的越障动力学实验情况。

（2）虚拟制造

在现代工业设计、机械设计等领域，人们可广泛应用虚拟现实工具软件（如 Pro/E、Auto CAD）进行机械部件或复杂机械装配机构的"虚拟制造"，在计算机上进行三维运动学实验与装配实验，以检查设计的有效性。图 1-25 给出的是"管内移动机器人对接自救机构"的外形与装配图。

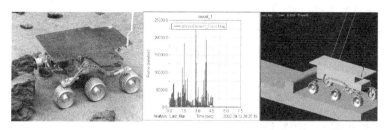

图 1-24　月球车的实物样车与"虚拟样车"的越障动力学实验

图 1-25　"管内移动机器人对接自救机构"的外形与装配图

(3) 虚拟环境

在现代艺术设计、影视艺术设计以及平面艺术设计等领域,人们也已广泛应用虚拟现实仿真工具软件(如 VRML、3DSMAX 等)进行虚拟环境与场景的设计,以有效增强作品的感染力(或仿真环境的真实性)。图 1-26 给出的是"探路者"号火星漫游车在进行"陆上虚拟仿真实验"时的"虚拟环境与实物实验"情况。

图 1-26　"探路者"号火星漫游车陆上虚拟仿真实验与实物实验

1.5.3　工程应用

现代仿真技术经过近 50 年的发展与完善,已经在各行业做出卓越贡献,同时也充分体现出其在科技发展与社会进步中的重要作用。

（1）航空与航天工业

对于航空航天工业的产品来说，系统的庞杂、造价的高昂等因素促成了其必须建立起完备的仿真实验体系。在美国，1958 年所进行的四次发射全部失败了，1959 年的发射成功率也不过 57％。通过对实际经验的不断总结，美国宇航局逐步建立了一整套仿真实验体系，到了 60 年代成功率达到 79％，在 70 年代已达到 91％，近年来，其空间发射计划已很少有不成功的情况了。

英、法两国合作生产的"协和式"飞机，由于采用了仿真技术，使研制周期缩短了 1/8～1/6，节省经费 15％～25％。

目前，我国及世界各主要发达国家的航空航天工业均相继建立了大型仿真实验机构，并形成了三级仿真实验体系（如图 1-27 所示），以保证飞行器从设计到定型生产过程的经济性与安全性。

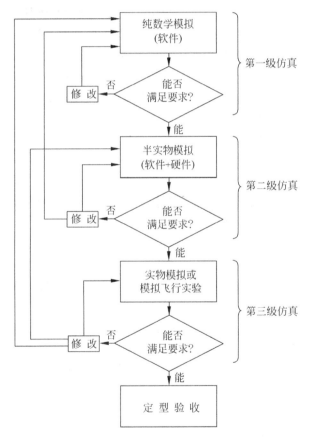

图 1-27　飞行器设计的三级仿真体系

此外，近年来在飞行员及宇航员训练用飞行仿真模拟器方面相继研制出多种产品，主要包括计算机系统、六自由度运动系统、视景系统（计算机成像）等设备，收到了方便、经济、安全的效果。

（2）电力工业

电力系统是最早采用仿真技术的领域之一。在电力系统负荷分配、瞬态稳定性以及最优潮流等方面，国内较早地采用了数字仿真技术，取得显著的经济效益。在三峡水利工程的子项目——大坝排沙系统工程设计中，设计人员也采用了物理仿真的方法，取得了较完善的研究成果。

近年来，国内在电站操作人员培训模拟系统的研制上，达到国际先进水平，为仿真技术的应用开辟了广阔的前景。

（3）原子能工业

由于能源的日趋紧张，原子能的和平利用在世界范围内为人们广泛重视。随着核反应堆的尺寸与功率的不断增加，使得整个原子能电站运行的稳定性、安全性与可靠性等问题成为必须要解决的问题。因此，几乎大部分核电站都建有相应的仿真系统，许多仿真器是全尺寸的，即仿真系统与真实系统是完全一致的，只是对象部分，如反应堆、涡轮发电机及有关的动力装置是用计算机来模拟的。核电站仿真器用来训练操作人员以及研究异常故障的排除处理，对于保证系统的安全运行是十分重要的。

目前，我国及世界各主要核技术先进国家在这方面均建立了相当规模的仿真实验体系，并取得了可观的成果。

（4）石油、化工及冶金工业

石油、化工生产过程中有一个显著的特点就是过程缓慢，而且往往过程控制、生产管理、生产计划、经济核算等搅在一起，使得综合效益指标难以预测与控制。因此，仿真实验成为石油、化工及冶金系统设计与分析研究的基本手段，仿真技术对这些领域的技术进步也不同程度地起到了促进作用。

（5）非工程领域

① 医学　仿真技术在病变模型的建立、治疗方案的寻优、化疗与电疗强度的选择以及最佳照射条件等方面的应用，可为患者减少不必要的损失，为医生提供参考依据。

② 社会学　在人口增长、环境污染、能源消耗以及病情防疫等方面，利用仿真技术可有效解决预测与控制问题。例如，我国人口模型的建立与研究，预测了未来 100 年我国人口发展的趋势，从而为计划生育控制策略的提出以及相关问题的解决起到了重要作用。此外，工业化、人口、环境这三个人类发展不容回避的问题日益引起人们的关注，如何建立相互制约的关系体制，走出一条可持续发展的良性循环的道路是近年来人们应用仿真技术进行研究的热点之一。

③ 宏观经济与商业策略的研究　随着人类经济发展的多元化与商业贸易的复杂化，在金融、证券、期货以及国家宏观经济调控等方面，数字仿真技术已成为不可缺少的有力工具。

1.5.4　几种常用的数字仿真工具软件

目前,在自动化领域内应用的仿真软件较多。除了前面介绍的 MATLAB 软件以外,还有如下几种常用的仿真工具软件。

(1) ADAMS

机械系统动力学自动分析软件(Automatic Dynamic Analysis of Mechanical Systems,ADAMS)是美国 MDI 公司(Mechanical Dynamics Inc.)开发的著名的"虚拟样机分析软件"(后来被美国著名仿真分析软件公司 MSC 收购)。

目前,ADAMS 已经被全世界各行各业的数百家主要制造商采用。根据 1999 年机械系统动态仿真分析软件国际市场份额的统计资料,ADAMS 软件占据了销售总额近 8000 万美元的 51% 份额。

ADAMS 一方面是虚拟样机分析的应用软件,用户可以运用该软件非常方便地对虚拟机械系统进行静力学、运动学和动力学分析;另一方面,又是虚拟样机分析开发工具,其开放性的程序结构和多种接口,可以成为特殊行业用户进行特殊类型虚拟样机分析的二次开发工具平台。

进一步了解 ADAMS 请登录网站：www.msc.com。

(2) Saber

Saber 是美国 Analogy 公司开发并于 1987 年推出的模拟及混合信号仿真软件。Saber 曾几易其主,2002 年新思公司并购了当时拥有 Saber 的 Avant!公司,将其收入囊中。

作为一种系统级仿真软件,Saber 拥有先进的原理图输入、数据可视化工具、大型混合信号、混合技术模型库以及强大的建模语言和工具组合功能,可以满足用户多种复杂的仿真需求。

此外,Saber 拥有大型的电气、混合信号和混合技术模型库,能够满足机电一体化和电源设计的需求。该模型库向用户提供不同层次的模型,支持自上而下或自下而上的系统仿真方法。

与传统仿真软件不同,Saber 在结构上采用 MAST 硬件描述语言和单内核混合仿真方案,并对仿真算法进行了改进,使仿真速度更快、更有效。Saber 可以同时对模拟信号、事件驱动模拟信号、数字信号以及模数混合信号设备进行仿真,对包含有 Verilog 或 VHDL 编写的模型的仿真设计。

Saber 能够与通用的数字仿真器相连接,包括 Cadence 的 Verilog-XL、Model Technology 的 ModelSim 和 ModelSim Plus、Innoveda 的 Fusion 仿真器。由于 MATLAB 软件的仿真工具 Simulink 在软件算法方面有优势,而 Saber 在硬件方面出色,将二者集成为 Saber-Simulink 进行协同仿真。

Saber 可以分析从 SOC 到大型系统之间的设计,包括模拟电路、数字电路及混合电路。它通过直观的图形化用户界面全面控制仿真过程，并通过对稳态、时域、频域、统计、可靠性及控制等方面的分析来检验系统性能。Saber 产品被广泛应用于航空/航天、船舶、电气/电力电子、汽车等设计制造领域。

在电源和机电一体化设计方面，Saber 是主流的系统级仿真工具。

进一步了解 Saber 请登录网站：www.jialing-int.com/saber.htm。

（3）PSPICE

用于模拟电路仿真的 SPICE（Simulation Program with Integrated Circuit Emphasis）软件 1972 年由美国加州大学伯克利分校的计算机辅助设计小组利用 FORTRAN 语言开发而成，主要用于大规模集成电路的计算机辅助设计。

SPICE 的正式实用版 SPICE 2G 在 1975 年推出，但是该程序的运行环境至少为小型机。1985 年，加州大学伯克利分校用 C 语言对 SPICE 软件进行了改写，1988 年 SPICE 被定为美国国家工业标准。与此同时，各种以 SPICE 为核心的商用模拟电路仿真软件，在 SPICE 的基础上做了大量实用化工作，从而使 SPICE 成为最为流行的电子电路仿真软件。

PSPICE 则是由美国 Microsim 公司在 SPICE 2G 版本的基础上升级并用于 PC 机上的 SPICE 版本，其中采用自由格式语言的 5.0 版本自 80 年代以来在我国得到广泛应用，并且从 6.0 版本开始引入图形界面。1998 年著名的 EDA 商业软件开发商 ORCAD 公司与 Microsim 公司正式合并，自此 Microsim 公司的 PSPICE 产品正式并入 ORCAD 公司的商业 EDA 系统中。目前，ORCAD 公司已正式推出了 ORCAD PSPICE Release 9.0。

与传统的 SPICE 软件相比，PSPICE 9.0 在三方面实现了重大变革：首先，在对模拟电路进行直流、交流和瞬态等基本电路特性分析的基础上，实现了蒙特卡罗分析、最坏情况分析以及优化设计等较为复杂的电路特性分析；第二，不但能够对模拟电路，而且能够对数字电路、数模混合电路进行仿真；第三，集成度大大提高，电路图绘制完成后可直接进行电路仿真，并且可以随时分析观察仿真结果。

虽然 PSPICE 应用越来越广泛，但是也存在着明显的缺点。由于 SPICE 软件原先主要是针对信息电子电路设计而开发的，因此器件的模型都是针对小功率电子器件的，对于电力电子电路中所用的大功率器件存在的高电压、大注入现象不尽适用，有时甚至可能导致错误的结果。PSPICE 采用变步长算法，对于以周期性的开关状态变化的电力电子电路，会将大量的时间耗费在寻求合适的步长上面，从而导致计算时间的延长，有时甚至不收敛。另外，在磁性元件的模型方面 PSPICE 也有待加强。

进一步了解 PSPICE 请登录网站：www.orcad.com。

（4）ANSYS

ANSYS 软件是融结构、热、流体、电磁和声学于一体的大型通用有限元分析软件，对于求解热结构耦合、磁结构耦合以及电、磁、流体、热耦合等多物理场耦合问题具有其他软件不可比拟的优势。该软件可用于固体力学、流体力学、传热分析以及工程力学和精密机械设计等多学科的计算。ANSYS 软件主要包括三个部分：前处理模块、分析计算模块和后处理模块。

前处理模块提供了一个强大的实体建模及网格划分工具，用户可以方便地构造有限元模型；分析计算模块包括结构分析（可进行线性分析、非线性分析和高度非线性分析）、流体动力学分析、电磁场分析、声场分析、压电分析以及多物理场的耦合分析，可模拟多种物理介质的相互作用，具有灵敏度分析及优化分析能力；后处理模块可将计算结果以彩色等值线显示、梯度显示、矢量显示、粒子流迹显示、立体切片显示、透明及半透明显示（可看到结构内部）等图形方式显示出来，也可将计算结果以图表、曲线形式显示或输出。

软件提供了 100 种以上的单元类型，用来模拟工程中的各种结构和材料。该软件有多种不同版本，可以运行在从个人机到大型机的多种计算机设备上，如 PC、SGI、HP、SUN、DEC、IBM、CRAY 等。

进一步了解 ANSYS 请登录网站：www.ansys.com.cn。

（5）MSC.PATRAN

MSC.PATRAN 最早由美国宇航局（NASA）倡导开发，是工业领域最著名的并行框架式有限元前后处理及分析系统，其开放式、多功能的体系结构可将工程设计、工程分析、结果评估、用户化身和交互图形界面集成，构成一个完整 CAE 集成环境。

并行 CAE 工程的设计思想使 MSC.PATRAN 从另一个角度上打破了传统有限元分析的前后处理模式，其独有的几何模型直接访问技术（direct geometry access，DGA）为基础的 CAD/CAM 软件系统间的几何模型沟通，及各类分析模型无缝连接提供了完美的集成环境。使用 DGA 技术，应用工程师可直接在 MSC.PATRAN 框架内访问现有 CAD/CAM 系统数据库，读取、转换、修改和操作正在设计的几何模型而无须复制。MSC.PATRAN 支持的不同的几何传输标准，包括 Parasolid、ACIS、STEP、IGES 等格式。

有限元分析模型可从 CAD 几何模型上快速地直接生成，用精确表现真实产品设计取代以往的近似描述，省去了在分析软件系统中重新构造几何模型的传统过程，MSC.PATRAN 所生成的分析模型（包含直接分配到 CAD 几何上的载荷、边界条件、材料和单元特性）将驻留在 MSC.PATRAN 的数据库中，而 CAD 几何模型将继续保存在原有的 CAD/CAM 系统中，当相关的设计模型存储在 MSC.PATRAN 中并生成有限元网格时，原有的设计模型将被"标记"。设计与分析之间的相关性可使用户在 MSC.PATRAN 中迅速获知几何模型的任何改变，并能重新观察新的几何模型，确保分析的精度。

进一步了解 MSC.PATRAN 请登录网站：www.mscsoftware.com/products/products_detail.cfm?PI=6。

1.6 仿真技术的发展与展望

近 50 年来,计算机仿真技术从萌生到发展,再到当今各领域的广泛应用,充分说明了仿真技术的实用性与市场需求对它的牵引作用。

1. 仿真技术的发展历程

仿真实验方法最早可以追溯到 1773 年,法国自然学家 G. L. L. Buffon 为了估计 π 值所进行的"投针实验"(参见 1.7 节);该实验方法又称为蒙特卡罗法,它是一种通过随机数做实验来求解随机问题的实验技术。1876 年,W. S. Gosset 应用蒙特卡罗实验方法证明了他的"t 分布法",尽管还不是十分精确,但毕竟为"实验证明"提供了一种实用可行的方法。

20 世纪 40 年代,计算机的出现为仿真实验技术的发展开辟了道路,数学模拟开始在美国的一些大学和科研机构逐步开展起来。1955 年,数字计算机的程序编制还处于汇编语言阶段,仿真程序编制的困难限制了数字仿真技术的广泛应用;而此时,应用模拟计算机对自动控制理论的仿真研究却取得了长足的进步。

1966 年,雷诺(T. H. Naylor)在其专著中给"仿真"做出了如下定义:"仿真是在数字计算机上进行试验的数字化技术,包括数学与逻辑模型的某些模式,这些模型描述某一事件或经济系统在若干周期内的特征。"这一论述标志着仿真实验作为一种专门技术,从应用到理论的成熟。

20 世纪 70 年代,以 FORTRAN 为代表的高级语言与多种专用的仿真语言(如 MIMIC、DSL/90、CSSL、CSMP 等)为数字仿真技术的广泛应用奠定了基础;1978 年,美国推出的 AD10 数字/模拟混合计算机使仿真技术得以进入军事、武器装备等领域的深层应用。

进入 20 世纪 80 年代,随着"冷战"的加剧与军事工业的需求,仿真技术得以快速发展。1983 年,美国国防高级研究计划局(DARPA)与陆军共同制定了仿真组网(SIMNET)计划,它可将分散在各地的仿真器,同计算机网络连接起来,以进行各种复杂作战任务的训练模拟;1984 年,William Gibon 提出了"虚拟现实"的概念,为仿真技术的应用指出了新的发展方向;1985 年,美国推出性能更加强大 AD100 数字/模拟混合计算机(可用于洲际导弹/多目标飞行器的实时仿真)。

1992 年,美国政府提出的 22 项国家关键技术中,仿真技术被列为第 16 项;在 21 项国防关键技术中,仿真技术被列为第 6 项。1996 年,美国学者 Macredie 系统阐述了虚拟现实、仿真环境、面向对象的建模机制等重要概念与理论,为虚拟现实仿真技术在环境模拟与人员培训方面的广泛应用推波助澜。

1993 年,中国"银河仿真 Ⅱ 型机"研制成功,达到国际先进水平;1999 年,"银河高性能分布仿真计算机"在长沙诞生,这标志着我国的仿真技术已达到国际先进水平。

尽管我国从 20 世纪 70 年代后期才开始引进、跟踪和发展仿真技术,但是,经过 20 多年的努力,我国的仿真技术从理论研究到实际应用都已达到与世界同步的水平。目前,在教育科研、生产制造、民用娱乐、军事装备以及企业经济管理等许多领域,仿真技术成为不可缺少的重要工具。

2. 应用仿真技术的重要意义

由于仿真技术具有经济、安全、快捷的优点以及其特殊的用途,使得其在工程设计、理论研究、产品开发等方面具有重要意义。

(1) 仿真技术的优点

① 经济　对于大型、复杂系统,直接实验的费用往往是十分昂贵的,如空间飞行器一次飞行实验的成本大约在 1 亿美元左右,而采用仿真实验方法仅需其成本的 1/10～1/5,而且设备可以重复使用。这类例子很多,读者不妨自己想一想。

② 安全　对于某些系统(如载人飞行器、核电装置等),直接实验往往存在很大危险,甚至是不允许的,而采用仿真实验可以有效降低危险程度,对系统的研究起到保障作用。

③ 快捷　在系统分析与设计、产品前期开发以及新理论的检验等方面,采用仿真技术(或 CAD 技术)可使工作进程大大加快,在科技飞速发展与市场竞争日趋激烈的今天,这一点是非常重要的。例如,现代服装设计采用仿真与 CAD 技术,使得设计师能够在多媒体计算机上实现不同身材、不同光照、不同色彩以及不同风向条件下所设计时装各种情况的展示,极大地促进了时装业的创新,有利于企业在激烈的市场竞争中处于不败之地。

(2) 仿真技术的特殊功能

应用仿真技术可实现预测、优化等特殊功能。

① 优化　在真实系统上进行结构与参数的优化设计是非常困难的,有时甚至是不可能的。在仿真技术中应用各种最优化原理与方法实现系统的优化设计,可使最终结果达到“最佳”,对于大型复杂系统问题的研究具有重要意义。

② 预测　对于一类非工程系统(如社会、经济、管理等系统),由于其规模及复杂程度巨大,直接进行某种实验几乎是不可能的,为减少错误的方针策略在以后的实践中所带来的不必要的损失,可以应用仿真技术对所研究系统的特性及其对外界环境的影响等问题进行预测,从而取得“超前”的认识,对所研究的系统实施有效的控制。

仿真与 CAD 技术对科技进步与产业发展有着不可估量的作用和意义,我们对它应予以足够的重视。

3. 仿真技术的发展趋势

(1) 在硬件方面,基于多CPU并行处理技术的全数字仿真系统将有效提高仿真系统的速度,从而使仿真系统的实时性得以加强。

(2) 随着网络技术的不断完善与提高,分布式数字仿真系统将为人们广泛采用,从而达到"投资少、效果好"的目的。

(3) 在应用软件方面,直接面向用户的高效能的数字仿真软件将不断推陈出新,各种专家系统与智能化技术将更深入地应用于仿真软件开发中,使得在人机界面、结果输出、综合评判等方面达到更理想的境界。

(4) 虚拟现实技术的不断完善,为控制系统数字仿真与CAD开辟了一个新时代。例如,在飞行器驾驶人员培训模拟仿真系统中,可采用虚拟现实技术,使被培训人员置身于模拟系统中就犹如身在真实环境里一样,使得培训效果达到最佳。

虚拟现实技术是一种综合了计算机图形技术、多媒体技术、传感器技术、显示技术以及仿真技术等多种学科而发展起来的高新技术。

(5) 随着FMS与CIMS技术的应用与发展,离散事件系统越来越多地为仿真领域所重视,离散事件仿真从理论到实现给我们带来许多新的问题。随着管理科学、柔性制造系统、计算机集成制造系统的不断发展,离散事件系统仿真问题将越来越显示出它的重要性。

(6) 系统建模与仿真技术的不断发展,将会促使诸如宇宙的起源、社会的发展、未来的战争以及新材料的开发等科学难题的研究得以有效开展。

1.7　问题与探究——投针实验[23-27]

1. 问题提出

在人类的数学文化史中,对圆周率 π 精确值的追求吸引了许多学者的研究兴趣。在众多的圆周率计算方法中,最为奇妙的是法国物理学家布丰(Boffon)在1777年提出的"投针实验"。与传统的"割圆术"等几何计算方法不同的是,"投针实验"是利用概率统计的方法计算圆周率的值,进而为圆周率计算开辟了新的研究途径,也使其成为概率论中很有影响力的一个实验。

"投针实验"的具体做法是(如图1-28所示):在一个水平面上画上一些平行线,使它们相邻两条直线之间的距离都为 a;然后把一枚长为 $l(0 < l < a)$ 的均匀钢针随意抛到这一平面上。投针的结果将会有两种,一种是针与这组平行线中的一条直线相交,一种是不相交。设 n 为投针总次数,k 为相交次数,如果投针次数足够多,就会发现公式 $\dfrac{2ln}{ak}$ 计算出来的值就是圆周率 π。当然计算精度与投针次数

有关,一般情况下投针次数要到成千上万次,才能有较好的计算精度。有兴趣的读者可以耐心地做一下这个实验。

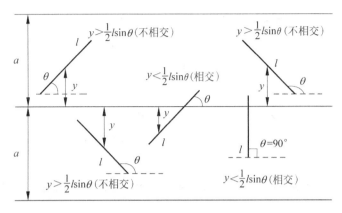

图 1-28 投针实验原理图

2. 问题分析

从本质上看,上述的"投针实验"具有朴素的"离散事件系统仿真"的思想。如果按照布丰的做法,进行成千上万次的投针实验和手工计算,势必要消耗大量的人力、物力和财力。而通过"类比"的研究方法,在对实验进行系统建模的基础上,使用计算机进行系统仿真实验,以此来进行"投针实验",将使得该问题变得非常简单。

同时,还可以看到,有意识地运用"类比"研究方法将有助于掌握复杂事物的内在规律,显著提升数学建模能力。数学建模的过程蕴含着许多重要的数学思想和方法,其中"类比"方法是最重要也是最有效的一种。"类比建模"的过程可表述为:根据已掌握的对客观事物的经验与认识,通过抽象分析运用数学语言、数学符号、数学公式等数学概念来表达这些量,从多种复杂因素中抽取主要因素,忽略次要因素,抓住事物的本质特征,运用一系列等式或不等式来表达各个量之间的关系,建立起研究对象的数学模型。

基于对上述问题的分析与理解,请读者利用 MATLAB 语言自己进行系统建模与数字仿真实验,来检验这一方法的有效性。

3. 几点讨论

(1) 你能否对"投针实验"给出一种简单形象的解释,其道理为何?

(2) 何谓"离散事件"? 为什么说"投针实验"的数字仿真可称为"离散事件仿真问题"? 它与"连续系统"的仿真问题有何不同?

(3) 何谓"类比"研究方法? 你能给出几个典型的例子吗?

本章小结

本章就仿真技术所涉及到的基本概念、发展状况等问题进行了概括的介绍，归纳起来有如下几点：

(1) 仿真是对系统进行研究的一种实验方法，数字仿真具有经济、安全、快捷的优点。

(2) 仿真实验所遵循的基本原则是相似原理。

(3) 仿真实验是在模型上进行的，建立系统模型是仿真实验中的关键内容，因为它直接影响仿真结果的真实性与可靠性。

(4) 系统模型分为物理模型、数学模型及描述模型，根据所采用模型的不同，有实物仿真、半实物仿真、数字仿真等类型。

(5) 系统、模型与计算机是数字仿真的三个基本要素，建模、仿真与结果分析是其三项基本活动，在仿真实验中应充分重视建模与结果分析环节。

(6) CAD 技术推动了设计领域的革命，是系统分析与设计的有力工具。

(7) MATLAB 与 Simulink 是当今广泛为人们所采用的控制系统数字仿真与 CAD 应用软件，应熟练掌握。

(8) 虚拟现实技术是一门综合性的交叉学科，具有更广阔的研究与发展前景，应给予充分重视。

习题

1-1　什么是仿真？它所遵循的基本原则是什么？

1-2　在系统分析与设计中仿真法与解析法有何区别？各有什么特点？

1-3　数字仿真包括哪几个要素？其关系如何？

1-4　为什么说模拟仿真较数字仿真精度低？其优点如何？

1-5　什么是 CAD 技术？控制系统 CAD 可解决哪些问题？

1-6　什么是虚拟现实技术？它与仿真技术的关系如何？

1-7　什么是离散系统？什么是离散事件系统？如何用数学的方法描述它们？

1-8　如图 1-29 所示某卫星姿态控制仿真实验系统，试说明：

(1) 若按模型分类，该系统属于哪一类仿真系统？

(2) 图中"混合计算机"部分在系统中起什么作用？

(3) 与数字仿真相比较，该系统有什么优缺点？

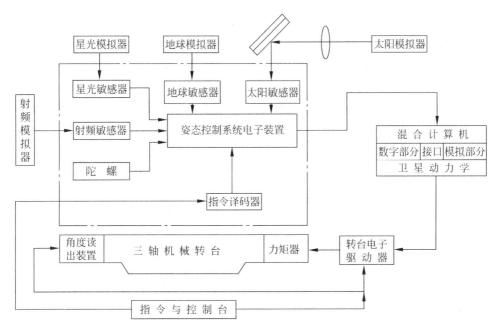

图 1-29 题 1-8 卫星姿态控制仿真实验系统

参考文献

[1] 王子才，王勇. 复杂系统仿真概念模型研究进展及方向. 宇航学报，2007，28(4)：779～785

[2] 李东，汪定伟. 基于仿真的优化方法综述. 控制工程，2008，15(6)：672～677，702

[3] 刘晓平，唐益明，郑利平. 复杂系统与复杂系统仿真研究综述. 系统仿真学报，2008，20(23)：6303～6315

[4] 黄有为，金伟其，王霞，等. 红外视景仿真技术及其研究进展. 光学与光电技术，2008，6(6)：91～96

[5] 康凤举，华翔，李宏宏，等. 可视化仿真技术发展综述. 系统仿真学报，2009，21(17)：5310～5313

[6] 王行仁，文传源，李伯虎，等. 我国系统建模与仿真技术的发展——为纪念中国系统仿真学会成立二十周年而作. 系统仿真学报，2009，21(21)：6683～6688

[7] 吴迎年，张霖，张利芳，等. 电磁环境仿真与可视化研究综述. 系统仿真学报，2009，21(20)：6332～6338

[8] 郝丽丽，薛禹胜，K P WONG，等. 关于电力系统动态仿真有效性的评述. 电力系统自动化，2010，34(10)：1～7，104

[9] 邹智军. 新一代交通仿真技术综述. 系统仿真学报，2010，22(9)：2037～2042

[10] 黄先祥，龙勇，张志利，等. 分布式视景仿真技术综述. 系统仿真学报，2010，22(11)：2742～2747

[11] 盛成玉，高海翔，陈颖，等. 信息物理电力系统耦合网络仿真综述及展望. 电网技术，2012，36(12)：100～105

［12］　徐义，司光亚，智韬. 电力 Cyber-Physical 系统建模仿真研究综述. 计算机仿真，2012，29(11)：59～63，116

［13］　徐庚保，曾莲芝. 数字仿真发展趋势. 计算机仿真，2013，30(5)：1～3，35

［14］　田芳，黄彦浩，史东宇，等. 电力系统仿真分析技术的发展趋势. 中国电机工程学报，2014，34(13)：2151～2163

［15］　许为，应婷，李卫红. 电力电子半实物仿真技术及其发展. 大功率变流技术，2014，(6)：1～5

［16］　姜晓平，朱奕，伞冶. 基于复杂系统的信息化作战仿真研究进展. 计算机仿真，2014，31(2)：8～13

［17］　严新平，吴兵，汪洋，魏晓阳. 海事仿真研究现状与发展综述. 系统仿真学报，2015，27(1)：13～28，49

［18］　张晓华. 控制系统数字仿真与 CAD(第 3 版). 北京：机械工业出版社，2010

［19］　肖田元，范文慧. 离散事件系统建模与仿真. 北京：电子工业出版社，2011

［20］　刘光然. 虚拟现实技术. 北京：清华大学出版社，2011

［21］　郭齐胜，徐享忠. 计算机仿真. 北京：国防工业出版社，2011

［22］　单家元，孟秀云，丁艳半，等. 半实物仿真(第 2 版). 北京：国防工业出版社，2013

［23］　张维忠. 数学文化史中的"π". 浙江师范大学学报(自然科学版)，2004，27(2)：184～190

［24］　杨晓莹，杨莉军. 随机模拟法在二维随机游动问题中的应用初探. 长春工程学院学报(自然科学版)，2004，5(1)：46～48

［25］　聂士忠. 蒙特卡罗计算机模拟应用一例. 大学物理实验，2003，16(4)：59～60

［26］　张瑾，王永红. 概率统计课程中的数学思想方法研究. 成都教育学院学报，2005，19(9)：67～68

［27］　"投针实验"Delphi 实现的仿真程序下载网址：http://www.xuliehao.com/soft/11706.html

第 2 章

系统建模与分析

控制系统计算机仿真是建立在控制系统数学模型基础之上的一门技术。自动控制系统的种类繁多,为通过仿真手段进行分析和设计,首先需要用数学形式描述各类系统的运动规律,即建立它们的数学模型。

2.1 控制系统的数学模型

工业生产中的实际系统绝大多数是物理系统,系统中的变量都是一些具体的物理量,如电压、电流、压力、温度、速度、位移等等,这些物理量是随时间连续变化的,称之为连续系统;若系统中物理量是随时间断续变化的,如计算机控制、数字控制、采样控制等,则称之为离散(或采样)系统。采用计算机仿真来分析和设计控制系统,首要问题是建立合理地描述系统中各物理量变化的动力学方程,并根据仿真需要,抽象为不同表达形式的系统数学模型。

1. 数学模型的表示形式

根据系统数学描述方法的不同,可建立不同形式的系统数学模型。在经典控制理论中,常用系统输入输出的微分方程或传递函数表示各物理量之间的相互制约关系,这称为系统的外部描述或输入输出描述;在现代控制理论中,通过设定系统的内部状态变量,建立状态方程来表示各物理量之间的相互制约关系,这称为对系统的内部描述或状态描述。连续系统的数学模型通常可由高阶微分方程或一阶微分方程组的形式表示;而离散系统的数学模型是由高阶差分方程或一阶差分方程组的形式表示。如所建立的微分或差分方程为线性的,且各系数均为常数,则称之为线性定常系统的数学模型;如果方程中存在非线性变量,或方程中存在随时间变化的系数,则称之为非线性系统或时变系统数学模型。

本节主要讨论线性定常连续系统数学模型的几种表示形式。线性定常离散系统的数学模型将在后面章节中讨论。

(1) 微分方程形式

设线性定常系统输入、输出量是单变量,分别为 $u(t)$、$y(t)$,则两者间的关系总可以描述为线性常系数高阶微分方程形式

$$a_0 y^{(n)} + a_1 y^{(n-1)} + \cdots + a_{n-1} y' + a_n y = b_0 u^{(m)} + \cdots + b_m u \qquad (2\text{-}1)$$

式中,$y^{(j)}$ 为 $y(t)$ 的 j 阶导数,$y^{(j)} = \dfrac{\mathrm{d}^j y(t)}{\mathrm{d}t^j}, j = 0, 1, \cdots, n$;$u^{(i)}$ 为 $u(t)$ 的 i 阶导数,

$u^{(i)} = \dfrac{\mathrm{d}^i u(t)}{\mathrm{d}t^i}, i = 0, 1, \cdots, m$;$a_j$ 为 $y(t)$ 及其各阶导数的系数,$j = 0, 1, \cdots, n$;b_i 为 $u(t)$ 及其各阶导数的系数,$i = 0, 1, \cdots, m$;n 为系统输出变量导数的最高阶次;m 为系统输入变量导数的最高阶次,通常总有 $m \leqslant n$。

对式(2-1)的数学模型,可以用以下模型参数形式表征:

输出系数向量　　　$\boldsymbol{a} = [a_0, a_1, \cdots, a_n]$,　$n+1$ 维

输入系数向量　　　$\boldsymbol{b} = [b_0, b_1, \cdots, b_m]$,　$m+1$ 维

输出变量导数阶次 n

输入变量导数阶次 m

有了这样一组模型参数,就可以简便地表达出一个连续系统的微分方程形式。

微分方程模型是连续控制系统其他数学模型表达形式的基础,以下所要讨论的模型表达形式都是以此为基础发展而来的。

(2) 状态方程形式

当控制系统输入、输出为多变量时,可用向量分别表示为 $\boldsymbol{u}(t)$、$\boldsymbol{y}(t)$,由现代控制理论可知,总可以通过系统内部变量之间的转换设立状态向量 $\boldsymbol{x}(t)$,将系统表达为状态方程形式

$$\begin{cases} \dot{\boldsymbol{x}}(t) = \boldsymbol{A}\boldsymbol{x}(t) + \boldsymbol{B}\boldsymbol{u}(t) \\ \boldsymbol{y}(t) = \boldsymbol{C}\boldsymbol{x}(t) + \boldsymbol{D}\boldsymbol{u}(t) \end{cases} \qquad (2\text{-}2)$$

$$\boldsymbol{x}(t_0) = \boldsymbol{x}_0 \quad \text{为状态初始值}$$

已知,$\boldsymbol{u}(t)$ 为输入向量(m 维);$\boldsymbol{y}(t)$ 为输出向量(r 维);$\boldsymbol{x}(t)$ 为状态向量(n 维)。对式(2-2)的数学模型,用以下模型参数来表示系统:

$$\text{系统系数矩阵 } \boldsymbol{A}(n \times n \text{ 维})$$

$$\text{系统输入矩阵 } \boldsymbol{B}(n \times m \text{ 维})$$

$$\text{系统输出矩阵 } \boldsymbol{C}(r \times n \text{ 维})$$

$$\text{直接传输矩阵 } \boldsymbol{D}(r \times m \text{ 维})$$

$$\text{状态初始向量 } \boldsymbol{x}_0(n \text{ 维})$$

简记为 $(\boldsymbol{A}, \boldsymbol{B}, \boldsymbol{C}, \boldsymbol{D})$ 形式。

应当指出,控制系统状态方程的表达形式不是唯一的。通常可根据不同的仿真分析要求而建立不同形式的状态方程,如可控标准型、可观测标准型、约当型等。

(3) 传递函数形式

将式(2-1)在零初始条件下,两边同时进行拉普拉斯变换(简称拉氏变换),则有

$$(a_0 s^n + a_1 s^{n-1} + \cdots + a_{n-1} s + a_n) Y(s) = (b_0 s^m + b_1 s^{m-1} + \cdots$$
$$+ b_{m-1} s + b_m) U(s) \qquad (2\text{-}3)$$

输出拉氏变换 $Y(s)$ 与输入拉氏变换 $U(s)$ 之比

$$G(s) = \frac{Y(s)}{U(s)} = \frac{b_0 s^m + b_1 s^{m-1} + \cdots + b_{m-1} s + b_m}{a_0 s^n + a_1 s^{n-1} + \cdots + a_{n-1} s + a_n} \qquad (2\text{-}4)$$

即为单输入单输出系统的传递函数,其模型参数可表示为

传递函数分母系数向量 $\boldsymbol{a} = [a_0, a_1, \cdots, a_n]$,$n+1$ 维

传递函数分子系数向量 $\boldsymbol{b} = [b_0, b_1, \cdots, b_m]$,$m+1$ 维

分母多项式阶次 n

分子多项式阶次 m

用 $num = \boldsymbol{b}$,$den = \boldsymbol{a}$ 分别表示分子、分母参数向量,则可简练地表示为

$$(num, \quad den)$$

式(2-4)中,当 $a_0 = 1$ 时,分母多项式成为

$$s^n + a_1 s^{n-1} + \cdots + a_{n-1} s + a_n \qquad (2\text{-}5)$$

称为系统的首一特征多项式,是控制系统常用的标准表达形式。于是相应的模型参数中,分母系数向量只用 n 维分量即可表示出,即

$$\boldsymbol{a} = [a_1, a_2, \cdots, a_n],n \text{ 维}$$

(4) 零极点增益形式

如果将式(2-4)中分子、分母有理多项式分解为因式连乘形式,则有

$$G(s) = K \frac{\prod\limits_{i=1}^{m}(s - z_i)}{\prod\limits_{j=1}^{n}(s - p_j)} = K \frac{(s - z_1)(s - z_2)\cdots(s - z_m)}{(s - p_1)(s - p_2)\cdots(s - p_n)} \qquad (2\text{-}6)$$

式中,K 为系统的零极点增益; z_i,$i = 1, 2, \cdots, m$,称为系统的零点; p_j,$j = 1, 2, \cdots, n$,称为系统的极点。

z_i、p_j 可以是实数,也可以是复数。因此,称式(2-6)为单输入单输出系统传递函数的零极点表达形式。其模型参数为

系统零点向量 $\boldsymbol{z} = [z_1, z_2, \cdots, z_m]$,$m$ 维

系统极点向量 $\boldsymbol{p} = [p_1, p_2, \cdots, p_n]$,$n$ 维

系统零极点增益 K,标量

简记为 $(\boldsymbol{z}, \boldsymbol{p}, K)$ 形式。

(5) 部分分式形式

传递函数也可表示成为部分分式或留数形式,如下所示

$$G(s) = \sum_{i=1}^{n} \frac{r_i}{s - p_i} + h(s) \qquad (2\text{-}7)$$

式中,$p_i (i = 1, 2, \cdots, n)$ 为该系统的 n 个极点,与零极点形式的 n 个极点是一致的; $r_i (i = 1, 2, \cdots, n)$ 是对应各极点的留数; $h(s)$ 则表示传递函数分子多项式除以分母多项式的余式,若分子多项式阶次与分母多项式相等,h 为标量,若分子多项式阶

次小于分母多项式阶次，该项不存在。

模型参数表示为

极点留数向量　　　$\boldsymbol{r}=[r_1,r_2,\cdots,r_n]$，　n 维

系统极点向量　　　$\boldsymbol{p}=[p_1,p_2,\cdots,p_n]$，　n 维

余式系数向量　　　$\boldsymbol{h}=[h_0,h_1,\cdots,h_l]$，　$l+1$ 维，

且 $l=m-n$，原函数中分子大于分母阶次的余式系数。$l<0$ 时，该向量不存在简记为 $(\boldsymbol{r},\boldsymbol{p},\boldsymbol{h})$ 形式。

2. 数学模型的转换

以上所述的几种数学模型可以相互转换，以适应不同的仿真分析要求。

（1）微分方程与传递函数形式

微分方程的模型参数向量与传递函数的模型参数向量完全一样，所以微分方程模型在仿真中总是用其对应的传递函数模型来描述。

（2）传递函数与零极点增益形式

传递函数转化为零极点增益表示形式的关键，实际上取决于如何求取传递函数分子、分母多项式的根。令

$$b_0 s^m + b_1 s^{m-1} + \cdots + b_{m-1} s + b_m = 0 \qquad (2\text{-}8)$$

$$a_0 s^n + a_1 s^{n-1} + \cdots + a_{n-1} s + a_n = 0 \qquad (2\text{-}9)$$

则两式分别有 m 个和 n 个相应的根 $z_i, i=1,2,\cdots,m$ 和 $p_j, j=1,2,\cdots,n$，此即为系统的 m 个零点和 n 个极点。求根过程可通过高级语言编程实现，但编程较繁琐。直接采用 MATLAB 语言，可使模型转换过程变得十分方便。

MATLAB 语言的控制系统工具箱中提供了大量的实用函数，关于模型转换函数有好几种，其中 tf2zp( )和 zp2tf( )，就是用来进行传递函数形式与零极点增益形式之间的相互转换的。如语句

$$[z,p,K]=\text{tf2zp}\ (num,den)$$

表示将分子、分母多项式系数向量为 num,den 的传递函数模型参数经运算返回左端式中的相应变元，形成零、极点表示形式的模型参数向量 z、p、K。

同理，语句

$$[num,den]=\text{zp2tf}\ (z,p,K)$$

也可方便地将零极点增益形式表为传递函数有理多项式形式。

MATLAB 语言的深入内容请参阅后续有关章节。

（3）状态方程与传递函数或零极点增益形式

对于单变量系统，状态方程为

$$\begin{cases} \dot{\boldsymbol{x}} = \boldsymbol{A}\boldsymbol{x} + \boldsymbol{b}u \\ y = \boldsymbol{c}\boldsymbol{x} + \boldsymbol{d}u \end{cases} \qquad (2\text{-}10)$$

可得

$$G(s) = \frac{Y(s)}{U(s)} = \boldsymbol{c}(s\boldsymbol{I} - \boldsymbol{A})^{-1}\boldsymbol{b} + \boldsymbol{d} \qquad (2\text{-}11)$$

关键在于$(s\boldsymbol{I}-\boldsymbol{A})^{-1}$的求取。

利用 Fadeev-Fadeeva 法可以由已知的 $\boldsymbol{A}$ 阵求得$(s\boldsymbol{I}-\boldsymbol{A})^{-1}$,并采用计算机高级语言(如 C 或 FORTRAN 等)编程实现。同样,通过使用 MATLAB 语言控制系统工具箱中提供的有关状态方程与传递函数的相互转换函数,ss2tf( )和 tf2ss( ),可使转换过程大为简化。

如语句:
$$[num,den]=\text{ss2tf}\quad(A,B,C,D)$$
表示把描述为$(\boldsymbol{A},\boldsymbol{B},\boldsymbol{C},\boldsymbol{D})$的系统状态方程模型参数各矩阵转换为传递函数模型参数各向量。左式的 num 即为转换函数返回的分子多项式参数向量;den 即为转换函数返回的分母多项式参数向量。于是
$$num=[b_0,b_1,\cdots,b_m]$$
$$den=[a_0,a_1,\cdots,a_n]$$
而语句
$$[A,B,C,D]=\text{tf2ss}\quad(num,den)$$
是上述过程的逆过程,由已知的(num,den)经模型转换返回状态方程各参数矩阵$(\boldsymbol{A},\boldsymbol{B},\boldsymbol{C},\boldsymbol{D})$。

需要说明的是,由于同一传递函数的状态方程实现不唯一,故上面所述的转换函数只能实现可控标准型状态方程。

转换函数 ss2zp( )和 zp2ss( )则是用以完成状态方程和零极点增益模型相互转换的功能函数。语句格式为
$$[z,p,K]=\text{ss2zp}\quad(A,B,C,D)$$
$$[A,B,C,D]=\text{zp2ss}\quad(z,p,K)$$

(4) 部分分式与传递函数或零极点增益形式

传递函数转化为部分分式,关键在于求取各分式的分子待定系数,即下式中的 $r_i,i=1,2,\cdots,n$
$$G(s)=\frac{r_1}{s-p_1}+\frac{r_2}{s-p_2}+\cdots+\frac{r_n}{s-p_n}+h(s) \tag{2-12}$$

单极点情况下,该待定系数可用以下极点留数的求取公式得到
$$r_i=G(s)(s-p_i)\mid_{s=p_i} \tag{2-13}$$

具有多重极点时,也有相应极点留数的求取公式可选用,此处不作详细讨论。但无论如何,这些公式的应用或是根据公式算法编制程序的过程都相当麻烦。

MATLAB 语言中有专门解决极点留数求取的功能函数 residue( ),可以非常方便地得到我们所需的结果。语句
$$[r,p,h]=\text{residue}\quad(num,den)$$
$$[num,den]=\text{residue}\quad(r,p,h)$$
就是用来将传递函数形式与部分分式形式的数学模型相互转换的函数。

由上可知,数学模型可根据仿真分析需要建立为不同的形式,并且利用 MATLAB 语言能够非常容易地相互转换,以适应仿真过程中的一些特殊要求。

2.2　系统建模概述

我们把建立准确描述系统特征与行为数学模型的过程称为系统建模。系统建模的实质是建立实际系统与一种数学描述之间的相似关系，这种相似性称为性能相似。

1. 建模的重要性

（1）勾股定理与数学模型

在我国古代，人们就了解直角三角形三个边长之间存在着"勾三股四弦五"的关系，而那时候的西方对此还远没有涉及。但是，把这一问题上升到"数学描述/数学模型"的高度来认识，还是西方学者的重要贡献。图 2-1 简要说明了勾股定理与数学模型的关系。

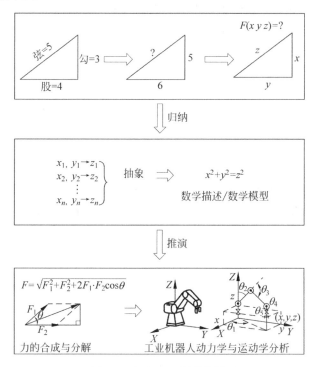

图 2-1　勾股定理与数学模型

勾股定理由于上升到"数学抽象/数学描述/数学模型"的具有普遍意义的理论高度，得以在工程力学、电磁学等许多领域所广泛应用，从而对科学与技术的发展产生了不可估量的影响。

（2）电磁波的发现与数学模型

19 世纪，人类在自然科学上取得了长足的进步。其中，法拉第（1791—1867）

的"电磁感应定律"为后来电磁学的发展奠定了基础；而麦克斯韦(1831—1879)通过对前人成果的继承、归纳与推演而建立的麦克斯韦方程组,把电磁学提升到"数学抽象/数学模型"的理论高度,从而被后人誉为"电磁学之父"。

图 2-2 给出了电磁波的发现过程,从中大家可见数学模型在科学技术研究中的重要作用。

电磁波的发现是在数学模型的基础上通过推演而得出的,后来产生的电话、电报、无线电通讯等成果都是它结出的硕果。

(3) 几点结论

把世间的现象和问题上升到数学抽象和数学模型的理论高度是现代科学发现与技术创新的基础。

实验、归纳、推演是建立系统数学模型的重要手段、方法和途径。

数学模型是人们对自然世界的一种抽象理解,它与自然世界、现象或问题具有性能相似的特点,人们可利用数学模型来研究、分析自然世界的问题与现象,以达到认识世界与改造世界的目的。

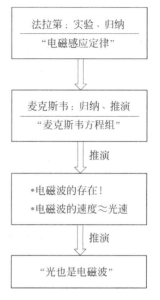

图 2-2　电磁波的发现与
数学模型

2. 建模三要素

系统建模是一项复杂而细致的工作,需要我们认真对待其过程中的每一个环节；而目的、方法、验证是建模工作中的三要素,即在建模过程中要注意如下三个要点。

(1) 目的要明确

在建模过程中,首先要明确建模的目的。因为,对于同一个系统,所研究的目的不同,所用建模的机理、方法与所建立的模型也不同。例如：在设计飞行器时,如果目的是在于研究飞行时的动态性能,那么建模时就需要应用适合的"流体力学"的原理与方法；而要研究飞行器的结构与强度时,则需要应用"结构力学"的原理与方法。

(2) 方法要恰当

在系统建模过程中,人们经常应用"归纳、推演、类比、移植"等逻辑推理的概念与方法。

"归纳"是从特殊、具体的认识到一般、普遍的认识的一种思维方法,它立足于"观察、经验、实验"以及从中得到的大量、基本的数据。开普勒天体运行第三定律(行星运行周期 T 的平方与其椭圆轨道长半轴 a 的三次方成正比)就是归纳建模的典型例子。

"推演"是由一般性命题推出特殊性命题的一种推理方法,它立足于已有的机理、定理来推导我们各自的具体问题。牛顿的万有引力定律就是其以微积分为工具,在开普勒第三定律和牛顿力学第二定律的基础上推演出来的。

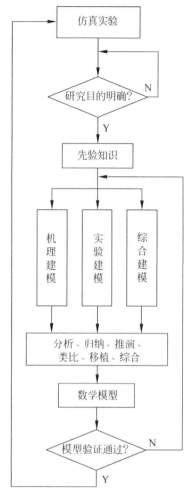

图 2-3　系统建模过程示意图

"类比"是针对不同类型事务的行为具有相似性这一特点,人们可应用一种"简单事物"的分析/结果来表征或推测另一种相对"复杂事物"的某些特征。1.3 节中的图 1-13 也可以进一步说明这一点。

"移植"是人们把某一学科或领域中的理论与方法移植应用到其他学科或领域的研究方法,它体现了科学发展上学科交叉、互动、联系的特点。2.3 节中所述的 Buffon 投针实验就是一种用物理实验法来估计数学上 π 值的移植法的例子。

利用上述几种逻辑方法,可针对不同的具体问题实施有效的建模方法,具体来说有如下三种建模方法:

① 机理建模　对于一些内部结构或特性清楚的系统(又称为白箱问题),我们可以利用已知的若干基本定律、定理,经过分析、推演、移植等推理建立系统模型,我们称之为机理建模。

② 实验建模　对于那些内部结构与特性不清楚(或不很清楚)的系统(又称之为黑箱或灰箱问题),我们可依据人工经验或实验所得数据,经过分析、归纳、类比等推理建立系统模型,我们称之为实验建模。

③ 综合建模　实际工作中,采用上述单一一种方法很难得到满意效果,通常是多种方法混合应用,称之为综合建模。

(3) 结果要验证

建立模型后,需要对其进行"行为上的可信性"、"动态性能的有效性"、"实验数据、可测数据的逼近精度"、"研究目的的可达性"等问题的检验,以验证所建立的模型是否能够真实反映实际系统(或者说能够与真实系统达到较高精度的性能相似)。

3. 建模过程

综上分析,可有如图 2-3 所示的建模过程,概括地说就是:明确目的→系统建模→模型验证→仿真实验。

2.3　系统建模方法

控制系统数学模型的建立是否得当，将直接影响以此为依据的仿真分析与设计的准确性、可靠性，因此必须予以充分重视，以采用合理的方式方法。

1. 机理建模法

所谓机理模型，实际上就是采用由一般到特殊的推理演绎方法，对已知结构、参数的物理系统运用相应的物理定律或定理，经过合理分析简化而建立起来的描述系统各物理量动、静态变化性能的数学模型。

因此，机理建模法主要是通过理论分析推导方法建立系统模型。根据确定元件或系统行为所遵循的自然机理，如常用的物质不灭定律（用于液位、压力调节等）、能量守恒定律（用于温度调节等）、牛顿第二定律（用于速度、加速度调节等）、基尔霍夫定律（用于电气网络）等等，对系统各种运动规律的本质进行描述，包括质量、能量的变换和传递等过程，从而建立起变量间相互制约又相互依存的精确的数学关系。通常情况下，是给出微分方程形式或其派生形式——状态方程、传递函数等。

建模过程中，必须对控制系统进行深入的分析研究，善于提取本质、主流方面的因素，忽略一些非本质、次要的因素，合理确定对系统模型准确度有决定性影响的物理变量及其相互作用关系，适当舍弃对系统性能影响微弱的物理变量和相互作用关系，避免出现冗长、复杂、繁琐的公式方程堆砌。最终目的是要建造出既简单清晰，又具有相当精度，能基本反映实际物理量变化的控制系统模型。

建立机理模型还应注意所研究系统模型的线性化问题。大多数情况下，实际控制系统由于种种因素的影响，都存在非线性现象，如机械传动中的死区间隙、电气系统中磁路饱和等，严格地说都属于非线性系统，只是其非线性程度有所不同。在一定条件下，可以通过合理的简化、近似，用线性系统模型近似描述非线性系统。其优点在于可利用线性系统许多成熟的计算分析方法和特性，使控制系统的分析、设计更为简单方便，易于实用。但也应指出，线性化处理方法并非对所有控制系统都适用，对于包含本质非线性环节的系统需要采用特殊的研究方法。

下面的例题有助于对这一问题的理解。

例 2-1　控制系统原理图如图 2-4 所示，运用机理建模法建立系统的数学模型。

解　由系统原理图可知系统为一位置伺服闭环控制系统，将其分解为基本元件或部件，按工作机理分别列写输入输出动态方程，并按各元件、部件之间的关系，画出系统结构图，最后根据结构图求出系统的总传递函数，从而建立起系统的数学模型。

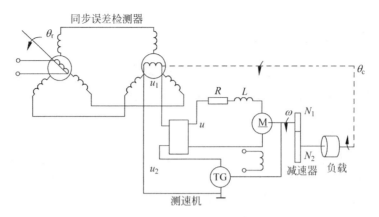

图 2-4　例 2-1 控制系统的原理图

　　(1) 同步误差检测器　设其输入为给定角位移 θ_r 与实际角位移 θ_c 之差,输出为位移误差电压 u_1,且位移-电压转换系数为 k_1,所以有

$$u_1 = k_1(\theta_r - \theta_c)$$

　　(2) 放大器　设其输入为位移误差电压 u_1 与测速发电机反馈电压 u_2 之差,输出为直流电动机端电压 u,电压放大系数 k_2,则有

$$u = k_2(u_1 - u_2)$$

　　(3) 直流电动机　设其输入为 u,输出为电动机角速度 ω,R 为电枢回路电阻,L 为电枢回路电感,k_m 为电磁转矩系数,J 为电动机转动惯量,忽略反电动势和负载转矩影响,则由电动机电压平衡方程和力矩平衡方程,有

$$u = L\frac{\mathrm{d}i_a}{\mathrm{d}t} + Ri_a$$

$$k_m i_a = J\frac{\mathrm{d}\omega}{\mathrm{d}t}$$

所以

$$T\frac{\mathrm{d}^2\omega}{\mathrm{d}t^2} + \frac{\mathrm{d}\omega}{\mathrm{d}t} = k_3 u$$

式中,T 为电动机电磁时间常数,$T = \dfrac{L}{R}$；k_3 为电压-速度转换系数,$k_3 = \dfrac{k_m}{RJ}$。

　　推导中消去了中间变量电枢电流 i_a。

　　(4) 测速发电机　设其输入为电动机角速度 ω,输出为测速电压值 u_2,速度-电压转换系数为 k_4,所以有

$$u_2 = k_4\omega$$

　　(5) 负载输出　设输入为电动机角速度 ω,输出为负载角位移 θ_c,传动比 $n = N_1/N_2 < 1$,则

$$\frac{\mathrm{d}\theta_c}{\mathrm{d}t} = n\omega$$

（6）将（1）～（5）中各式进行拉氏变换，注意变换后各变量象函数均为大写形式，按输入输出关系表示出各环节传递函数，并据此画出各部分的结构图如图 2-5 所示。

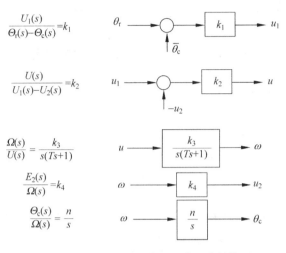

图 2-5 例 2-1 各环节传递函数及其结构图

（7）按相互之间作用关系，连成系统总结构图（如图 2-6 所示）。然后利用结构图等效变换化简或直接运用梅逊公式，求出该系统总传递函数 $G_B(s)$，得

$$G_B(s) = \frac{\Theta_c(s)}{\Theta_r(s)} = \frac{k_1 k_2 k_3 n}{Ts^3 + s^2 + k_2 k_3 k_4 s + k_1 k_2 k_3 n}$$

即为所需的系统数学模型。

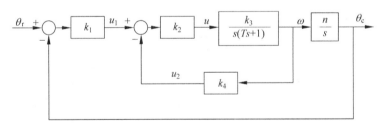

图 2-6 例 2-1 控制系统总结构图

2. 实验建模法

所谓实验建模法，就是采用由特殊到一般的逻辑归纳方法，根据一定数量的在系统运行过程中实测、观察的物理量数据，运用统计规律、系统辨识等理论合理估计出反映系统各物理量相互制约关系的数学模型。其主要依据是来自系统的大量实测数据，因此又称之为实验测定法。

当对所研究系统的内部结构和特性尚不清楚、甚至无法了解时，系统内部的机理变化规律就不能确定，通常称之为"黑箱"或"灰箱"问题，机理建模法也就无法应用。而根据所测到的系统输入输出数据,采用一定方法进行分析及处理来获得数学模型的统计模型法正好适应这种情况。通过对系统施加激励,观察和测取其响应,了解其内部变量的特性,并建立能近似反映同样变化的模拟系统的数学模型,就相当于建立起实际系统的数学描述(方程、曲线或图表等)。

1) 频率特性法

频率特性法是研究控制系统的一种应用广泛的工程实用方法。其特点在于通过建立系统频率响应与正弦输入信号之间的稳态特性关系,不仅可以反映系统的稳态性能,而且可以用来研究系统的稳定性和暂态性能;可以根据系统的开环频率特性,判别系统闭环后的各种性能;可以较方便地分析系统参数对动态性能的影响,并能大致指出改善系统性能的途径。

频率特性物理意义十分明确,对稳定的系统或元件、部件都可以用实验方法确定其频率特性,尤其对一些难以列写动态方程、建立机理模型的系统,有特别重要的意义。

例 2-2 用实验方法测得某系统的开环频率响应数据见表 2-1。试由表中数据建立该系统开环传递函数模型 $G(s)$。

表 2-1 例 2-2 系统的开环频率响应实测数据表

$\omega/(\mathrm{rad \cdot s^{-1}})$	0.10	0.14	0.23	0.37	0.60	0.95	1.53	2.44	3.91	6.25	10.0
$L(\omega)/\mathrm{dB}$	−0.049	−0.102	−0.258	−0.638	−1.507	−3.270	−6.315	−10.81	−16.69	−23.65	−31.27
$\phi(\omega)/(°)$	−9.72	−14.12	−22.45	−35.35	−54.56	−81.25	−115.5	−157.2	−207.8	−271.7	−358.9

注:ω 为输入信号角频率;$L(\omega)$ 为输出信号对数幅频特性值;$\phi(\omega)$ 为输出信号对数相频特性值。

解

(1) 由已知数据绘制该系统开环频率响应伯德图,如图 2-7 所示。

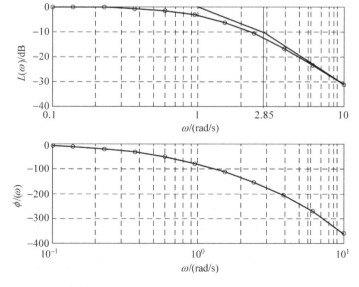

图 2-7 例 2-2 系统的开环频率响应伯德图

（2）用±20dB/dec 及其倍数的折线逼近幅频特性,如图 2-7 中折线,得两个转折角频率,即

$$\omega_1 = 1\text{rad/s}, \quad \omega_2 = 2.85\text{rad/s}$$

求出相应惯性环节的时间常数为

$$T_1 = \frac{1}{\omega_1} = 1\text{s}, \quad T_2 = \frac{1}{\omega_2} = 0.35\text{s}$$

（3）由低频段幅频特性可知 $L(\omega)|_{\omega\to0}=0$,所以 $K=1$。

（4）由高频段相频特性知,相位滞后已超过$-180°$,且随 ω 增大,滞后愈加严重,显然该系统存在纯滞后环节 $e^{-\tau s}$,为非最小相位系统。因此,系统开环传递函数应为以下形式

$$G(s) = \frac{Ke^{-\tau s}}{(T_1 s + 1)(T_2 s + 1)} = \frac{1}{(s+1)(0.35s+1)}e^{-\tau s}$$

（5）设法确定纯滞后时间 τ 值。查图中 $\omega=\omega_1=1\text{rad/s}$ 时,$\phi(\omega_1)=-86°$,而按所求得的传递函数,应有

$$\phi(\omega_1) = -\arctan 1 - \arctan 0.35 - \tau_1 \times \frac{180°}{\pi} = -86°$$

易解得　$\tau_1=0.37\text{s}$。再查图中 $\omega=\omega_2=2.85\text{rad/s}$ 时,$\phi(\omega_2)=-169°$,同样从

$$\phi(\omega_2) = -\arctan 2.85 - \arctan(0.35 \times 2.85) - 2.85\tau_2 \times \frac{180°}{\pi}$$
$$= -169°$$

解得

$$\tau_2 = 0.33\text{s}$$

取两次平均值得

$$\tau = \frac{\tau_1 + \tau_2}{2} = 0.35\text{s}$$

（6）最终求得该系统开环传递函数模型 $G(s)$ 为

$$G(s) = \frac{Ke^{-\tau s}}{(T_1 s + 1)(T_2 s + 1)} = \frac{1}{(s+1)(0.35s+1)} \times e^{-0.35s}$$

从以上两例可体会到,无论采用何种方法建模,其实质就是设法获取关于系统尽可能多的信息并经过恰当信息处理而得到对系统准确合理的描述。物理定律公式、实测试验数据等都是反映系统性能的重要信息,机理建模法、实验建模法只是信息处理过程不同而已,在实际建模过程中应灵活掌握运用。

应当注意,由于对系统了解得不很清楚,主要靠实验测取数据确定数学模型的方法受数据量不充分、数据精度不一致、数据处理方法不完善等局限性影响,所得的数学模型的准确度只能满足一般工程需要,难以达到更高精度的要求。

2）系统辨识法

系统辨识法是现代控制理论与系统建模中常用的方法,它是依据测量到的输

入与输出数据来建立静态与动态系统的数学模型,但其输出响应不局限于频率响应,阶跃响应或脉冲响应等时间响应都可作为反映系统模型静态与动态特性的重要信息;而且,确定模型的过程更依赖于各种高效率的最优算法以及如何保证所测取数据的可靠性。因其在实践中能得到很好的运用,故已被广泛接受,并逐渐发展成为较成熟且日臻完善的一门学科。

系统辨识作为一种系统建模方法,有相应的专著阐述,受篇幅所限,本书不深入讨论。但是,下面的几个概念我们应该有所了解。

① 系统辨识的基本原理与三要素

所谓系统辨识,就是按照一定的准则,在一类假设模型中选择一个与实验数据拟合(或逼近)得最好的一种模型,其原理如图 2-8 所示。

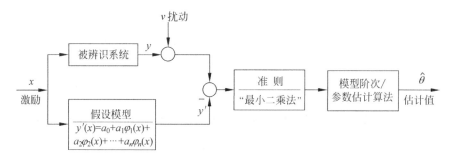

图 2-8　系统辨识建模法的基本原理

由图 2-8 可见,数据、假设模型、准则是系统辨识建模过程中的三要素。图 2-9 给出了系统辨识法建模的过程与步骤。其中,参数估计与模型验证的数学方法较多,感兴趣的读者可参阅系统辨识与参数估计方面的专著。

② 实验数据的平滑处理——插值与逼近

对于确定的系统,由于用实验方法建立模型时,人们只能测取有限的数据;如何用有限的数据建立起相应的数学描述(或模型),以尽可能精确地反映实际系统的特性,我们简称这一问题为逼近,所用的基本方法为插值。

所谓插值,就是求取两测量点之间函数值的计算方法,常用的有线性插值和三次样条插值。图 2-10 所示的是线性插值,即两测量点之间用"直线"连接,其间呈线性关系。

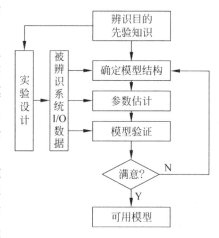

图 2-9　系统辨识建模过程

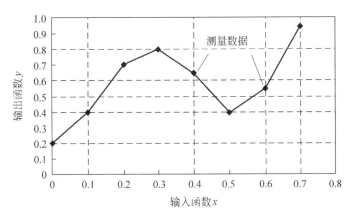

图 2-10　线性插值示意图

图 2-10 所示线性插值的缺点是所建立的数学描述(或模型)在插值点上是非光滑的,解决这一问题的方法之一就是采用三次样条插值,也就是用三次多项式来逼近两个插值点之间的数学描述(或模型)(如图 2-11 所示)。三次样条插值可以较完美地逼近理想的数学描述(或模型)(在插值点上导数连续),其代价是计算量与存储空间的增加。

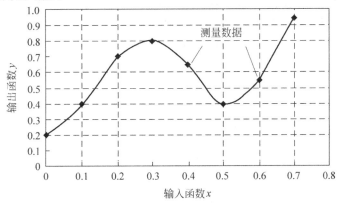

图 2-11　三次样条插值示意图

在 MATLAB/Simulink 中提供了插值逼近功能,图 2-12 给出了一维插值与二维插值的 Simulink 实现图。

利用插值来实现数学描述(或模型)逼近的方法在系统辨识与建模中经常使用。在下面的综合建模法一节中,还将介绍其具体应用。

③ 实验数据的统计处理——最小二乘法

对于确定型系统,它的输出完全可以用它的输入来唯一描述。但是,对于随机型系统(例如,当考虑带有随机扰动的确定型系统时,系统可认为是一个随机型系统),其对于确定的系统给定,它的输出可能是多样的。

对于随机型系统,其数据处理需要依据数理统计的理论与方法来处理,常用

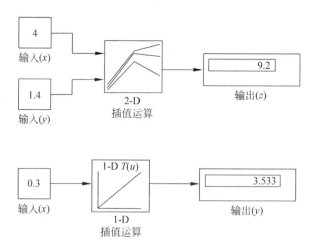

图 2-12　插值的 Simulink 实现示意图

的方法是最小二乘法。

在科学实验的统计研究中，往往要根据一组测得的数据，例如

$$(x_i, y_i), \quad i = 1, 2, \cdots, n$$

去求得自变量 x 和因变量 y 的一个近似函数关系 $y = \varphi(x)$。由于受随机扰动的影响，每次测量的结果都不会是一样的（或者说绝对准确的）；所以，我们不必去要求 $y = \varphi(x)$ 经过所有的点 (x_i, y_i)，而只要求 $y = \varphi(x)$ 是某给定函数类 H 中的一个函数，并要求 $\varphi(x)$ 能使 y_i 与 $\varphi(x_i)$ 的差的平方和

$$\sum_{i=1}^{n} \left[y_i - \varphi(x_i) \right]^2$$

相对于同一函数类 H 中的其他函数而言是最小的。换言之，要在 H 中求函数 $\varphi(x)$ 使它满足

$$\sum_{i=1}^{n} \left[y_i - \varphi(x_i) \right]^2 = \min_{\varphi \in H} \sum_{i=1}^{n} \left[y_i - \varphi(x_i) \right]^2$$

这就是所谓的最小二乘法（二乘的意思就是平方）。用几何语言来描述，也可称之为最小二乘曲线拟合。至于函数类 H，可视具体数据情况人为地取比较低次的多项式，或比较简单的函数。

最小二乘法最初是由高斯在进行行星轨道预测研究时提出的，其在数学上有如下描述。

假设：①所求的系统模型为

$$y = \theta_1 \varphi_1(x) + \theta_2 \varphi_2(x) + \cdots + \theta_n \varphi_n(x) \tag{2-14}$$

其中 $\varphi_i, i = 1, 2, 3, \cdots, n$ 是已知函数，而 $\theta_1, \theta_2, \cdots, \theta_n$ 是未知参数；②观测值 $\{(x_i, y_i), i = 1, 2, \cdots, n\}$ 可由实验测得，且所有观测值具有相同的精度。

目的：确定参数 θ_i，使由模型(2-14)与试验值 x_i 算出的变量 $\hat{y_i}$，和实测的变量值 y_i 尽可能一致。

最小二乘法：应该如此选择参数 θ_i，以使损失函数 $J(\theta) = \dfrac{1}{2}\sum_{i=1}^{N}\varepsilon_i^2$ 为最小，其

中 $\varepsilon_i = y_i - \hat{y}_i = y_i - \theta_1\varphi_1(x_i) - \cdots - \theta_n\varphi_n(x_i), i = 1, 2, \cdots, N$。

为简化计算，引入列向量符号：

$$\boldsymbol{\varphi} = \begin{bmatrix} \varphi_1 & \varphi_2 & \cdots & \varphi_n \end{bmatrix}^{\mathrm{T}}$$

$$\boldsymbol{\theta} = \begin{bmatrix} \theta_1 & \theta_2 & \cdots & \theta_N \end{bmatrix}^{\mathrm{T}}$$

$$\boldsymbol{y} = \begin{bmatrix} y_1 & y_2 & \cdots & y_N \end{bmatrix}^{\mathrm{T}}$$

$$\boldsymbol{\varepsilon} = \begin{bmatrix} \varepsilon_1 & \varepsilon_2 & \cdots & \varepsilon_N \end{bmatrix}^{\mathrm{T}}$$

有矩阵表示如下

$$\boldsymbol{\Phi} = \begin{bmatrix} \boldsymbol{\varphi}(x_1) \\ \vdots \\ \boldsymbol{\varphi}(x_n) \end{bmatrix} = \begin{bmatrix} \varphi_1(x_1) & \varphi_2(x_1) & \cdots & \varphi_n(x_1) \\ & & \vdots & \\ \varphi_1(x_n) & \varphi_2(x_n) & \cdots & \varphi_n(x_n) \end{bmatrix}$$

则最小二乘法有如下的表达形式：

$$J(\theta) = \frac{1}{2}\boldsymbol{\varepsilon}^{\mathrm{T}}\boldsymbol{\varepsilon} = \frac{1}{2}\parallel \boldsymbol{\varepsilon}\parallel^2 \tag{2-15}$$

其中

$$\begin{cases} \boldsymbol{\varepsilon} = \boldsymbol{y} - \hat{\boldsymbol{y}} \\ \hat{\boldsymbol{y}} = \boldsymbol{\Phi}\boldsymbol{\theta} \end{cases} \tag{2-16}$$

如要确定参数 θ 使 $\parallel\boldsymbol{\varepsilon}\parallel^2$ 最小，则可由如下定理得出。

定理：当参数 $\hat{\theta}$ 满足

$$\boldsymbol{\Phi}^{\mathrm{T}}\boldsymbol{\Phi}\cdot\hat{\boldsymbol{\theta}} = \boldsymbol{\Phi}^{\mathrm{T}}\boldsymbol{y} \tag{2-17}$$

时，函数式(2-15)可达到最小。而且，如果矩阵 $\boldsymbol{\Phi}^{\mathrm{T}}\boldsymbol{\Phi}$ 非奇异，则最小值是唯一的，并由

$$\hat{\boldsymbol{\theta}} = (\boldsymbol{\Phi}^{\mathrm{T}}\boldsymbol{\Phi})^{-1}\boldsymbol{\Phi}^{\mathrm{T}}\boldsymbol{y} \tag{2-18}$$

给出。

说明：方程式(2-17)为正规方程；式(2-18)中的 $\boldsymbol{\Phi}$ 是由 $x_1, x_2, \cdots, x_n$ 确定的矩阵；$\boldsymbol{y}$ 是由实测变量 $y_1, y_2, \cdots, y_N$ 确定的。因此，参数 $\hat{\boldsymbol{\theta}}$ 是可以确定的。

可见，最小二乘法实际上就是求出使实际观测值与理想模型计算值之差的平方和达到极小的参数值作为估计值。下面的例子有助于对这一问题的理解。

例 2-3　求 $0\sim100\,℃$ 之间水的定压比热变化的数学模型问题。

解　在压力不变时，物体所含热量 Q 是温度 T 的函数：

$$Q = f(T)$$

在温度的一定变化范围内，物质的比热 C 是

$$C = \mathrm{d}Q/\mathrm{d}T$$

其单位为 $[\mathrm{cal}/(\mathrm{g}\cdot℃)]$，即比热 C 为 $1\mathrm{g}$ 物质升高温度 $1\,℃$ 所需的热量。表 2-2 是由实验测出的，在一个大气压下时，水的定压比热 C_P 随温度 T 的变化关系表。

表 2-2　一个大气压下,水的定压比热 C_P 随温度 T 的变化关系

温度		定压比热		温度		定压比热	
T/℃		C_P/(cal/g · ℃)		T/℃		C_P/(cal/g · ℃)	
T_0	0	$(C_P)_0$	1.007 62	T_{11}	55	$(C_P)_{11}$	0.999 19
T_1	5	$(C_P)_1$	1.003 92	T_{12}	60	$(C_P)_{12}$	0.999 67
T_2	10	$(C_P)_2$	1.001 53	T_{13}	65	$(C_P)_{13}$	1.000 24
T_3	15	$(C_P)_3$	1.000 00	T_{14}	70	$(C_P)_{14}$	1.000 91
T_4	20	$(C_P)_4$	0.999 07	T_{15}	75	$(C_P)_{15}$	1.001 67
T_5	25	$(C_P)_5$	0.998 52	T_{16}	80	$(C_P)_{16}$	1.002 53
T_6	30	$(C_P)_6$	0.998 26	T_{17}	85	$(C_P)_{17}$	1.003 51
T_7	35	$(C_P)_7$	0.998 18	T_{18}	90	$(C_P)_{18}$	1.004 61
T_8	40	$(C_P)_8$	0.998 28	T_{19}	95	$(C_P)_{19}$	1.005 86
T_9	45	$(C_P)_9$	0.998 49	T_{20}	100	$(C_P)_{20}$	1.007 21
T_{10}	50	$(C_P)_{10}$	0.998 78				

　　画出这些数据的图形如图 2-13 所示。可见,它略像抛物线而没有对称性。我们总希望表达这一问题的数学模型比较简单,一般常用多项式。对于本例,我们试用如下三次多项式:

$$C_P = A_0 + A_1 T + A_2 T^2 + A_3 T^3 \tag{a}$$

先用最小二乘法求系数 A_0, A_1, A_2, A_3。这就是求系数 A_i,使把数据$(T_j, (C_P)_j)$带入(a)式后得到的剩余的平方和

$$\sum_{j=0}^{20} \{(C_P)_j - (A_0 + A_1 T_j + A_2 T_j^2 + A_3 T_j^3)\}^2 \tag{b}$$

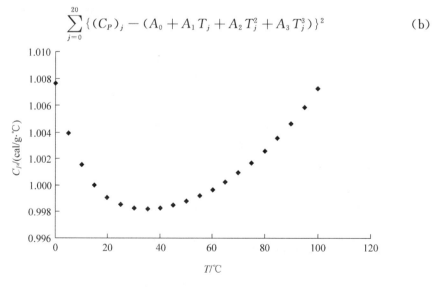

图 2-13　C_P 与 T 的关系

最小。此式是未知系数 A_0,A_1,A_2,A_3 的二次函数 $\psi(A_0,A_1,A_2,A_3)$，使它取最小值的 A_i 必使

$$\frac{\partial \psi}{\partial A_i}=0, \quad i=0,1,2,3$$

容易算出这四个方程：

$$\frac{\partial \psi}{\partial A_0}=-2\sum_{j=0}^{20}\{(C_P)_j-(A_0+A_1T_j+A_2T_j^2+A_3T_j^3)\}=0$$

$$\frac{\partial \psi}{\partial A_1}=-2\sum_{j=0}^{20}\{(C_P)_j-(A_0+A_1T_j+A_2T_j^2+A_3T_j^3)\}T_j=0$$

$$\frac{\partial \psi}{\partial A_2}=-2\sum_{j=0}^{20}\{(C_P)_j-(A_0+A_1T_j+A_2T_j^2+A_3T_j^3)\}T_j^2=0$$

$$\frac{\partial \psi}{\partial A_3}=-2\sum_{j=0}^{20}\{(C_P)_j-(A_0+A_1T_j+A_2T_j^2+A_3T_j^3)\}T_j^3=0$$

亦即

$$\begin{cases} 21A_0+(\sum T_j)A_1+(\sum T_j^2)A_2+(\sum T_j^3)A_3=\sum(C_P)_j \\ (\sum T_j)A_1+(\sum T_j^2)A_2+(\sum T_j^3)A_3=\sum T_j(C_P)_j \\ (\sum T_j)A_1+(\sum T_j^2)A_2+(\sum T_j^3)A_3=\sum T_j^2(C_P)_j \\ (\sum T_j)A_1+(\sum T_j^2)A_2+(\sum T_j^3)A_3=\sum T_j^3(C_P)_j \end{cases} \quad (c)$$

这里 $\sum\limits_{j=0}^{20}$ 简写成 $\sum$。这组方程又可称为法方程，其系数及右端的数值列于表 2-3。

表　2-3

$\sum T_j$	$0.105\,000\times10^4$	$\sum T_j^6$	$0.338\,212\times10^{13}$
$\sum T_j^2$	$0.717\,500\times10^5$	$\sum(C_P)_j$	$0.210\,280\times10^2$
$\sum T_j^3$	$0.551\,250\times10^7$	$\sum T_j(C_P)_j$	$0.105\,200\times10^4$
$\sum T_j^4$	$0.451\,666\times10^9$	$\sum T_j^2(C_P)_j$	$0.719\,514\times10^5$
$\sum T_j^5$	$0.385\,416\times10^{11}$	$\sum T_j^3(C_P)_j$	$0.553\,187\times10^7$

解出(c)式的未知数，得所给数据的最小二乘拟合三次多项式为

$$C_P=1.005\,956-4.629\,274\times10^{-4}T+7.759\,288\times10^{-6}T^2$$
$$+3.058\,133\times10^{-8}T^3$$

在 MATLAB 中，通过内置的程序也可算出上述参数，下面是其实现程序：

```
Format long
T = [0 5 10 15 20 25 30 35 40 45 50 55 60 65 70 75 80 85 90 95 100]
```

C = [1.006 72 1.003 92 1.001 531 0.999 07 0.998 52 0.998 26 0.998 18 0.998 28 0.998 49
　　 0.998 78 0.999 19 0.999 67 1.000 24 1.000 91 1.001 67 1.002 53 1.003 51 1.004 61
　　 1.005 86 1.007 21]

a = polyfit(t,c,3)

a =

　 − 0.000 000 030 581 33 0.000 007 759 287 55 − 0.000 462 927 443 77

　 1.005 955 928 853 75

C = 1.005 955 928 853 75 − 0.000 462 927 443 77 * t + 0.000 007 759 287 55 * t.^(2)

　 − 0.000 000 030 581 33 * t.^(3)

画出这条曲线如图 2-14 所示。可以看出,最大误差在 $T = 0℃$ 处,误差约为 0.0017。

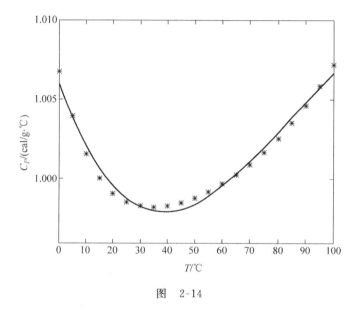

图　2-14

最小二乘法具有如下特点:

① 原理易于理解(不需要数理统计方面的知识);

② 应用广泛(动态/静态系统,线性/非线性系统的辨识);

③ 所得的"估计值"具有条件最优的统计特性(即具有一致/无偏/有效的性质)。

读者如要深入了解该方面的内容,可参见相关专著,此处不再深入论述。

3. 综合建模法

在许多工程实际问题的建模过程中,还有这样一类问题:人们对其内部的结构与特性有部分了解,但又难以完全用机理建模的方法来描述,需要结合一定的实验方法确定另外一部分不甚了解的结构与特性,或者是通过实际测定来求取模型参数;这一建模方法实际上就是将"机理建模法"与"实验建模法"有机地结合起来,故又称之为"综合建模法"。

"综合建模法"在实际工程中是一项很实用的方法与手段,下面我们结合一个具体工程实例来进一步说明之。

例 2-4　基于"综合建模法"的水轮发电机系统建模[28-30]。

水轮发电机系统一般由水轮机和进水系统组成,如图 2-15 所示。

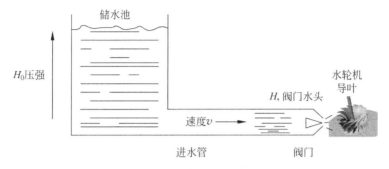

图 2-15　水轮发电机系统的组成

水轮机发电系统作为一个流体、机械及电气混合系统,包含有主轴转速 n、流量 Q、水头 H、出力(输出功率)N、效率 η、输出力矩 m 和阀门开度 α 七个状态变量。要建立系统数学模型,即为寻找以上状态变量之间的关系,首先建立其动力学方程:

水轮机转动平衡方程为:

$$I \frac{\mathrm{d}\omega}{\mathrm{d}t} = M_t - M_g \tag{2-19}$$

式中,I 为转动惯量,ω 为转速,M_t 为水轮机力矩,M_g 为水轮机负载力矩。

水轮机系统能量平衡方程:

$$N = M_t \omega \tag{2-20}$$

$$N = \gamma Q H \eta_t \tag{2-21}$$

$$M_t = \gamma \frac{QH}{\omega} \eta_t \tag{2-22}$$

式中,Q 为水流的流量,H 为到达水轮机组的水头,η_t 为水轮机组的效率,ω 为水轮机的转速,γ 为比例系数。

为了方便计算,采用相对量表示,取 $x = \dfrac{\omega - \omega_n}{\omega_n}$,$y = \dfrac{\alpha - \alpha_n}{\alpha_n}$,$q = \dfrac{Q}{Q_n}$,$h = \dfrac{H - H_n}{H_n}$,

$\delta = \dfrac{\eta_t}{\eta_{tn}}$,下角标 n 表示额定工况下的值,于是有:

$$m_t = \frac{M_t}{M_{tn}} = \frac{q(1+h)}{1+x} \delta \tag{2-23}$$

可见，m_t 是一个与 q,h,x 以及 δ 有非线性关系的量。

　　尽管上述系统的动力学方程是明确的，但在利用流体力学定律建立流体方程时又遇到问题：水轮机作为一个复杂的水力机械，水流在其中的运动存在着复杂的非线性关系，流体流动中存在着"位变惯性效应"（扩散旋转流动）和"时变惯性效应"（滞后流动）这两项严重的非线性因素；这些非线性因素不仅与时间有关，而且与水轮机工况同样存在非线性关系。因此，我们追求的系统流量 q 很难写成明确的解析形式，通常将其写成如下的函数形式：

$$q = q(y,h,x) \tag{2-24}$$

再者，考虑到 δ 与工况 h,x 有关，可将式(2-23)与式(2-24)合并，于是系统模型又可表示为：

$$\begin{cases} m_t = m(y,x,h) \\ q = q(y,x,h) \end{cases} \tag{2-25}$$

　　可见，由于没有明确的解析形式，上述模型在实际中是无法使用的。为此人们常常假定系统在额定工作点附近做小范围波动，对式(2-25)进行 Taylor 展开，忽略二阶以上高次项，有近似线性模型为：

$$\begin{cases} m_t \approx \dfrac{\partial m}{\partial \alpha}y + \dfrac{\partial m}{\partial x}x + \dfrac{\partial m}{\partial h}h = e_y y + e_x x + e_h h \\ q \approx \dfrac{\partial q}{\partial \alpha}y + \dfrac{\partial q}{\partial x}x + \dfrac{\partial q}{\partial h}h = e_{qy}y + e_{qx}x + e_{qh}h \end{cases} \tag{2-26}$$

其中，e_y,e_x,e_h 分别为水轮机输出力矩对阀门开度、相对转速和相对水头的传递系数，e_{qy},e_{qx},e_{qh} 分别为水轮机流量对阀门开度、相对转速和相对水头的传递系数；这六个系数在系统额定工况点附近可近似为常数，再结合刚性水击下的水柱加速方程(详见文献[18])：

$$\Delta h = -T_w \frac{d\Delta q}{dt} \tag{2-27}$$

其中，T_w 表示水流惯性时间常数，则式(2-26)与式(2-27)即可完整描述系统在小范围波动下的运动规律。

　　在小波动过程中，基于上述六个常系数的动态系统建模方法，我们称之为"六系数法"。在大波动过程中，必须考虑系统的非线性因素；前面的六系数模型的推导过程是在额定工况的假设条件下进行的。实际上，在任意工况下均可以得到上述形式的六系数模型，它们的区别在于六个系数取值的不同(如图 2-16 所示)。因此，为了使该模型适应大范围波动过程，需要自动调节"六系数模型"中的系数值。

　　由于不能利用数学解析式表示水轮机系统特性，实际工作中常常采用试验数据与曲线来表征，这些数据与特性曲线可以用来计算六系数值。由于试验取值的不连续性，要想平滑连续地计算出任意工况点的六系数值，需借助于"插值"计算

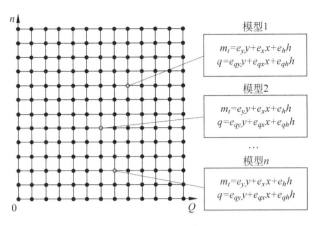

图 2-16 非线性六系数模型原理图

方法来进行"数值建模"(即,借助于非公式型离散数据计算手段来获取系统参数的建模方法)。

水轮机在出厂时,厂家均提供根据水轮机实物模型"能量试验"所得数据绘制的模型综合特性曲线,它全面地反映了水轮机的各种特性,我们从中可以得到全部七个状态变量之间的关系;一个典型的模型综合特性曲线如图 2-17 所示。

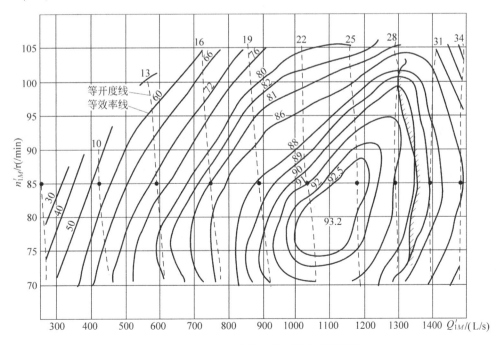

图 2-17 HLA511 水轮机模型综合特性曲线

　　模型综合特性曲线是在固定水头 H 下,以单位流量 Q'_{1M} 为横坐标,以单位转速 n'_{1M} 为纵坐标的两组等值线,其中闭合状实线为等效率 η_{1M} 线,倾斜状虚线为等开度 α 线,使用时需要转换为实际水轮机数据,具体转换过程请参阅文献[18]。

　　下面我们以 HLA511 水轮机为建模对象,以六系数之一 e_y 为例说明六系数的求取过程。要想得到 e_y,需要保证方程 $m_t = e_y y + e_x x + e_h h$ 中另外两个量(转速,水头)变化为零,此时方程表示为 $m_t = e_y y$,所以在获取数据时要保证转速一致(如图 2-17 中所给出的一组工况点),经过转换后,对离散数据进行插值,得到以开度为横坐标、力矩为纵坐标的光滑曲线(如图 2-18 所示)。

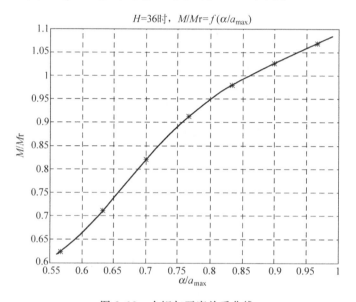

图 2-18　力矩与开度关系曲线

　　由图 2-18 所示曲线,我们可以得到相应点处的斜率值,该值即为所求系数 e_y。用同样的方法可以得到其余五个系数。对应于每个工况点,存在一组六系数值,这样随着工况的变化,六系数值将随之改变;表 2-4～表 2-9 中给出的六系数值是基于 110 个工况点所计算出的部分系数值(对应水头 $H=36m$),表中转速单位为 r/min,流量单位为 L/s。

表 2-4　不同工况点下 e_y 值

n ＼ e_y ＼ Q	11 400	11 800	12 200	12 600	13 000
360	2.1679	1.6818	1.4635	1.5316	1.5693
370	1.9357	1.4491	1.4304	1.4652	1.5462
380	1.6787	1.4155	1.4129	1.4363	1.5121
390	1.4761	1.4537	1.5341	1.4136	1.4767
400	1.4116	1.5102	1.5012	1.4425	1.4231

表 2-5 不同工况点下 e_{qy} 值

n \ e_{qy} \ Q	11 400	11 800	12 200	12 600	13 000
360	1.2521	1.0407	1.0487	0.879 64	0.895 01
370	1.1938	1.0896	1.0829	0.862 86	0.852 47
380	1.0839	1.1175	1.1125	0.875 78	0.835 94
390	1.1507	1.1137	1.0534	0.887 81	0.837 39
400	1.2186	1.116	1.0917	0.874 97	0.820 48

表 2-6 不同工况点下 e_x 值

n \ e_x \ Q	11 400	11 800	12 200	12 600	13 000
360	−2.7702	−1.1541	0.169 78	−0.597 61	−1.0243
370	−2.1685	−0.747 73	−0.525 04	−0.6424	−1.0456
380	−1.5894	−0.958 86	−0.930 29	−0.706 78	−1.0055
390	−1.1455	−1.2759	−1.234	−0.789 53	−0.955 87
400	−1.0522	−1.6184	−1.2908	−1.1023	−0.854 36

表 2-7 不同工况点下 e_{qx} 值

n \ e_{qx} \ Q	11 400	11 800	12 200	12 600	13 000
360	−0.801 16	−0.097 96	0.566 45	0.101 33	−0.004 47
370	−0.517 03	0.089 861	0.217 76	0.144 97	−0.034 89
380	−0.278 82	0.029	0.013 324	0.136 57	−0.022 66
390	−0.101 48	−0.072 83	−0.084 38	0.1164	−0.003 45
400	−0.038 38	−0.186 35	−0.074 21	−0.050 92	0.052 795

表 2-8 不同工况点下 e_h 值

n \ e_h \ Q	11 400	11 800	12 200	12 600	13 000
360	2.1679	1.6818	1.4635	1.5316	1.5693
370	1.9357	1.4491	1.4304	1.4652	1.5462
380	1.6787	1.4155	1.4129	1.4363	1.5121
390	1.4761	1.4537	1.5341	1.4136	1.4767
400	1.4116	1.5102	1.5012	1.4425	1.423

表 2-9　不同工况点下 e_{qh} 值

n ＼ e_{qh} ＼ Q	11 400	11 800	12 200	12 600	13 000
360	0.775 97	0.566 12	0.462 81	0.519 65	0.512 06
370	0.670 21	0.467 63	0.457 15	0.462 99	0.507 77
380	0.563 94	0.446 46	0.451 39	0.450 68	0.500 28
390	0.495 29	0.453 45	0.503 63	0.441 23	0.492 65
400	0.464 65	0.470 42	0.478 79	0.457 96	0.469 09

至此,我们利用所计算出的六系数值可以构建水轮机系统的 MATLAB/Simulink 仿真模型,对六系数模型中的各系数子环节分别进行封装,其中 $e_y y$ 环节的封装如图 2-19 所示;同时,需辅之以"相对变化量转绝对值"环节,如图 2-20 所示。

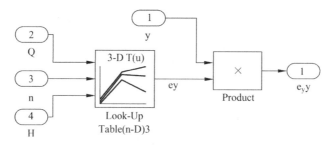

图 2-19　$e_y a$ 的插值仿真模型

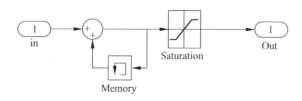

图 2-20　相对变化转绝对环节

综上,我们可以得到图 2-21 所示的非线性水轮机系统的六系数仿真模型。

最后,我们用所建立的水轮机系统模型在 Simulink 环境下进行模型验证仿真实验,仿真结果如图 2-22、图 2-23 所示。

从中可见,在阀门刚刚打开时,力矩 m_t 并没有立刻增大,而是先减小,随着时间的推移,又逐渐上升。图 2-22 的输入为 0.1% 阶跃,代表着阀门开度不断增大,对应力矩也持续增大;图 2-23 的输入为 0.1% 脉冲,代表着阀门开度值由一个值变为另一个值,对应力矩经过一定时间调节,同样稳定在另一个值附近。

显然,该系统具有"非最小相位系统"的特性(对于非最小相位系统,其传递函数模型中存在右半平面的零极点)。

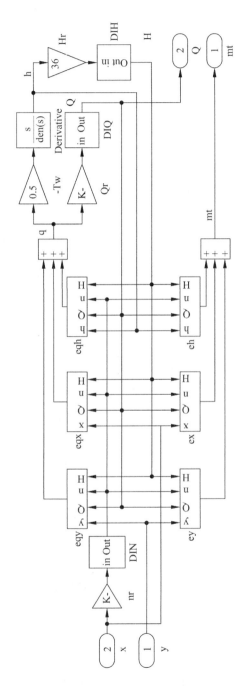

图 2-21　水轮机系统非线性六系数仿真模型

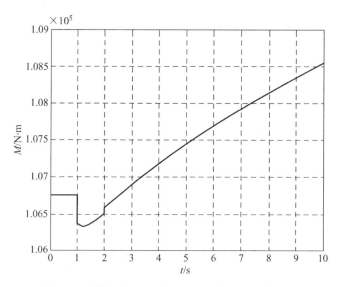

图 2-22 输出力矩 m_t 的开环 0.1% 阶跃响应曲线

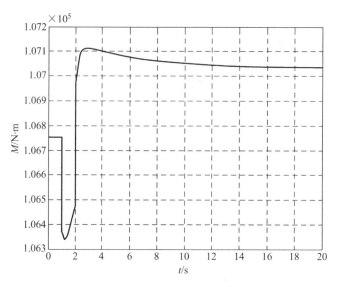

图 2-23 输出力矩 m_t 的开环 0.1% 脉冲响应曲线

2.4 模型验证

在仿真实验过程中,其结果的有效性取决于系统模型的可靠性。因此,模型验证是一项十分重要的工作,它应该贯穿于"系统建模—仿真实验"这一过程中,直到仿真实验取得满意的结果。

1. 模型验证的内容

一个系统模型能否准确而有效地描述实际系统,应从如下两方面来检验:其一是检验系统模型能否准确地描述实际系统的性能与行为;其二是检验基于系统模型的仿真实验结果与实际系统的近似程度。

由于系统模型只是对实际系统的一种相似,所以这种相似或近似不可能是百分百地真实描述实际系统的性能与行为。因此,验证其"相似或近似"程度有助于我们更有效地分析实际的系统问题。

2. 模型验证中应注意的问题

在进行模型验证工作中,应注意以下几点:

(1) 模型验证工作是一个过程。它是建模者对所研究问题由感性认识上升到理性认识的一个阶段,往往需要多次反复才能完成。

(2) 模型验证工作具有模糊性。由于系统模型是实际系统的一种相似或近似,其相似或近似程度具有一定的模糊性,其与建模者对实际系统问题的认识与理解程度有关。因此,在模型验证工作中,应注意"对于同一个问题,不同的建模者所建的模型可能有所不同"。

(3) 模型的全面验证往往不可能或者是难于实现的。这是因为,对于一些复杂的系统模型与仿真问题(例如社会系统、生态问题、飞行器系统等等),模型验证工作常常需要大量的统计分析数据,而实际中不论是"测取"还是"统计分析"往往都需要漫长而复杂的设计与计算,其将大大增加模型验证工作的难度。

3. 模型验证的基本方法

(1) 基于机理建模的必要条件法

对于采用机理建模法建立的数学模型,在模型验证工作中主要是检验模型的可信性。所谓必要条件法,就是通过对实际系统所存在的各种特性、规律和现象(人通过推演或经验可认识到的系统的必要性质和条件)进行仿真模拟或仿真实验,通过仿真结果与必要条件的吻合程度来验证系统模型的可信性和有效性。

通常,模型验证需要进行实验设计,其实验结果是人们可以判定的,正确的结果是正确的模型所应具备的必要性质。在本书 4.2 节和 2.5 节分别给出了一阶倒立摆与龙门吊车两系统模型的验证方法,读者不妨从中体会之。

(2) 基于实验建模的数理统计法

所谓数理统计法又称为最大概率估计法,它是数理统计学中描述一般随机状态(或过程)发生的可能性大小的一种数学描述。

由于实验建模中所依据的"数据"往往带有一定的随机性与不确定性,因此所得模型的可信性与准确性,往往也是不确定的。因此,在实验建模时,应该选取那些概率最大的数据来进行建模,以保证所建模型具有较高的可信性。

综上所述,对于基于实验建模法建立的系统模型,可通过考察在相同输入条件下,系统模型与实际系统的输出结果在一致性、最大概率性、最小方差性等数理统计方面的情况来综合判断其可信性与准确性。下面的例子可以进一步说明这一点。

例 2-5　新生儿营养保健问题是医学领域的一个长期探讨的问题,定期体重测定并保证新生儿迅速生长所需的足够营养是一项重要保健工作。每周记录新生儿的体重,采用的数字是连续三天体重的平均值。下面给出了 20 周的体重值(单位:kg)。

周数	1	2	3	4	5	6	7	8	9	10
体重	4.0	4.1	4.2	4.3	4.5	4.6	4.7	4.8	5.0	5.1
周数	11	12	13	14	15	16	17	18	19	20
体重	5.4	5.5	5.6	5.8	6.2	6.5	6.6	6.9	7.0	7.3

新生儿体重增长问题存在非线性运动规律,一些研究者采用分段线性化模型——自激励门限自回归模型(self-exciting threshold auto-regressive model,SETAR)——来描述该系统,研究新生儿体重的增长规律,为新生儿的保健工作提供重要参考。

设阈值取为 5.102kg,阈值滞后量取 $d=2$,按上述数据表建立模型为

$$x_t = \begin{cases} 0.3379 + 0.9603x_{t-1} & x_{t-2} \geqslant 5.102 \\ 0.9921 + 0.8244x_{t-1} + 0.3523x_{t-2} - 0.8918x_{t-3} \\ \quad + 1.1490x_{t-4} - 0.5586x_{t-5} & x_{t-2} < 5.102 \end{cases}$$

利用此模型对新生儿体重进行预报,并与实际数值相比较,如图 2-24 所示。

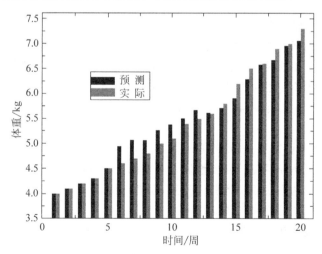

图 2-24　实际值与测量值比较图

　　从直方图中可以明显看出,新生儿体重预测值与实际值相差很小,最大差值为 0.375kg,从而可以证明我们所建立模型的合理性,以及在一定误差范围内数据预测的正确性。

　　从此例可见,对于一类医疗、生态与社会问题,通过对一些离散数据的有效处理,建立系统模型,不仅可以对问题进行有效的分析与研究,更重要的是依据这个数学模型可以进行有效的预测,以指导我们的工作与实践。

　　(3) 实物模型验证法

　　对于机电系统、化工过程系统以及工程力学等一类可依据相似原理建立实物模型的仿真研究问题,应用实物(或半实物)仿真技术可以在可能的条件下实现最高精度的模型验证(当然,这种验证的代价相对是较高的),这也就是为什么在产品开发和飞行器研究中,人们总是把实物仿真作为产品定型和批量生产前的最高级仿真实验的原因。

　　例如,在三峡水利工程设计中(如图 2-25 所示),人们对其排沙子系统的设计进行了多年的数值模拟,研究建立了一系列的数学模型来分析排沙系统的动态性能。那么,如何验证这些数学模型以及从中得到的若干个结论的正确性和可信性呢? 研究者们最后还是通过在依山傍水的南京市郊建立一个比例为 1∶100 的实物系统验证了理论分析与设计的正确性和有效性,从而使三峡工程得以顺利开展。

图 2-25　三峡全貌

　　实物模型验证法系实物仿真技术的范畴,感兴趣的读者可进一步参阅本书第 5 章的内容。

2.5　系统建模实例

2.5.1　独轮自行车实物仿真问题

1. 问题提出

　　为实现图 2-26 所示的娱乐型独轮自行车机器人,控制工程师研制了图 2-27 所示的实物仿真模型。通过对该实物模型的理论分析与实物仿真实验研究,有助

图 2-26 独轮自行车

于我们实现对独轮自行车机器人的有效控制。

控制理论中把此问题归结为一阶直线倒立摆控制问题(如图 2-28 所示)。另外,诸如机器人行走过程中的平衡控制、火箭发射中的垂直度控制、卫星飞行中的姿态控制、海上钻井平台的稳定控制、飞机安全着陆控制等均涉及到"倒立摆的平衡控制问题"。

2. 建模机理

由于此问题为单一刚性铰链、两自由度动力学问题,因此,依据经典力学的牛顿定律即可满足要求。

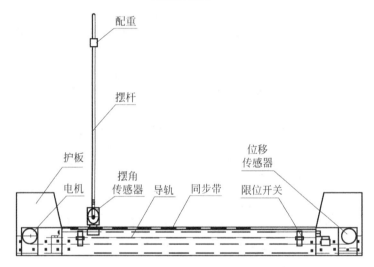

图 2-27 独轮自行车实物仿真模型

3. 系统建模

如图 2-28 所示,设小车的质量为 m_0,倒立摆的质量为 m,摆长为 $2l$,摆的偏角为 θ,小车的位移为 x,作用在小车上水平方向的力为 F,O_1 为摆杆的质心。

根据刚体绕定轴转动的动力学微分方程,转动惯量与加速度乘积等于作用于刚体主动力对该轴力矩的代数和,则摆杆绕其重心的转动方程为

$$J\ddot{\theta} = F_y l \sin\theta - F_x l \cos\theta \qquad (2-28)$$

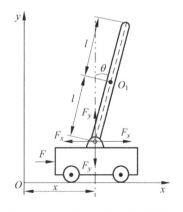

图 2-28 一阶倒立摆的物理模型

摆杆重心的水平运动可描述为

$$F_x = m \frac{\mathrm{d}^2}{\mathrm{d}t^2}(x + l\sin\theta) \tag{2-29}$$

摆杆重心在垂直方向上的运动可描述为

$$F_y - mg = m \frac{\mathrm{d}^2}{\mathrm{d}t^2}(l\cos\theta) \tag{2-30}$$

小车水平方向运动可描述为

$$F - F_x = m_0 \frac{\mathrm{d}^2 x}{\mathrm{d}t^2} \tag{2-31}$$

由式(2-29)和式(2-31)得

$$(m_0 + m)\ddot{x} + ml(\cos\theta \cdot \ddot{\theta} - \sin\theta \cdot \dot{\theta}^2) = F \tag{2-32}$$

由式(2-28)和式(2-30)得

$$(J + ml^2)\ddot{\theta} + ml\cos\theta \cdot \ddot{x} = mlg \cdot \sin\theta \tag{2-33}$$

整理式(2-32)和式(2-33)得

$$\begin{cases} \ddot{x} = \dfrac{(J + ml^2)F + lm(J + ml^2)\sin\theta \cdot \dot{\theta}^2 - m^2 l^2 g\sin\theta\cos\theta}{(J + ml^2)(m_0 + m) - m^2 l^2 \cos^2\theta} \\[4mm] \ddot{\theta} = \dfrac{ml\cos\theta \cdot F + m^2 l^2 \sin\theta\cos\theta \cdot \dot{\theta}^2 - (m_0 + m)mlg\sin\theta}{m^2 l^2 \cos^2\theta - (m_0 + m)(J + ml^2)} \end{cases} \tag{2-34}$$

因为摆杆是均质细杆,所以可求其对于质心的转动惯量。因此设细杆摆长为 $2l$,单位长度的质量为 ρ_l,取杆上一个微段 $\mathrm{d}x$,其质量为 $m = \rho_l \mathrm{d}x$,则此杆对于质心的转动惯量有

$$J = \int_{-l}^{l} (\rho_l \mathrm{d}x)x^2 = 2\rho_l l^3 / 3$$

杆的质量为

$$m = 2\rho_l l$$

所以此杆对于质心的转动惯量有

$$J = \frac{ml^2}{3}$$

4. 模型简化

由式(2-34)可见,一阶直线倒立摆系统的动力学模型为非线性微分方程组。为了便于应用经典控制理论对该控制系统进行设计,必须将其简化为线性定常的系统模型。

若只考虑 θ 在其工作点 $\theta_0 = 0$ 附近($-10°<\theta<10°$)的细微变化,则可近似认为

$$\begin{cases} \dot{\theta}^2 \approx 0 \\ \sin\theta \approx \theta \\ \cos\theta \approx 1 \end{cases}$$

在这一简化思想下,系统精确模型式(2-34)可简化为

$$\begin{cases} \ddot{x} = \dfrac{(J+ml^2)F - m^2l^2g\theta}{J(m_0+m)+mm_0l^2} \\[3mm] \ddot{\theta} = \dfrac{(m_0+m)mlg\theta - mlF}{J(m_0+m)+mm_0l^2} \end{cases}$$

若给定一阶直线倒立摆系统的参数为:小车的质量 $m_0=1\text{kg}$;倒摆振子的质量 $m=1\text{kg}$;倒摆长度 $2l=0.6\text{m}$;重力加速度取 $g=10\text{m/s}^2$,则可得到进一步简化模型:

$$\begin{cases} \ddot{x} = -6\theta + 0.8F \\ \ddot{\theta} = 40\theta - 2.0F \end{cases} \tag{2-35}$$

上式为系统的微分方程模型,对其进行拉氏变换可得系统的传递函数模型为

$$\begin{cases} G_1(s) = \dfrac{\Theta(s)}{F(s)} = \dfrac{-2.0}{s^2-40} \\[3mm] G_2(s) = \dfrac{X(s)}{\Theta(s)} = \dfrac{-0.4s^2+10}{s^2} \end{cases} \tag{2-36}$$

图 2-29 为系统的动态结构图。

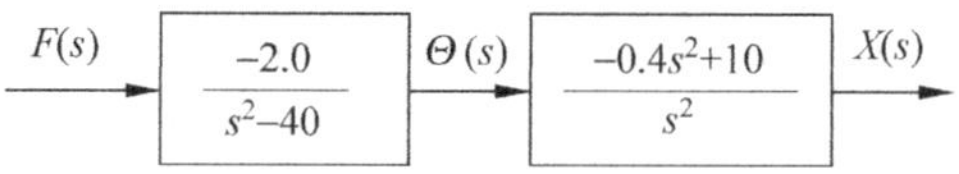

图 2-29　系统动态结构图

同理可求系统的状态方程模型如下:

设系统状态为

$$\boldsymbol{x} = \begin{bmatrix} x_1 \\ x_2 \\ x_3 \\ x_4 \end{bmatrix} = \begin{bmatrix} \theta \\ \dot{\theta} \\ x \\ \dot{x} \end{bmatrix}$$

则有系统状态方程

$$\dot{\boldsymbol{x}} = \begin{bmatrix} \dot{x_1} \\ \dot{x_2} \\ \dot{x_3} \\ \dot{x_4} \end{bmatrix} = \begin{bmatrix} 0 & 1 & 0 & 0 \\ 40 & 0 & 0 & 0 \\ 0 & 0 & 0 & 1 \\ -6 & 0 & 0 & 0 \end{bmatrix} \begin{bmatrix} x_1 \\ x_2 \\ x_3 \\ x_4 \end{bmatrix} + \begin{bmatrix} 0 \\ -2 \\ 0 \\ 0.8 \end{bmatrix} F = \boldsymbol{Ax} + \boldsymbol{BF} \tag{2-37}$$

输出方程

$$\boldsymbol{y} = \begin{bmatrix} \theta \\ x \end{bmatrix} = \begin{bmatrix} 1 & 0 & 0 & 0 \\ 0 & 0 & 1 & 0 \end{bmatrix} \begin{bmatrix} x_1 \\ x_2 \\ x_3 \\ x_4 \end{bmatrix} = \boldsymbol{Cx} \tag{2-38}$$

由此可见,通过对系统模型的简化,得到了一阶直线倒立摆系统的微分方程、传递函数、状态方程三种线性定常的数学模型,这就为下面的系统设计奠定了基础。

5. 模型验证

对于所建立的一阶直线倒立摆系统数学模型,还应对其可靠性进行验证,以保证以后系统数字仿真实验的真实、有效。

一阶直线倒立摆系统的模型验证问题请读者参见本书 3.2 节中的相关内容。

2.5.2　龙门吊车运动控制问题

1. 问题提出

龙门吊车作为一种运载工具,广泛地应用于现代工厂、安装工地和集装箱货场以及室内外仓库的装卸与运输作业。它在离地面很高的轨道上运行,具有占地面积小、省工省时的优点。图 2-30 为龙门吊车的实物照片。

图 2-30　龙门吊车

龙门吊车利用绳索一类的柔性体代替钢体工作,以使得吊车的结构轻便,工作效率高。但是,采用柔性体吊运也带来一些负面影响,例如吊车负载——重物的摆动问题一直是困扰提高吊车装运效率的一个难题。

为研究吊车的防摆控制问题,需对实际问题进行简化、抽象。吊车的"搬运—行走—定位"过程可抽象为如图 2-31 所示的情况。图中,小车的质量为 m_0,受到水平方向的外力 $F(t)$ 的作用,重物的质量为 m,绳索的长度为 l。对重物的快速吊运与定位问题可以抽象为:求小车在所受的外力 $F(t)$ 的作用下,使得小车能在最短的时间 t_s 由 A 点运动到 B 点,且 $|\theta(t_s)| < \Delta$,Δ 为系统允许的最大摆角。

2. 建模机理

可见,该问题为多刚体、多自由度、多约束的质点系动力学问题。由于牛顿经

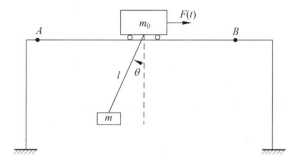

图 2-31　吊车系统的物理抽象模型

典力学主要是解决自由质点的动力学问题,对于自由质点系的动力学问题,是把物体系拆开成若干分离体,按反作用定律附加以约束反力,而后列写动力学方程。显然,对于龙门吊车运动系统的动力学问题应用牛顿力学来分析势必过于复杂。

对于约束质点系统动力学问题来说,1788 年拉格朗日发表的名著《分析力学》一书中以质点系为对象,应用虚位移与虚功原理,消除了系统中的约束力,得出了质点系平衡时主动力之间的关系。拉格朗日给出了解决具有完整约束的质点系动力学问题的具有普遍意义的方程,被后人称为拉格朗日方程,它是分析力学中的重要方程。

拉格朗日方程的表达式非常简洁,应用时只需计算系统的动能和广义力。拉格朗日方程的普遍形式为

$$\frac{\mathrm{d}}{\mathrm{d}t}\left(\frac{\partial T}{\partial \dot{q}_k}\right) - \frac{\partial T}{\partial q_k} = F_k \tag{2-39}$$

式中,T 为质点系的动能,$T = \sum_{i=1}^{n} \frac{1}{2} m_i v_i^2$;$q_k$ 为质点系的广义坐标;k 为质点系的自由度数;F_k 为广义力。

由此可见,拉格朗日方程把力学体系的运动方程从以力为基本概念的牛顿形式,改变为以能量为基本概念的分析力学形式。

3. 系统建模

实际中的吊车系统受到多种干扰,如小车与导轨之间的干摩擦、风力的影响等,为了分析其本质,必须对实际系统进一步抽象。通过对龙门吊车进行分析,可将其抽象为如图 2-32 所示的物理模型。

重物通过绳索与小车相连,小车在行走电机的水平拉力 $F_1(\mathrm{N})$ 的作用下在水平轨道上运动,小车的质量为 $m_0(\mathrm{kg})$,重物的质量为 $m(\mathrm{kg})$,绳索的长度为 $l(\mathrm{m})$,重物可在提升电机的提升力 $F_2(\mathrm{N})$ 的作用之下进行升降运动;绳索的弹性、质量、运动的阻尼系数可忽略;小车与水平轨道的摩擦阻尼系数为 $D(\mathrm{kg/s})$;重物摆动时的阻尼系数为 $\eta(\mathrm{kg \cdot m^2/s})$,其他扰动可忽略。

取小车位置为 x_1,绳长为 x_2,摆角为 x_3 作为系统的广义坐标系,在此基础上对系统进行动力学分析。

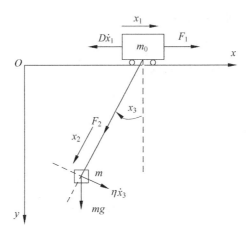

图 2-32　龙门吊车的物理模型

由图 2-32 所示的坐标系可知,小车的位置和重物的位置坐标为

$$
\begin{cases}
x_{m_0} = x_1 \\
y_{m_0} = 0 \\
x_m = x_1 - x_2 \sin x_3 \\
y_m = x_2 \cos x_3
\end{cases}
\tag{2-40}
$$

所以小车和重物的速度分量为

$$
\begin{cases}
\dot{x}_{m_0} = \dot{x}_1 \\
\dot{y}_{m_0} = 0 \\
\dot{x}_m = \dot{x}_1 - \dot{x}_2 \sin x_3 - x_2 \dot{x}_3 \cos x_3 \\
\dot{y}_m = \dot{x}_2 \cos x_3 - x_2 \dot{x}_3 \sin x_3
\end{cases}
\tag{2-41}
$$

系统的动能为

$$
\begin{aligned}
T &= \frac{1}{2} m_0 v_{m_0}^2 + \frac{1}{2} m v_{m_0}^2 \\
&= \frac{1}{2} m_0 (\dot{x}_{m_0}^2 + \dot{y}_{m_0}^2) + \frac{1}{2} m (\dot{x}_m^2 + \dot{y}_m^2) \\
&= \frac{1}{2} (m_0 + m) \dot{x}_1^2 + \frac{1}{2} m (\dot{x}_2^2 + x_2^2 \dot{x}_3^2 - 2 \dot{x}_1 \dot{x}_2 \sin x_3 - 2 \dot{x}_1 x_2 \dot{x}_3 \cos x_3)
\end{aligned}
\tag{2-42}
$$

此系统的拉格朗日方程组为

$$
\begin{cases}
\dfrac{\mathrm{d}}{\mathrm{d}t}\left(\dfrac{\partial T}{\partial \dot{x}_1}\right) - \dfrac{\partial T}{\partial x_1} = F_1 - D \dot{x}_1 \\[2mm]
\dfrac{\mathrm{d}}{\mathrm{d}t}\left(\dfrac{\partial T}{\partial \dot{x}_2}\right) - \dfrac{\partial T}{\partial x_2} = F_2 + mg \cos x_3 \\[2mm]
\dfrac{\mathrm{d}}{\mathrm{d}t}\left(\dfrac{\partial T}{\partial \dot{x}_3}\right) - \dfrac{\partial T}{\partial x_3} = -mg x_2 \sin x_3 - \eta \dot{x}_3
\end{cases}
\tag{2-43}
$$

综合以上公式得系统的方程组为

$$\begin{cases} (m+m_0)\ddot{x}_1 - m\ddot{x}_2\sin x_3 - mx_2\ddot{x}_3\cos x_3 - 2m\dot{x}_2\dot{x}_3\cos x_3 + mx_2\dot{x}_3^2\sin x_3 + D\dot{x}_1 = F_1 \\ m\ddot{x}_2 - m\ddot{x}_1\sin x_3 - mx_2\dot{x}_3^2 - mg\cos x_3 = F_2 \\ mx_2^2\ddot{x}_3 + 2mx_2\dot{x}_2\dot{x}_3 - m\ddot{x}_1 x_2\cos x_3 + mgx_2\sin x_3 + \eta\dot{x}_3 = 0 \end{cases}$$

$$(2\text{-}44)$$

式(2-44)即为考虑绳长变化情况下的二自由度龙门吊车运动系统的动力学模型。

对于绳长保持不变的情况,可将上述模型进一步简化,将式(2-44)中的 $\dot{x}_2 = \ddot{x}_2 = 0$,消去 F_2,令 $F = F_1$,$x_2 = l = \text{const}$,可得到绳长不变时的龙门吊车运动系统数学模型为

$$\begin{cases} (m_0+m)\ddot{x}_1 + D\dot{x}_1 - ml\ddot{x}_3\cos x_3 + ml\dot{x}_3^2\sin x_3 = F \\ ml^2\ddot{x}_3 - m\ddot{x}_1 l\cos x_3 + mgl\sin x_3 + \eta\dot{x}_3 = 0 \end{cases}$$

$$(2\text{-}45)$$

4. 模型简化

由式(2-44)可见,龙门吊车运动系统的动力学模型为非线性微分方程组。为了便于应用经典控制理论对该控制系统进行设计,必须将其简化为线性定常的系统模型。

对于式(2-45)的定摆长吊车系统,其中 x_1 为小车的位置,x_3 为重物摆角;F 是小车行走电机的水平拉力,m_0 为小车的质量,m 为重物的质量,l 为绳索的长度,绳索运动的阻尼、弹性和质量可忽略;小车与水平轨道的摩擦阻尼系数为 D;重物摆动时的阻尼系数为 η,忽略其他扰动。

考虑到实际吊车运行过程中摆动角较小(不超过 $10°$),且平衡位置为 $\theta = 0$,可将式(2-45)表示的模型在 $\theta = 0$ 处进行线性化。此时有如下近似结果:$\sin\theta \approx \theta$,$\cos\theta \approx 1$,$\dot{\theta}^2\sin\theta \approx 0$。考虑到摆动的阻尼系数 η 较小,可认为 $\eta = 0$,所以式(2-45)可简化为

$$\begin{cases} (m_0+m)\ddot{x} + D\dot{x} - ml\ddot{\theta} = F \\ ml\ddot{\theta} - m\ddot{x} + mg\theta = 0 \end{cases}$$

$$(2\text{-}46)$$

将式(2-46)进一步化简得

$$\begin{cases} F = m_0\ddot{x} + D\dot{x} + mg\theta \\ \ddot{x} = l\ddot{\theta} + g\theta \end{cases}$$

$$(2\text{-}47)$$

对式(2-47)进行拉氏变化可得

$$\begin{cases} F(s) = (m_0 s^2 + Ds)X(s) + mg\Theta(s) \\ s^2 X(s) = (ls^2 + g)\Theta(s) \end{cases}$$

$$(2\text{-}48)$$

　　由上面系统的传递函数形式模型,可得图 2-33 所示的定摆长吊车运动系统动态结构图,图 2-34 是其另一种表达形式。

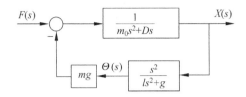

图 2-33　定摆长吊车运动系统动态结构图(形式一)

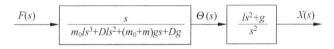

图 2-34　定摆长吊车运动系统动态结构图(形式二)

　　同理,也可将上述模型转化为状态空间形式。对式(2-47)进行变换,每个式子只保留一个二次导数项,可得

$$\begin{cases} \ddot{x} = -\dfrac{D}{m_0}\dot{x} - \dfrac{mg}{m_0}\theta + \dfrac{1}{m_0}F \\[3mm] \ddot{\theta} = -\dfrac{D}{m_0 l}\dot{x} - \dfrac{(m_0+m)g}{m_0 l}\theta + \dfrac{1}{m_0 l}F \end{cases} \tag{2-49}$$

取 $x,\dot{x},\theta,\dot{\theta}$ 为系统的状态,x,θ 为系统的输出,则系统的状态空间描述方程为

$$\begin{cases} \dot{x} = Ax + Bu \\ y = Cx \end{cases} \tag{2-50}$$

式中,$x = [x,\dot{x},\theta,\dot{\theta}]^{\mathrm{T}}$,$u = F$,$y = [x,\theta]^{\mathrm{T}}$,

$$A = \begin{bmatrix} 0 & 1 & 0 & 0 \\ 0 & -\dfrac{D}{m_0} & -\dfrac{mg}{m_0} & 0 \\ 0 & 0 & 0 & 1 \\ 0 & -\dfrac{D}{m_0 l} & -\dfrac{(m_0+m)g}{m_0 l} & 0 \end{bmatrix}, \quad B = \begin{bmatrix} 0 \\ \dfrac{1}{m_0} \\ 0 \\ \dfrac{1}{m_0 l} \end{bmatrix}$$

$$C = \begin{bmatrix} 1 & 0 & 0 & 0 \\ 0 & 0 & 1 & 0 \end{bmatrix}$$

式(2-50)即为定摆长吊车运动系统的状态空间表达式模型。

5. 模型验证

(1) 模型封装

利用 Simulink 封装子系统功能,可使模型验证原理表示得更加简捷。如图 2-35 所示,上半部分为简化模型仿真图,下半部分为精确模型仿真图。

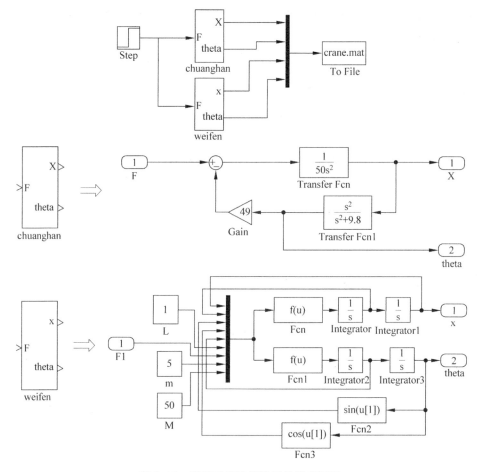

图 2-35　利用子系统封装后的模型框图

其中：

Fcn：$(u[7]-9.8*u[8]*u[3]*u[4]-u[8]*u[6]*u[5]*u[5]*u[3])/$
　　　$(u[9]+u[8]*u[3]*u[3])$

Fcn1：$((u[7]-9.8*u[8]*u[3]*u[4]-u[8]*u[6]*u[5]*u[5]$
　　　　$*u[3])/(u[9]+u[8]*u[3]*u[3]))*u[4]/u[6]-9.8*u[3]/u[6]$

(2) 模型验证

下面应用必要条件法来验证所建立的数学模型具备正确模型应具备的必要性质。

① 实验设计：假定使吊车在($\theta=0,x=0$)初始状态下，突加一有限恒定作用力，则依据经验知：小车位置将不断增大，而重物将在小车的一侧做往复摆动。这一结果可根据图 2-36 所示的原理予以说明：由于小车受到一恒定力的作用，因此初始状态 O 点为重物相对小车摆动的一个极限点，该恒定力的作用也将使得重物相对小车的摆动存在另一个摆动的极限点 A；同时，我们也知道：单摆运动的极限点为不稳定点；因此，在这一恒力作用的过程中，重物将在小车一侧的两极限点

间做往复摆动。

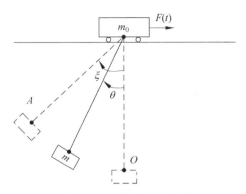

图 2-36　重物摆动原理图

所以,在突加恒定作用力拖动下,小车将向前移动,负载的重物将在($0 \leqslant \theta \leqslant \xi$)区间内摆动(其中 ξ 值与作用力大小有关)。下面利用仿真实验来验证"正确数学模型"应具有的这一必要性质。

② 仿真实验:执行图 2-35 所示的程序之结果如图 2-37 所示(该结果曲线绘制,可通过将 4.2 节中绘制曲线的程序略作修改得到),从中可见:在 1N 恒定拖动作用下,负荷不断地在 $\theta \in [0, \xi]$ 区间内摆动,小车位置逐渐增加;这一结果符合前述的实验设计,故可以在一定程度上确认:该吊车系统的数学模型是有效的。

同时,由图 2-37 中也可看出,近似模型与精确模型的曲线基本上是重合的。因此,我们也可以认为近似模型在一定条件下可以表述原系统模型的性质。

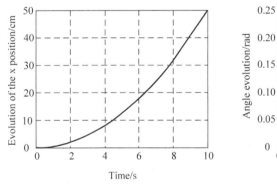
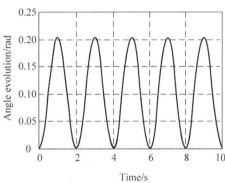

图 2-37　单位阶跃信号时系统响应曲线

2.5.3　水箱液位控制问题

1. 问题提出

图 2-38 所示为水箱液位控制原理图。在工业过程控制领域中,诸如电站锅炉汽包水位控制、化学反应釜液位控制、化工配料系统的液位控制等问题,均可等

效为此水箱液位控制问题。图中,h 为液位高度(又称为稳态水头),q_{in} 为流入水箱中液体的流量,q_{out} 为流出水箱液体的流量,q'_{in} 与 q'_{out} 分别为进水阀门和出水阀门的控制开度,S 为水箱底面积。

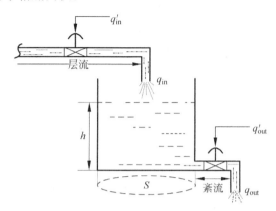

图 2-38　水箱液位控制原理图

2. 建模机理

显然,此问题涉及到流体力学的理论,因此有必要就流体力学中的几个基本概念作一介绍。

(1) **雷诺数**　$Re = \dfrac{vd}{r}$,其中,Re 为雷诺数,v 为液体流速,d 为管道口径,r 为液体粘度。

可见,雷诺数反映了液体在管道中流动时的物理性能(流态)。

(2) **紊流**　当流体的雷诺数 $Re > 2000$ 时,流体的流态称为紊流。紊流流态表征了流体在传递中有能量损失,质点运动紊乱(有横向分量)。

紊流条件下,流量 q(流速)与稳态水头 h(压力)有如下关系:$q = K\sqrt{h}$。

通常条件下,容器与导管连接处的流态呈紊流状态。

(3) **层流**　当流体的雷诺数 $Re < 2000$ 时,流体的流态称为层流。

层流流态表征了流体在传递中能量损失很少,质点运动有序(沿轴向方向)。

层流条件下,流量 q(流速)与稳态水头 h(压力)的关系为 $q = Kh$。

通常条件下,长距离直管段中,在压力恒定的情况下,流体呈层流状态。

3. 系统建模

由图 2-38 可知,

$$h = K_3 \int (q_{in} - q_{out}) \mathrm{d}t$$

式中 $K_3 \propto S$(水箱底面积)。对上式取拉氏变换得

$$H(s) = K_3 \frac{1}{s} \big[Q_{in}(s) - Q_{out}(s) \big]$$

　　综上有图 2-39(a)所示的系统结构框图,将紊流与层流状态下 q 与 h 的关系代入其中,可得图 2-39(b)所示的水箱液位系统动态结构图。

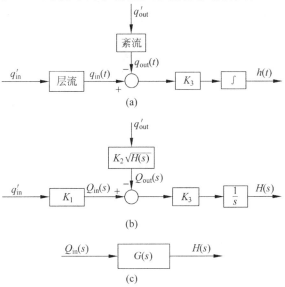

图 2-39　水箱液位系统动态结构图

4. 模型简化

　　显然图 2-39(b)所示的水箱液位系统为一非线性系统。为便于利用经典控制理论对该系统实施有效的设计,需将其在一定条件下简化为图 2-39(c)所示的线性定常系统。以下的模型简化系建立在系统工作在平衡点附近的条件之下,即系统中的 $q_{out}(t)$ 处于稳定状态。

　　(1) 液阻与液容

　　定义 1　单位流量的变化所对应的液位差变化称为液阻,即

$$R = \frac{\mathrm{d}h}{\mathrm{d}q} = \frac{液位差变化(单位为 m)}{流量变化(单位为 m^3/s)}$$

　　定义 2　单位水头(液位)的变化所对应的被存储液体的变化称为液容,即

$$C = \frac{(q_{in} - q_{out})\mathrm{d}t}{\mathrm{d}h} = \frac{被存储液体的变化(单位为 m^3)}{水头的变化(单位为 m)}$$

　　显然,对于确定的水箱系统,液阻 R 与液容 C 是一个定数。

　　(2) 平衡工作点

　　由于水箱系统的出水口处为紊流状态,即有

$$q = K\sqrt{h} \tag{2-51}$$

　　这样一个非线性关系存在,如图 2-40 所示。假设:水箱系统有一稳定的平衡工作点 (q_0, h_0),则系统在 $P(q_0, h_0)$ 处附近的 $(\mathrm{d}q, \mathrm{d}h)$ 范围内可用直线代替曲线,该直线的斜率即为平衡工作点 (q_0, h_0) 处的液阻。

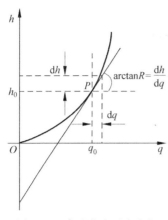

图 2-40 紊流状态下水头与
          流量关系

由(2-51)式可知,

$$dq = \frac{K}{2\sqrt{h}}dh$$

所以

$$\frac{dh}{dq} = 2\sqrt{h}\,\frac{1}{K} = 2\sqrt{h}\,\frac{\sqrt{h}}{q} = \frac{2h}{q}$$

因此,在水箱系统出水口处的液阻为 $R_0 = \dfrac{2h}{q}$。

(3) 模型简化

当水箱系统工作在系统平衡工作点附近时,我们可将图 2-39(b)所示的非线性系统简化为一线性系统。

由液容定义知

$$C\,dh = (q_{in} - q_{out})dt$$

又由液阻定义知

$$q_{out} = \frac{h}{R}$$

则有

$$C\,dh = \left(q_{in} - \frac{h}{R}\right)dt$$

即

$$RC\frac{dh}{dt} + h = Rq_{in} \qquad (2\text{-}52)$$

式中,RC 为水箱系统的时间常数。对式(2-52)取拉氏变换(设初始条件为零)得

$$(RCs + 1)H(s) = RQ_{in}(s)$$

则有

$$G(s) = \frac{H(s)}{Q_{in}(s)} = \frac{R}{RCs + 1} \qquad (2\text{-}53)$$

可见,在水箱系统平衡工作点附近,原非线性受扰系统可简化为无扰线性定常的惯性环节。

2.5.4 燃煤热水锅炉控制问题

1. 问题提出

如图 2-41 所示的燃煤热水锅炉系统,在工业生产与民用集中供热等方面具有广泛的应用。图中,p 为炉膛压力(微负压)、T_i 为回水温度、γ 为原煤燃值、α 为炉渣灰分、T(烟气温度)与 w_{O_2}(废气含氧量)为锅炉燃烧质量监测量,T_o(出水温度)为燃烧热水锅炉的被控量。图 2-42 给出了上述系统的控制系统结构框图。

从中可见,为利用数字仿真技术进行最佳燃烧控制器的设计,必须首先建立锅炉系统的数学模型,即 $\dfrac{T_o(s)}{\Phi_i(s)} = G(s)$,其中 Φ_i 为供给锅炉系统的有效热流量。

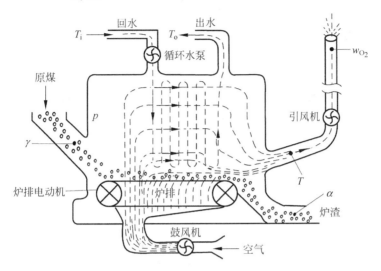

图 2-41　燃煤热水锅炉原理图

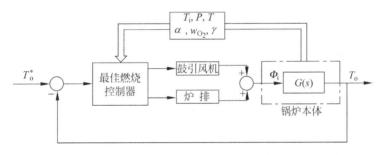

图 2-42　燃烧锅炉控制系统结构框图

2. 建模机理

显然,此问题涉及到热力学的理论,因此有必要就热力学中的几个概念作一介绍。

(1) 热力学系统:将热量从一种物质传递到另一种物质的系统。

(2) 热传递的三种途径:传导、对流、辐射。

对于热传导有如下关系: $\Phi = K\Delta T$,其中 Φ 为热流量,K 为系数(反映了系统的导热性能),ΔT 为系统温度的变化。

(3) 热阻:用以描述热传导过程的传导性质(类似电阻),用下式表示

$$R = \frac{\Delta T}{\Delta \Phi} = \frac{1}{K} \tag{2-54}$$

对于热传导问题,R 是一个常量。

(4) 热容:用以描述热力系统"保温"性质(类似电容),用下式表示

$$C = \frac{\Delta Q_{存储}}{\Delta T_{存储}} \tag{2-55}$$

式中,$\Delta Q_{存储}$ 为热力系统存储的热量的变化。对于理想的热力系统,C 通常是一个常数。

3. 系统建模

为便于建立系统的模型,上述燃煤热水锅炉可等效为图 2-43 所示的物理模型。

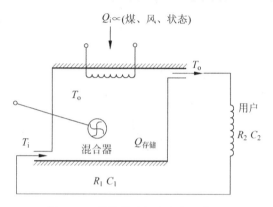

图 2-43　燃烧热水锅炉的物理模型

设系统保温良好(C 较大),炉腔内温度均匀(混合器的作用),则有

$$\Delta Q_{存储} = \sum \Phi_i - \Phi_o = \Phi_i + \Phi_{ei} - \Phi_o$$

式中,Φ_i 为由燃煤给出的热流量,Φ_{ei} 为由回水给出的热流量,Φ_o 为锅炉出口处的热流量。

由式(2-54)和式(2-55)可得

$$C_1 \Delta T_o = \Phi_i + \frac{T_i}{R_1} - \frac{T_o}{R_1}$$

化简得

$$R_1 C_1 \Delta T_o + T_o = T_i + \Phi_i R_1$$

取拉氏变换得

$$(R_1 C_1 s + 1) T_o(s) = T_i(s) + R_1 \Phi_i(s)$$

其等效的动态结构图如图 2-44 所示。

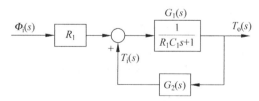

图 2-44　系统动态结构图

同理,不难推导出系统用户模型

$$G_2(s) = \frac{1}{R_2 C_2 s + 1}$$

由上可知,只要确定 R_1、C_1(锅炉自身的特性)与 R_2、C_2(用户散热器特性),即可求解锅炉系统的热力学性能的数学模型。

4. 存在问题

通过上述模型的建立过程,可以发现如下问题:

(1) **分布参数问题** 在实际的燃煤热水锅炉系统中,三种热传递形式是同时存在;保温性能不佳,鼓引风存在泄漏等问题也不可避免地存在。因此,上述模型往往与实际问题存在一定的偏差。

(2) **最佳燃烧控制问题** 实际工作中,Φ_i 的获取并不容易,需要利用一定的控制手段来实现 Φ_{imax},其随燃料形式、燃烧结构、燃烧工艺等因素的变化而不同;对于确定的燃料、锅炉形式及燃烧工艺,采用适当的控制策略,Φ_{imax} 方可保证。

正是由于燃煤锅炉存在上述两个基本问题,长期以来,对于中小型燃煤锅炉的最佳控制问题,采用数字仿真试验的方法一直未能有效地解决控制器的最佳设计问题,更多的情况是在实际工作中,采用人工智能控制策略实现燃煤锅炉的自动控制。

2.5.5 直流电动机转速控制问题

1. 问题提出

直流电动机具有良好的起动和制动性能,可实现宽范围的平滑调速,在工业生产、制造业等电力传动领域得到了广泛的应用。直流电动机的转速控制方法一般有三种:调节电枢供电电压、减弱励磁磁通和改变电枢回路电阻。其中,调节电枢供电电压的方式可实现直流电动机较大范围内的无级平滑调速,因此直流调速系统常常以变压调速为主[1,2]。

采用变压调速方式的直流调速系统包括直流电动机以及能够调节其电枢电压的直流电源两部分。随着电力电子技术的发展,可控直流电源主要包括晶闸管相控整流器和直流 PWM 变换[3]。本节主要探讨"晶闸管整流器-直流电动机系统"的建模问题,其控制系统结构如图 2-45 所示。

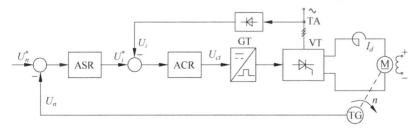

图 2-45 基于晶闸管整流器的直流电动机双闭环调速系统结构图

晶闸管整流器-直流电动机调速系统（也可简称 V-M 系统）由于控制简单、可靠性高、成本低廉，在工业生产中得到了广泛应用。在实际系统中，为了提高直流调速系统的稳态和动态控制性能，一般采用转速/电流双闭环控制方案。为此，需建立"晶闸管整流器-直流电动机系统"的数学模型，以此来设计相应的控制系统。

2. 建模机理

"晶闸管整流器-直流电动机系统"的建模问题可分为直流电动机建模、晶闸管整流器建模和检测环节建模三个方面的内容。

直流电动机建模主要应用电路理论、电机学和牛顿力学的基本原理。首先，建立直流电动机电枢回路的等效电路，运用基尔霍夫电压/电流定律，得到电枢电压平衡方程；其次，根据电机学基本原理，结合牛顿力学定律，得到电动机的运动方程。

晶闸管整流器和检测环节的建模主要运用电路理论和电力电子技术的基本知识，得到系统各环节的输入/输出关系，再根据控制器设计的需要，对其进行适当的简化。

3. 系统建模

(1) 直流电动机的数学建模

图 2-46 给出了额定磁通下他励直流电动机的等效电路，其中 R 为电枢回路总电阻，包括整流装置内阻、电动机电枢电阻和平波电抗器电阻；L 为电枢回路总电感，包括平波电抗器电感和电枢电感；E 为电动机反电动势，U_{d0} 为晶闸管整流器理想空载输出电压。该等效电路的正方向如图 2-46 所示。

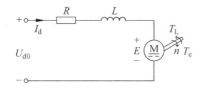

图 2-46　直流电动机的等效电路

由图 2-46 可列出如下微分方程组：

$$U_{d0} = RI_d + L\frac{dI_d}{dt} + E \quad \text{（假定电流连续）}$$

$$E = C_e n \quad \text{（额定磁通下的感应电动势）}$$

$$T_e - T_L = \frac{GD^2}{375} \cdot \frac{dn}{dt} \quad \text{（牛顿力学定律，忽略粘性摩擦）}$$

$$T_e = C_m I_d \quad \text{（额定磁通下的电磁转矩）}$$

式中，T_L——包括电机空载转矩在内的负载转矩，单位为 N·m；

　　GD^2——电力拖动系统运动部分折算到电机轴上的飞轮惯量，单位为 N·m²；

　　C_e——电动机在额定磁通下的电动势系数，单位为 V·min/r；

　　$C_m = \dfrac{30}{\pi} C_e$——电动机在额定磁通下的转矩系数，单位为 N·m/A。

定义下列时间常数：

$T_l = \dfrac{L}{R}$——电枢回路电磁时间常数，单位为 s；

$T_m = \dfrac{GD^2 R}{375 C_e C_m}$——电力拖动系统机电时间常数，单位为 s。

将上述时间常数代入微分方程组中，整理后得

$$U_{d0} - E = R\left(I_d + T_l \frac{\mathrm{d}I_d}{\mathrm{d}t}\right)$$

$$I_d - I_{dL} = \frac{T_m}{R} \cdot \frac{\mathrm{d}E}{\mathrm{d}t}$$

式中，$I_{dL} = T_L / C_m$ 为负载电流。

　　在零初始条件下，对等式两侧分别进行拉普拉斯变换，得到电压与电流间的传递函数为

$$\frac{I_d(s)}{U_{d0}(s) - E(s)} = \frac{1/R}{T_l s + 1} \tag{2-56}$$

电流与电动势间的传递函数为

$$\frac{E(s)}{I_d(s) - I_{dL}(s)} = \frac{R}{T_m s} \tag{2-57}$$

　　式（2-56）和式（2-57）的动态结构图如图 2-47（a）和图 2-47（b）所示，同时考虑 $E = C_e n$，可将这两个图合并在一起，构成额定磁通下直流电动机的动态结构图（如图 2-47（c）所示）。

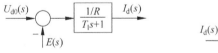
(a) 电压电流间的动态结构图

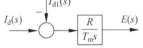
(b) 电流电动势间的动态结构图

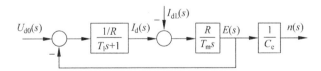
(c) 合并后的直流电动机动态结构图

图 2-47　额定磁通下直流电动机的动态结构图

(2) 晶闸管整流器的数学建模

在研究基于晶闸管整流器的直流调速系统时,常常把晶闸管触发装置和整流装置当作系统的一个环节来看待(如图 2-48 所示)。这个环节的输入量是触发电路的控制电压 U_{ct},输出量是晶闸管整流器理想空载输出电压 U_{d0}。晶闸管触发与整流装置可以看成是一个具有一定放大系数的纯滞后环节,其放大系数用 K_s 来表示,其滞后作用是由晶闸管整流装置的失控时间所引起的(如表 2-10 所示)。

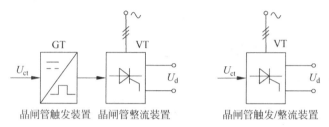

(a) 晶闸管触发装置与整流装置　　　(b) 合并后的晶闸管触发/整流装置

图 2-48　晶闸管触发/整流装置的示意图

表 2-10　各种整流电路的平均失控时间($f=50\text{Hz}$)

整流电路形式	平均失控时间 T_s/ms
单相半波	10
单相桥式(全波)	5
三相半波	3.33
三相桥式	1.67

用单位阶跃函数来表示滞后,则晶闸管触发与整流装置的输入输出关系为

$$U_{d0} = K_s U_{ct} \cdot 1(t - T_s)$$

利用拉普拉斯变换的位移定理,可得该环节的传递函数为

$$\frac{U_{d0}(s)}{U_{ct}(s)} = K_s e^{-T_s s} \tag{2-58}$$

由于式(2-58)中含有指数函数 $e^{-T_s s}$,不便于利用线性系统理论对系统进行分析和设计。为了简化,将 $e^{-T_s s}$ 按泰勒级数展开,可得

$$\frac{U_{d0}(s)}{U_{ct}(s)} = K_s e^{-T_s s} = \frac{K_s}{e^{T_s s}} = \frac{K_s}{1 + T_s s + \dfrac{1}{2!} T_s^2 s^2 + \dfrac{1}{3!} T_s^3 s^3 + \cdots}$$

考虑到 T_s 很小,忽略其高次项,则晶闸管触发与整流装置的传递函数可近似成一阶惯性环节,其传递函数可表示为

$$\frac{U_{d0}(s)}{U_{ct}(s)} \approx \frac{K_s}{T_s s + 1} \tag{2-59}$$

该环节的动态结构图如图 2-49 所示。由此可见,在电流连续条件下,可以把晶闸管触发与整流装置当作一阶惯性环节来处理,从而能利用线性系统理论,实

现简单实用的直流调速系统工程设计。

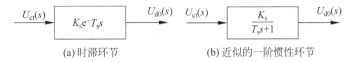

(a) 时滞环节　　　　　　　(b) 近似的一阶惯性环节

图 2-49　晶闸管触发与整流装置的动态结构图

（3）检测环节的数学建模

直流电动机调速系统还需包括可实现电机转速和电流测量的检测环节，转速和电流的检测可认为是瞬时完成的，因此检测环节的传递函数就是各环节的放大系数，即

转速检测环节的传递函数为

$$\frac{U_n(s)}{n(s)} = \alpha \tag{2-60}$$

电流检测环节的传递函数为

$$\frac{U_i(s)}{I_d(s)} = \beta \tag{2-61}$$

（4）直流电动机转速/电流双闭环控制系统的数学模型

为实现直流电动机的转速控制，依据反馈控制理论，我们可以在上述直流电动机、晶闸管触发/整流装置和检测环节的数学模型基础上，按照它们在系统中的相互关系组合起来，同时引入外环转速调节器 $W_{ASR}(s)$ 和内环电流调节器 $W_{ACR}(s)$，可得直流电动机双闭环调速系统的动态结构图如图 2-50 所示。根据该动态结构图，利用调节器的"工程设计法"即可确定转速调节器和电流调节器的结构和参数，相关内容可参阅本书第 3 章"直流电动机转速/电流双闭环控制系统设计"一节。

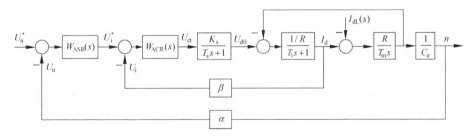

图 2-50　直流电动机双闭环控制系统的动态结构图

前述内容讨论的是"晶闸管整流器—电动机系统"的建模问题。值得注意的是，随着电力电子技术的发展，采用全控型电力电子器件组成的"直流 PWM 变换器—电动机系统"将越来越多地取代"晶闸管整流器—电动机系统"，其在电机控制性能、电网谐波污染治理等方面具有很大的优越性。感兴趣的读者可基于本节

内容,尝试建立"直流 PWM 变换器—电动机系统"的数学模型。

2.5.6　三相电压型 PWM 整流器系统控制问题

1. 问题提出

电力电子变换器广泛应用于电能的产生、传输、存储和变换等各个环节,目前在工业、航空、交通、医疗、家电等行业得到了广泛应用。电力电子变换器在大大提高电能利用效率的同时,一些装置(例如二极管不控整流电路和晶闸管相控整流电路)也向电网注入了大量谐波与无功功率,造成严重的"电网污染"[4-5]。治理这种"电网污染"的有效措施,是对前端整流装置设计合适的控制系统(如图 2-51 所示),使其实现网侧电流正弦化且运行于单位功率因数。

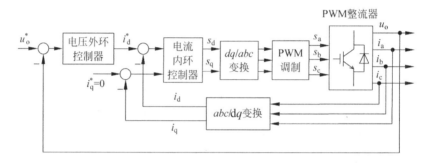

图 2-51　三相电压型 PWM 整流器控制系统结构图

图 2-51 所示的三相电压型 PWM 整流器可实现高功率因数、网侧电流正弦化、直流侧电压可调和能量可双向流动等诸多优点,目前已逐步取代不控或相控整流电路,在实际工程中得到了广泛应用。下面将对三相电压型 PWM 整流器的建模问题展开论述,以便于后续对其控制系统进行设计。

2. 建模机理

电力电子变换器的建模问题可分为"器件级建模[6-7]"和"系统级建模[8-11]"两个层面的内容。本小节将以"三相电压型 PWM 整流器"为例,讨论电力电子变换器的系统建模问题。

电力电子变换器的建模机理主要有经典电路的"基尔霍夫电压/电流定律"和分析力学的"拉格朗日方程/哈密顿方程"[12]。其中,基尔霍夫电压/电流定律从电路细节处着眼,严格依赖于电力电子变换器的拓扑结构,不适用于复杂系统的建模;事实上,电力电子变换器在"微观上"表现为元件及其在拓扑结构上的约束关系,而在"宏观上"则表现为电场能、磁场能等系统能量。

因此,下面将从系统全局能量着眼,利用分析力学的基本原理——拉格朗日方程,建立三相电压型 PWM 整流器的数学模型,这种建模方法具有物理概念清晰、系统性强、适用于复杂电力电子变换器,以及便于从能量观点设计非线性控制器等优点。

分析力学是理论力学的一个分支,它通过选择广义坐标作为描述质点系运动的变量,运用数学分析的方法,从系统能量的观点研究宏观现象中的力学问题。分析力学最初应用于机械系统的建模中(如前面介绍的"龙门吊车建模问题"),我们可通过类比分析,利用机械系统与电力电子系统物理量间的等效关系(如表 2-11 所示),将分析力学基本原理拓展应用于电力电子系统的建模中。

表 2-11 机械系统和电力电子系统物理量间的等效关系

机械系统	电力电子系统
x(质点位移)	q(电荷)
$\dot{x}$(质点速度)	$\dot{q}$(电流)
$\frac{1}{2}m\dot{x}^2$(质点动能)	$\frac{1}{2}L\dot{q}^2$(电感磁场能)
mgx(重力势能)	qU(电源电势能)
$\frac{1}{2}kx^2$(弹性势能)	$\frac{1}{2C}q^2$(电容电势能)
f(非有势力)	$R\dot{q}$(电阻电压)

对于电力电子系统,拉格朗日方程可表示为如下形式

$$\frac{\mathrm{d}}{\mathrm{d}t}\left(\frac{\partial T}{\partial \dot{q}_k}\right) - \frac{\partial T}{\partial q_k} = F_k \quad (k = 1, 2, \cdots, n) \tag{2-62}$$

式中,T 为系统磁场能量;q_k 为系统的广义坐标(电荷);$\dot{q}_k$ 为系统的广义速度;n 为系统的自由度;F_k 为系统广义力,这里 $F_k = F_k^1 + F_k^2$,F_k^1 为有势力,F_k^2 为非有势力,其具体表达式为

$$\begin{cases} F_k^1 = -\dfrac{\partial V}{\partial q_k} \\ F_k^2 = -\dfrac{\partial D}{\partial \dot{q}_k} \end{cases} \tag{2-63}$$

这里,V 为系统电场能量,D 为系统耗散能量[12]。

3. 系统建模

三相电压型 PWM 整流器的电路拓扑结构如图 2-52 所示。图中,e_a, e_b, e_c 为三相交流电源(不失一般性,这里假设三相电压不平衡),L 和 C 分别为滤波电感和滤波电容,R_l 是滤波电感的等效电阻,R_s 是开关管的等效电阻,则图中所示功率开关器件可看作理想开关器件。设总等效电阻 $R = R_l + R_s$,R_L 为负载电阻。设

网侧三相交流电流分别为 i_a,i_b,i_c,整流电流为 i_{dc},流过负载电阻的电流为 i_L,负载两端电压为 u_o。设三相交流电源的公共节点为 O,直流侧参考节点为 N。

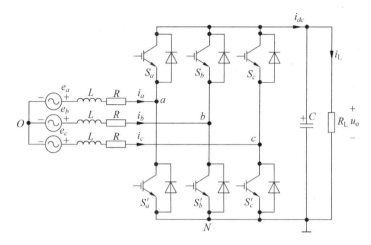

图 2-52 三相电压型 PWM 整流器的拓扑结构

定义二值逻辑开关函数 s_k 为

$$s_k = \begin{cases} 1 & 上桥臂导通,下桥臂关断 \\ 0 & 上桥臂关断,下桥臂导通 \end{cases} \quad (k = a,b,c)$$

(1) 选取广义坐标

设交流侧三个电感的"循环电荷"分别为 q_{La},q_{Lb},q_{Lc},直流侧电容电荷为 q_o,则 $i_a = \dot{q}_{La},i_b = \dot{q}_{Lb},i_c = \dot{q}_{Lc}$。由于

$$\dot{q}_{La} + \dot{q}_{Lb} + \dot{q}_{Lc} = 0 \tag{2-64}$$

对其两侧取积分,则得

$$q_{La} + q_{Lb} + q_{Lc} = Q \tag{2-65}$$

式中,Q 为常数。由此可见,q_{La},q_{Lb},q_{Lc} 三者存在约束关系,只有其中的两个变量可以选取为广义坐标,这里选择 q_{La} 和 q_{Lb}。因此,相互独立的 q_{La},q_{Lb},q_o 为三相电压型 PWM 整流器的广义坐标。

(2) 计算系统能量函数

系统的磁场能量为

$$T = \frac{1}{2}L(\dot{q}_{La}^2 + \dot{q}_{Lb}^2 + \dot{q}_{Lc}^2) \tag{2-66}$$

系统的电场能量为

$$V = \frac{1}{2C}q_o^2 - e_a q_{La} - e_b q_{Lb} - e_c q_{Lc} \tag{2-67}$$

系统的耗散能量函数为

$$D = \frac{1}{2}R(\dot{q}_{La}^2 + \dot{q}_{Lb}^2 + \dot{q}_{Lc}^2) + \frac{1}{2}R_L \left[s_a \dot{q}_{La} + s_b \dot{q}_{Lb} + s_c \dot{q}_{Lc} - \dot{q}_o \right]^2 \tag{2-68}$$

（3）代入并整理拉格朗日方程

将以上系统能量函数代入到式(2-62)所示的拉格朗日方程中,可得

$$
\begin{cases}
2L\ddot{q}_{La} + L\ddot{q}_{Lb} - (e_a - e_c) = -2R\dot{q}_{La} - R\dot{q}_{Lb} - \dfrac{q_o}{C}(s_a - s_c) \\[2mm]
2L\ddot{q}_{Lb} + L\ddot{q}_{La} - (e_b - e_c) = -2R\dot{q}_{Lb} - R\dot{q}_{La} - \dfrac{q_o}{C}(s_b - s_c) \quad (2\text{-}69) \\[2mm]
\dfrac{1}{C}q_o = R_L\left[(s_a - s_c)\dot{q}_{La} + (s_b - s_c)\dot{q}_{Lb} - \dot{q}_o\right]
\end{cases}
$$

参照 a、b 两相方程形式,由对称性可给出 c 相方程,进一步整理可得三相电网不平衡条件下 PWM 整流器系统的数学模型为

$$
\begin{cases}
L\dfrac{di_a}{dt} = -Ri_a - \dfrac{u_o}{3}(2s_a - s_b - s_c) + \dfrac{2e_a - e_b - e_c}{3} \\[2mm]
L\dfrac{di_b}{dt} = -Ri_b - \dfrac{u_o}{3}(2s_b - s_a - s_c) + \dfrac{2e_b - e_a - e_c}{3} \\[2mm]
L\dfrac{di_c}{dt} = -Ri_c - \dfrac{u_o}{3}(2s_c - s_a - s_b) + \dfrac{2e_c - e_a - e_b}{3} \\[2mm]
C\dfrac{du_o}{dt} = s_a i_a + s_b i_b + s_c i_c - \dfrac{u_o}{R_L}
\end{cases} \quad (2\text{-}70)
$$

若三相平衡,即

$$
e_a + e_b + e_c = 0 \quad (2\text{-}71)
$$

则可得三相电网电压平衡时的 PWM 整流器数学模型为

$$
\begin{cases}
L\dfrac{di_a}{dt} = -Ri_a - u_o\left(s_a - \dfrac{1}{3}\sum_{k=a,b,c} s_k\right) + e_a \\[2mm]
L\dfrac{di_b}{dt} = -Ri_b - u_o\left(s_b - \dfrac{1}{3}\sum_{k=a,b,c} s_k\right) + e_b \\[2mm]
L\dfrac{di_c}{dt} = -Ri_c - u_o\left(s_c - \dfrac{1}{3}\sum_{k=a,b,c} s_k\right) + e_c \\[2mm]
C\dfrac{du_o}{dt} = s_a i_a + s_b i_b + s_c i_c - \dfrac{u_o}{R_L}
\end{cases} \quad (2\text{-}72)
$$

由式(2-72)可知,基于拉格朗日方程所建立的 PWM 整流器数学模型与参考文献[5]中采用基尔霍夫电压/电流定律所得模型是完全一致的。然而,与基尔霍夫定律相比,拉格朗日方程建模方法具有物理概念清晰、系统性强、适用于复杂电力电子系统建模等优点。

感兴趣的读者可以采用基尔霍夫电压/电流定律,自行推导出 PWM 整流器系统数学模型,以此来体会这两种建模方法的不同之处。

4. 模型变换

由式(2-70)和式(2-72)可知,三相电压型 PWM 整流器的数学模型为非线性微分方程组,为便于应用经典控制理论对控制系统进行设计,需要将其变换为传

递函数形式的系统数学模型。

同时，由于模型中三相电压、电流均为交流量，不利于对其进行小信号线性化处理，因此首先需要通过坐标变换将其变为直流量，即进行"abc/dq 坐标变换"，以利于系统的分析与设计。

在电网电压平衡情况下，三相 abc 静止坐标系到两相 dq 同步旋转坐标系的"等功率"坐标变换矩阵为

$$C_{3s/2r} = \sqrt{\frac{2}{3}} \begin{bmatrix} \cos\theta & \cos(\theta - 120°) & \cos(\theta + 120°) \\ -\sin\theta & -\sin(\theta - 120°) & -\sin(\theta + 120°) \\ \sqrt{2}/2 & \sqrt{2}/2 & \sqrt{2}/2 \end{bmatrix} \quad (2\text{-}73)$$

式中，$\theta = \omega t$，ω 为工频角频率，t 为时间。$C_{3s/2r}$ 的逆矩阵为

$$C_{2r/3s} = \sqrt{\frac{2}{3}} \begin{bmatrix} \cos\theta & -\sin\theta & \sqrt{2}/2 \\ \cos(\theta - 120°) & -\sin(\theta - 120°) & \sqrt{2}/2 \\ \cos(\theta + 120°) & -\sin(\theta + 120°) & \sqrt{2}/2 \end{bmatrix} \quad (2\text{-}74)$$

将上述坐标变换代入到式（2-72）中，则可得 dq 坐标系下 PWM 整流器数学模型为

$$\begin{cases} L \dfrac{\mathrm{d}i_d}{\mathrm{d}t} = -Ri_d + \omega L i_q - s_d u_o + e_d \\ L \dfrac{\mathrm{d}i_q}{\mathrm{d}t} = -\omega L i_d - Ri_q - s_q u_o + e_q \\ C \dfrac{\mathrm{d}u_o}{\mathrm{d}t} = s_d i_d + s_q i_q - \dfrac{u_o}{R_L} \end{cases} \quad (2\text{-}75)$$

这里，i_d，i_q 分别是三相电流在同步旋转坐标系下的 d 轴分量和 q 轴分量，e_d，e_q 分别是三相交流电压在同步旋转坐标系下的 d 轴分量和 q 轴分量，s_d，s_q 分别是开关函数（占空比形式）在同步旋转坐标系下的 d 轴分量和 q 轴分量。

为对式（2-75）所示系统数学模型进行小信号处理[13-17]，可将方程组中各变量等效为稳态值和小信号扰动值之和的形式，即令 $u_o = U_o + \hat{u}_o$，$i_d = I_d + \hat{i}_d$，$i_q = I_q + \hat{i}_q$，$s_d = S_d + \hat{s}_d$，$s_q = S_q + \hat{s}_q$；其中，U_o，I_d，I_q，s_d，s_q 为稳态值，$\hat{u}_o$，$\hat{i}_d$，$\hat{i}_q$，$\hat{s}_d$，$\hat{s}_q$ 为小信号扰动值。将这些变量代入到式（2-75）中，忽略高阶小信号变量，可得微分方程形式描述的系统小信号模型为

$$\begin{cases} L \dfrac{\mathrm{d}\hat{i}_d}{\mathrm{d}t} = -R\hat{i}_d + \omega L \hat{i}_q - S_d \hat{u}_o - U_o \hat{s}_d \\ L \dfrac{\mathrm{d}\hat{i}_q}{\mathrm{d}t} = -\omega L \hat{i}_d - R\hat{i}_q - S_q \hat{u}_o - U_o \hat{s}_q \\ C \dfrac{\mathrm{d}\hat{u}_o}{\mathrm{d}t} = S_d \hat{i}_d + S_q \hat{i}_q + I_d \hat{s}_d + I_q \hat{s}_q - \dfrac{\hat{u}_o}{R_L} \end{cases} \quad (2\text{-}76)$$

由于稳态时无功电流 $i_q = 0$，并对式（2-76）小信号模型进行拉普拉斯变换，

可得

$$\begin{cases} LsI_d(s) = -RI_d(s) - S_dU_o(s) - U_oS_d(s) \\ CsU_o(s) = S_dI_d(s) + I_dS_d(s) - \dfrac{1}{R_L}U_o(s) \end{cases} \tag{2-77}$$

由式(2-77)可得如下所示 PWM 整流器"控制输入-直流电压输出"的传递函数为

$$G(s) = \frac{U_o(s)}{S_d(S)} = K\frac{\tau s + 1}{s^2 + 2\zeta\omega_n s + \omega_n^2} \tag{2-78}$$

式中,$K = \dfrac{RI_d - U_oS_d}{LC}$,$\tau = \dfrac{LI_d}{RI_d - U_oS_d}$,$\zeta = \dfrac{L + R_LRC}{2\sqrt{R_LLC(R + R_LS_d^2)}}$,$\omega_n = \sqrt{\dfrac{R + R_LS_d^2}{R_LLC}}$。

该传递函数可用图 2-53 所示的 PWM 整流器系统动态结构图来表示。

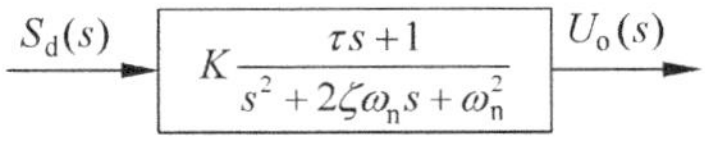

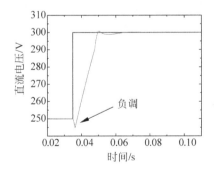

图 2-53　三相电压型 PWM 整流器的动态结构图

5. 模型分析

由式(2-78)可见,系统开环传递函数的零点为 $-\dfrac{1}{\tau}$,由于系统在正常工作时,

$\tau < 0(U_oS_d \gg RI_d)$,故开环传递函数的零点在 s 平面右半平面。因此,三相电压型
PWM 整流器在正常工作时"控制输入-直流电压输出"环节呈现"非最小相位
特性"。

仿真实验表明,三相电压型 PWM 整流器的"非最小相位特性"将导致直流输
出电压的阶跃响应具有"负调"现象(如图 2-54 所示),即直流电压在升压的初试
阶段却向电压减小的方向变化。

图 2-54　直流输出电压阶跃响应的"负调"现象

这种"负调"现象可以直观地解释为:在控制量变化的初始时刻,系统电感储
能要增大(减小),短时间内减少(增多)了送往电容的能量,从而导致电容电压在

初始时刻减小（增大）。

这种非最小相位特性及其导致的"负调"现象，在其他 Boost 型开关变换器中也普遍存在[16,17]；所以，明晰三相电压型 PWM 整流器的非最小相位特性对系统控制器设计具有重要的指导意义。

6. 模型验证

三相电压型 PWM 整流器系统的模型验证问题请读者参阅本书 3.8 节"三相电压型 PWM 整流器的高功率因数控制方案"的相关内容。

2.6　问题与探究——水轮发电机系统的线性化模型[28-30]

1. 问题的提出

对于理想的水轮发电机系统（假设非线性模型处于 $H=H_0$ 和 $v=v_0$，即水头稳定、流速不变的情况下，选择简单引水系统，刚性水击，不考虑沿程损失和局部损失），有研究者给出了一种简单的水轮发电机系统单输入单输出的线性模型：

$$\Delta P(s) = \frac{1 - T_w s}{1 + 0.5 T_w s} \frac{1}{T_Q s + 1} \Delta U(s) \tag{2-79}$$

式中，$\Delta P(s)$ 和 $\Delta U(s)$ 分别是水轮发电机功率和控制信号增量的拉氏变换。$\Delta U(s)$ 直接控制水轮机组导叶的开度。T_w 是水流惯性时间常数，T_Q 是执行器的时间常数。典型的时间常数为 $T_w = 2\mathrm{s}$，$T_Q = 0.5\mathrm{s}$，即

$$\Delta P(s) = \frac{1 - 2s}{1 + s} \frac{1}{0.5s + 1} \Delta U(s) \tag{2-80}$$

可见，这个理想的水轮发电机系统模型包含两个在左半平面的极点和一个在右半平面的零点，为一非最小相位系统。

2. 几点讨论

（1）你能否根据 2.3 节综合建模法中的内容，分析一下式（2-79）所述数学模型的有效性或准确性，并给出你的结论。

（2）你能否根据 2.3 节综合建模法中的内容，说明式（2-79）所述数学模型是如何得到的，其近似条件是什么？

（3）如果对式（2-79）所述数学模型在 MATLAB 下进行仿真，可以得到图 2-55 所示的结果。从中可以看到，输出功率的增量 ΔP 在最终达到正的稳态值之前，起初有一个"负方向减小"的暂态过程。你能否解释一下其物理意义，并以此说明式（2-79）所述数学模型的有效性。

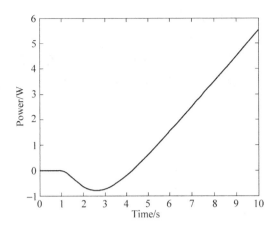

图 2-55　输出功率 P 的开环阶跃响应曲线

本章小结

　　本章主要讲述了系统建模的基本理论、基本方法与工程案例,现将主要内容归结如下:

　　(1) 系统的数学模型是我们进行数字仿真实验的基础。常用的数学模型有微分方程、状态方程、传递函数三类形式。各种数学模型之间可在一定条件下相互转换。

　　(2) 建立系统的数学模型是现代科学发现与技术创新的基石,"实验、归纳、推演"是建立系统数学模型的重要方法,"目的、方法、验证"是建模过程中的三要素。

　　(3) 机理建模、实验建模、综合建模是建立系统模型的基本方法。

　　(4) 模型验证工作应始终贯穿于系统建模与仿真实验的过程中,针对不同的建模方法所得的数学模型,其模型验证的方法也有所不同。

　　(5) 不同领域的建模问题,需要应用相关的基础理论,分析力学、流体力学、热力学等理论是建立系统数学模型常用的基础理论。

　　(6) 水轮发电机组系统建模问题是典型的非最小相位系统综合建模案例。对该问题的深入探究,有助于领会系统建模的理论与方法,培养独立思考能力。

习题

　　2-1　思考题:

　　(1) 数学模型的微分方程、状态方程、传递函数、零极点增益和部分分式五种形式,各自有什么特点?

(2) 数学模型各种形式之间为什么要相互转换?

(3) 控制系统建模的基本方法有哪些,它们的区别和特点是什么?

2-2　用 MATLAB 语言求下列系统的状态方程。求传递函数、零极点增益和部分分式形式的模型参数,并分别写出其相应的数学模型表达式:

(1)
$$G(s) = \frac{s^3 + 7s^2 + 24s + 24}{s^4 + 10s^3 + 35s^2 + 50s + 24}$$

(2)
$$\dot{x} = \begin{bmatrix} 2.25 & -5 & -1.25 & -0.5 \\ 2.25 & -4.25 & -1.25 & -0.25 \\ 0.25 & -0.5 & -1.25 & -1 \\ 1.25 & -1.75 & -0.25 & -0.75 \end{bmatrix} x + \begin{bmatrix} 4 \\ 2 \\ 2 \\ 0 \end{bmatrix} u$$

$$y = \begin{bmatrix} 0 & 2 & 0 & 2 \end{bmatrix} x$$

2-3　已知单位反馈系统的开环传递函数如下

$$G(s) = \frac{5s + 100}{s(s + 4.6)(s^2 + 3.4s + 16.35)}$$

用 MATLAB 语句和函数求取系统闭环零极点,并求取系统闭环状态方程的可控标准型实现。

2-4　如图 2-56 所示斜梁-滚球系统,若要研究滚球在梁上位置的可控性,需首先建立其数学模型。已知力矩电动机的输出转矩 M 与其电流 i 成正比(即 $M = ki$),横梁为均匀可自平衡梁(即当电动机不通电且无滚球时,横梁可处于 $\theta = 0$ 的水平状态),试建立系统的数学模型,并给出简化后系统的动态结构图。$\left(\text{提示:建立微分方程→简化→求} \dfrac{X(s)}{I(s)}\right)$

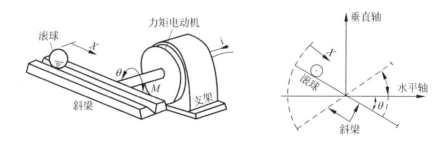

图 2-56　题 2-4"斜梁-滚球"系统原理图

2-5　如图 2-57 所示双水箱系统中,q_{in} 为流入水箱 1 的液体流量,q_{out} 为流出水箱 2 的液体流量,试依据液容与液阻的概念,建立 $Q_{out}(s) \propto [Q_{in}(s), H_1(s), Q_1(s), H_2(s)]$ 的系统动态结构图。$\left(\text{提示:} \dfrac{Q_{out}(s)}{Q_{in}(s)} = \dfrac{1}{R_1 C_1 R_2 C_2 s^2 + (R_1 C_1 + R_2 C_2 + R_2 C_1)s + 1}\right)$

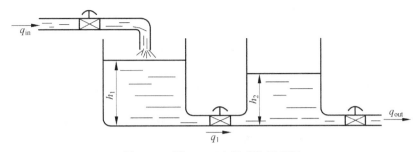

图 2-57　题 2-5 双水箱系统原理图

2-6　对于图 2-58 所示的 Boost 型 DC/DC 变换器：

（1）基于拉格朗日方程，建立系统的数学模型；

（2）对所建模型进行线性化处理，建立其小信号模型；

（3）实验中发现其直流输出电压响应具有"负调"现象，试从理论上分析产生该现象的原因。

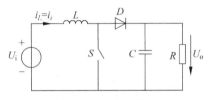

图 2-58　Boost 直流变换器

2-7　对于图 2-59 所示的三相电压型 PWM 整流器：

（1）试利用基尔霍夫定律，考虑"电网电压不平衡条件"，建立其在 abc 三相静止坐标系下的数学模型。

（2）对此系统建模时，常常需要进行"abc/dq 坐标变换"，使系统模型从"abc 三相静止坐标系"变换到"dq 两相同步旋转坐标系"中。请给出此坐标系变换的示意图，并回答该坐标变换的作用。

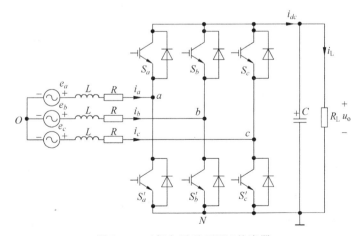

图 2-59　三相电压型 PWM 整流器

参考文献

[1] 阮毅，陈伯时. 电力拖动自动控制系统——运动控制系统(第 4 版)[M]. 北京：机械工业出版社，2010

[2] Bimal K. Bose. Modern Power Electronics and AC Drives[M]. Prentice Hall, 2001

[3] 王兆安，刘进军. 电力电子技术(第 5 版)[M]. 北京：机械工业出版社，2009

[4] 汤广福，刘文华. 提高电网可靠性的大功率电力电子技术基础理论[M]. 北京：清华大学出版社，2010

[5] 张兴，张崇巍. PWM 整流器及其控制[M]. 北京：机械工业出版社，2012

[6] 邓夷，赵争鸣，袁立强，等. 适用于复杂电路分析的 IGBT 模型[J]. 中国电机工程学报，2010，30(9)：1-7

[7] 孙凯，陆珏晶，吴红飞，等. 碳化硅 MOSFET 的变温度参数建模[J]. 中国电机工程学报，2013，33(3)：37-43

[8] Sira-Ramirez H, Silva-Ortigoza R. Control Design Techniques in Power Electronics Devices[M]. Springer Press, 2006

[9] Suntio T. Dynamic Profile of Switched-Mode Converter：Modeling, Analysis and Control[M]. John Wiley & Sons Press, 2009

[10] Yazdani A, Iravani R. Voltage-sourced Converters in Power Systems：Modeling, Control, and Applications[M]. John Wiley & Sons Press, 2010

[11] Banerjee S, Verghese G. Nonlinear Phenomena in Power Electronics：Bifurcations, Chaos, Control, and Applications[M]. IEEE Press, 2001

[12] Ortega R, Loria A, Nicklasson P J, et al. Passivity-based Control of Euler-Lagrange Systems：Mechanical, Electrical and Electromechanical Applications[M]. Springer Press, 1998

[13] Erickson R W, Maksimovic D. Fundamentals of Power Electronics[M]. Springer Press, 2001

[14] Arias M, Fernández Díaz M, González Lamar D, et al. Small-Signal and Large-Signal Analysis of the Two-Transformer Asymmetrical Half-Bridge Converter Operating in Continuous Conduction Mode[J]. IEEE Transactions on Power Electronics, 2014, 29(7)：3547-3562

[15] Mandal K, Banerjee S, Chakraborty C. A New Algorithm for Small-Signal Analysis of DC-DC Converters[J]. IEEE Transactions on Industrial Informatics, 2014, 10(1)：628-636

[16] 徐德鸿. 电力电子系统建模及控制[M]. 北京：机械工业出版社，2006

[17] 张卫平. 开关变换器的建模与控制[M]. 北京：中国电力出版社，2005

[18] 刘庆鸿，陈德源，王子才. 建模与仿真校核、验证与确认综述. 系统仿真学报，2003，15(7)：925~930

[19] 王行仁. 建模与仿真技术的若干问题探讨. 系统仿真学报，2004,16(9)：1896~1900

[20] 韦有双，杨湘龙，王飞. 虚拟现实与系统仿真. 北京：国防工业出版社，2004

[21] 齐欢，王小平. 系统建模与仿真. 北京：清华大学出版社，2004

[22] 吴旭光. 系统建模和参数估计——理论与算法. 北京：机械工业出版社，2002

[23] 唐焕文，贺明峰. 数学模型引论.第二版. 北京：高等教育出版社，2001

［24］　（日）田村坦之. 系统工程. 北京：科学出版社,2001

［25］　胡祖炽,林源渠. 数值分析.第 1 版. 北京：高等教育出版社,1986

［26］　（法）Mohand Mokhtari,Michel Marie. MATLAB 与 Simulink 工程应用. 赵彦玲等译,北京：电子工业出版社,2002

［27］　（美）迪安·K. 费雷德里克,乔·H. 周. 反馈控制问题——使用 MATLAB 及其控制系统工具箱. 西安：西安交通大学出版社,2001

［28］　张昌期. 水轮机——原理与数学模型. 武汉：华中工学院出版社,1988.2

［29］　罗南华,杨晓菊. MATLAB 在水轮机调节系统设计中的应用. 东北水利水电,1998(11)

［30］　汪玉斌. 水轮机调节系统智能控制策略的研究：［硕士学位论文］. 大连：大连理工大学,2001

第3章 控制系统设计与仿真

建立控制系统数学模型的目的之一是对控制系统进行设计与分析，以期实现对工程对象良好的控制性能。本章结合运动控制与电力电子控制的 8 个具体工程问题，给出基于系统建模与仿真实验的系统设计与分析；其中所涉及的理论与技术内容有助于我们深入理解已学过的知识，扩大自己的知识面。

3.1 直流电动机转速/电流双闭环控制系统设计

自 20 世纪 70 年代以来，国内外在电气传动领域里，大量地采用了晶闸管整流电动机调速技术（简称 V-M 调速系统）。尽管当今功率半导体变流技术已有了突飞猛进的发展，但在工业生产中 V-M 系统的应用还是占有相当比重；一般情况下，V-M 系统均设计成图 3-1 所示的转速/电流双闭环控制形式。

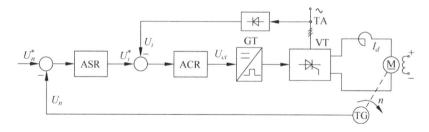

图 3-1 直流电动机双闭环调速系统结构图

1. 系统建模

根据 2.5.5 节的分析，可得图 3-1 所示的双闭环直流调速系统的动态系统结构，如图 3-2 所示。

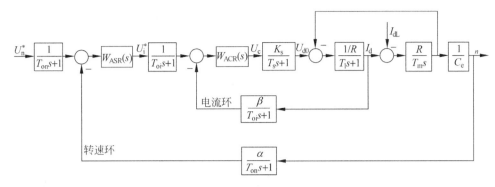

图 3-2 双闭环调速系统的动态结构框图

2. 电流环与转速环调节器设计

（1）双闭环控制的目的

双闭环控制的直流调速系统着重解决了以下两方面的问题：

① 启动的快速性问题。借助于 PI 调节器的饱和非线性特性，使得系统在电动机允许的过载能力下尽可能地快速启动。理想的电动机启动特性如图 3-3 所示。

② 提高系统抗扰性能。通过调节器的适当设计可使系统"转速环"对于电网电压及负载转矩的波动或突变等扰动予以控制（迅速抑制），在最大速降、恢复时间等指标上达到最佳，其动态特性如图 3-4 所示。

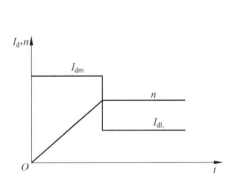

图 3-3 理想电动机启动特性

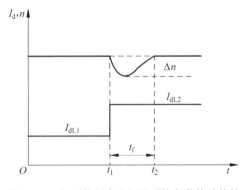

图 3-4 双闭环控制直流调速系统负载扰动特性

（2）关于积分调节器的饱和非线性问题

双闭环 V-M 调速系统中的 ASR 与 ACR 一般均采用 PI 调节器。在图 3-5 中给出了控制系统的 PI 控制规律动态过程，从中我们可知：

① 只要偏差 ΔU 存在，调节器的输出控制电压 U_c 就会不断地无限制地增加。因此，必须在 PI 调节器输出端加限幅装置。

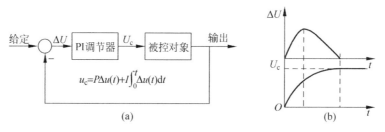

图 3-5　比例积分调节器结构及其输入输出动态过程

② 当 $\Delta U = 0$ 时,$U_c =$ 常数。若要使 U_c 下降,必须使 $\Delta U < 0$。因此,在直流调速控制系统中,若要使 ASR 退出饱和状态(进入线性控制状态),就一定要产生超调现象。

③ 对于前向通道带有惯性环节的控制系统,若控制器存在积分作用,则在给定作用下,系统输出一定会出现超调。

(3) ASR 与 ACR 的工程设计方法[1]

对于直流电动机转速控制系统设计问题,通常应用"典型系统工程设计方法";对于电流环控制器的设计,在稳态上希望电流控制无静差,以得到理想的启动特性,同时要求电流的跟随性能要好;因此,把电流环设计校正成典型Ⅰ型系统;而转速环控制器,通常按把系统综合成典型Ⅱ型系统来设计,这样既可以保证转速无静差,又有较强的抗扰性。

对于图 3-1 所示的双闭环控制系统,理论上 ASR 与 ACR 均采用 PI 调节器的形式,且有如下最佳设计方法:

① 电流调节器:

$$W_{ACR}(s) = K_i \frac{\tau_i s + 1}{\tau_i s}$$

式中,K_i 为电流调节器的比例系数;τ_i 为电流调节器的超前时间常数。

为了让调节器零点对消掉控制对象的大时间常数(极点),选择

$$\tau_i = T_1$$

在一般情况下,希望超调量 $\sigma\% \leqslant 5\%$ 时,可取阻尼比 $\xi = 0.707$,$K_1 T_{\Sigma i} = 0.5$,得

$$K_1 = \frac{1}{2T_{\Sigma i}}, \quad (T_{\Sigma i} = T_s + T_{oi})$$

又因为

$$K_1 = \frac{K_i K_s \beta}{\tau_i R}$$

得到

$$K_i = K_1 \frac{\tau_i R}{K_s \beta} = \frac{T_1 R}{2 K_s \beta T_{\Sigma i}} = 0.5 \frac{R}{K_s \beta} \left(\frac{T_1}{T_{\Sigma i}} \right)$$

② 转速调节器：

$$W_{ASR}(s) = K_n \frac{\tau_n s + 1}{\tau_n s}$$

式中，K_n 为转速调节器的比例系数；τ_n 为转速调节器的超前时间常数。

转速开环增益

$$K_N = \frac{K_n \alpha R}{\tau_n \beta C_e T_m}$$

按照典型 Ⅱ 型系统的参数选择方法

$$\tau_n = h T_{\Sigma n}, \quad (T_{\Sigma n} = 2T_{\Sigma i} + T_{on})$$

$$K_N = \frac{h + 1}{2h^2 T_{\Sigma n}^2}$$

得到 ASR 的比例系数

$$K_n = \frac{(h + 1)\beta C_e T_m}{2h\alpha R T_{\Sigma n}}$$

在工程上，通常选择 $h = 5$ 为最佳。所以有

$$\tau_n = 5 \times T_{\Sigma n}, \quad K_N = \frac{6}{50 \times T_{\Sigma n}^2}$$

经过如上设计的 V-M 调速系统，理论上讲有如下动态性能：电动机启动过程中电流的超调量为 4.3%，转速的超调量为 8.3%；需要说明的是，上述设计是以"线性系统"为前提条件的；在系统调试中，受系统存在非线性、近似误差等因素的影响，实际动态性能会有所差异，下面的仿真实验也证明了这一点。

3. 仿真实验

(1) 仿真模型搭建

系统中采用三相桥式晶闸管整流装置，基本参数如下：

直流电动机：220V，13.6A，1480r/min，$C_e = 0.131$V/(r/min)，允许过载倍数 $\lambda = 1.5$；晶闸管整流装置：$K_S = 76$；电枢回路总电阻：$R = 6.58\Omega$；直流电动机时间常数：$T_1 = 0.018$s，$T_m = 0.25$s；反馈系数：$\alpha = 0.00337$V/(r/min)，$\beta = 0.4$V/A；反馈滤波时间常数：$T_{oi} = 0.005$s，$T_{on} = 0.005$s。

为使仿真结果更具真实性，系统控制对象的模型精度尤为重要；这里，我们借助 MATLAB/SimPowerSystems 工具软件来建立系统的仿真模型。

根据图 3-1 的双闭环调速系统结构，应用 SimPowerSystems 中的晶闸管整流和触发装置、直流电动机模型作为系统的被控对象，可得晶闸管-直流电动机调速系统如图 3-6 所示。

① 转速环控制器/ASR

由文献[1]知，转速环控制器需将外环系统校正成典型 Ⅱ 型系统，故转速环控制器应采用 PI 控制方式；这里采用 Simulink 中的连续 PID 控制器模块，并且将

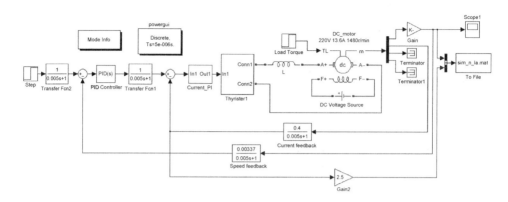

图 3-6　晶闸管-直流电动机调速系统仿真结构图

微分项的系数设置为 0，其结构如图 3-7 所示。

图 3-8 所示为 PID 调节器内部参数的设置方法。

在 PID Advanced 选项卡中，限幅电压设为 ±8 伏特（ASR 输出限幅值＝电机电流最大值×电流环反馈系数 β 值），抗积分饱和方法选择 clamping 法（在积分达到限幅值时停止积分），以降低系统的超调量，缩短调节时间。

图 3-7　转速环调节器

注意，转速环控制器/ASR 在系统的启动过程控制中，呈现"饱和非线性特性"，用以实现"最大电流/转矩启动"的最佳工作特性；这一"非线性特性"在上面的理论设计中，并未考虑之。

② 电流环控制器/ACR

由文献[1]知，电流环控制器需将内环系统校正成典型 I 型系统，故电流环控制器也需采用 PI 控制方式，这里我们采用子系统的方式将电流环控制器封装为子系统。

需要强调的是，在 SimPowerSystems 环境下的电流环控制器与在 Simulink 环境下建立的数学模型不同，SimPowerSystems 环境里的模型是物理模型，必须考虑实际情况，由于电流环的输出连接至晶闸管整流器的相位输入，所以需要将电流环的"电压输出转化为晶闸管的相位输入"进行控制。各电压值与各相位值为线性关系，故设线性方程为 $y=ax+b$。

根据分析，负载电动机可以等效为阻感负载，当采用三相桥式全控整流电路时，相位控制范围为（0°～90°），对应的电压范围为（248.19V～0）。

另外，与采用线性模型仿真所设计的电流环调节器不同，将电压转化为对应的触发角度值，需要添加"限幅环节"，将角度值限幅在 0°～90°之间。电流环子系统仿真程序如图 3-9 所示。

注意，通常电流环控制器/ACR 也设置"饱和限幅输出特性"，以限定电机两端的最高电压；但是，ACR 应该始终工作在线性段，以保证电流控制的快速跟随特性。

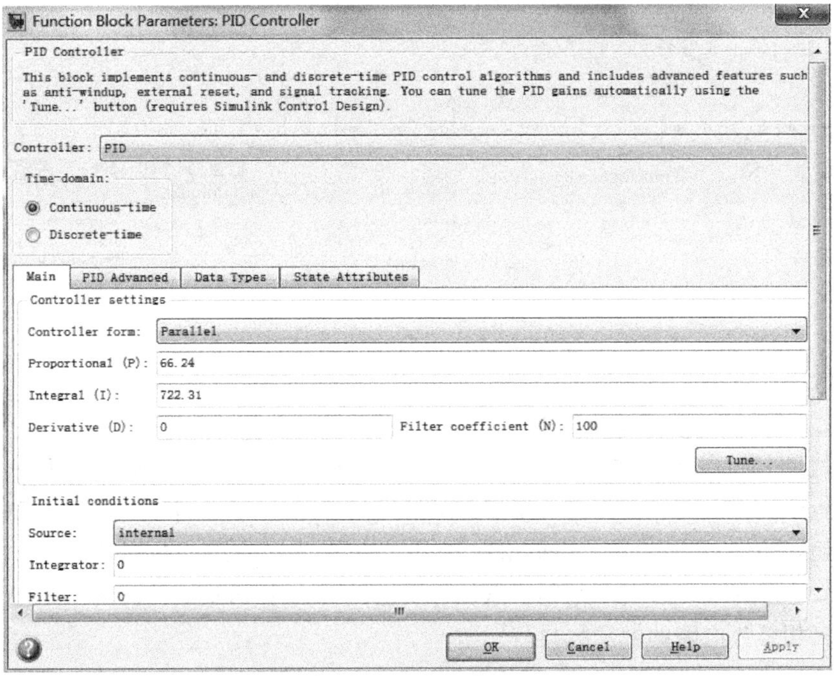

(a)

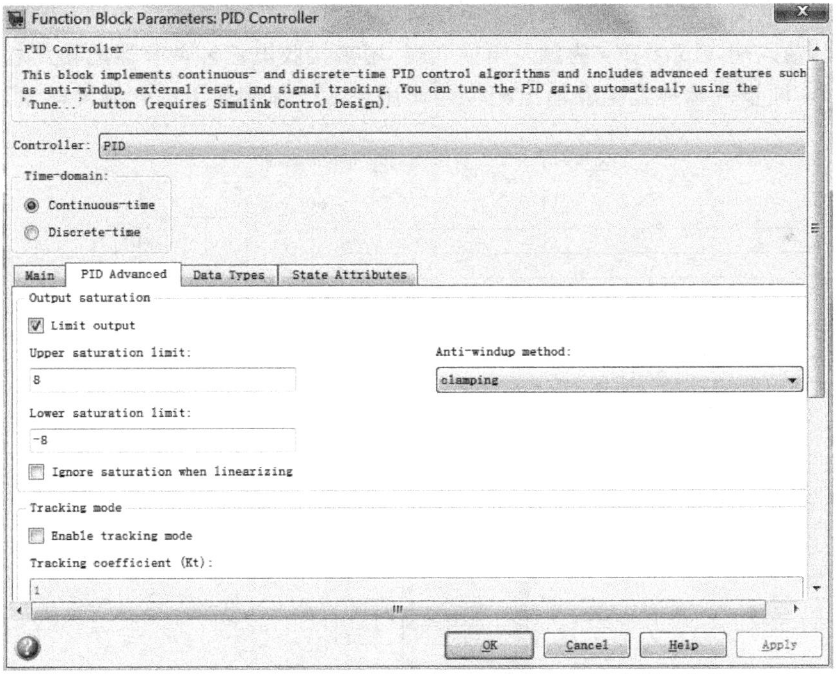

(b)

图 3-8 PID 调节器参数设置

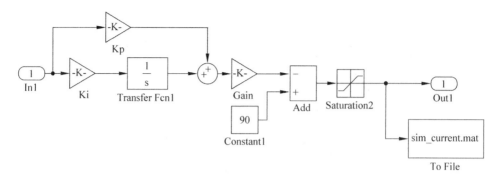

图 3-9　电流环子系统内部结构图

③ 晶闸管触发和整流装置

这里，我们采用三相桥式全控整流电路得到电动机驱动电压，三相桥式全控整流电路工作时要保证任何时候都有两只晶闸管导通，这样才能形成向负载供电的回路，并且是共阴极和共阳极组成各一个，不能为同一组的晶闸管；因此，采用 SimPowerSystems 环境下的同步六脉冲发生器（Synchronized 6-Pulse Generator）提供三相整流电路的触发脉冲。

图 3-10 中设置三个交流电压源 Va，Vb，Vc 相位角依次相差 120°，得到整流桥的三相电源。采用电压测量模块测得线电压 Vab，Vbc，Vca 作为同步六脉冲发生器的输入端，alpha_deg 为触发角输入端，用来接收电流环调节器的输出相位控制信号，同步六脉冲发生器输出相位是作用在六个晶闸管上的六脉冲向量形式。

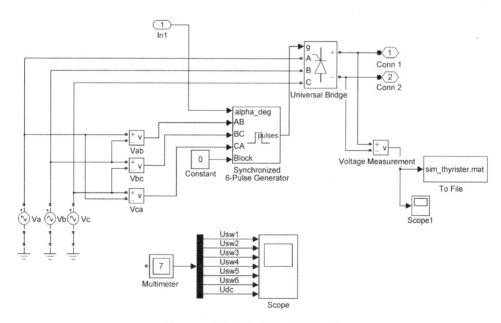

图 3-10　晶闸管触发和整流装置图

为方便调试,我们采用多路测量电压表对各晶闸管两端电压及整流后的输出电压通过示波器进行观察。

④ 直流电动机

本实验采用他励式励磁电动机,电动机模块如图 3-11 所示,该电动机的端子 F＋与 F－分别接励磁电压源的正负极,A＋与 A－接输入电压,TL 为电机负载输入,m 端为输出端,电动机参数设置如图 3-12 所示。

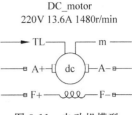

DC_motor
220V 13.6A 1480r/min

图 3-11　电动机模型

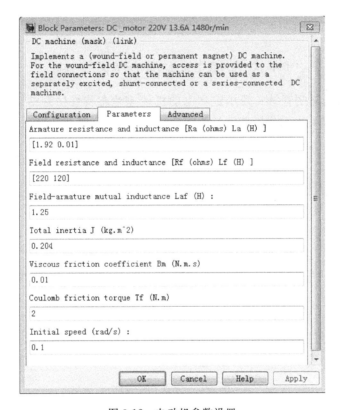

图 3-12　电动机参数设置

⑤ 反馈滤波环节的滞后对消

在实际工程中,为保证电流/电压反馈信号的质量,均采用“一阶惯性滤波器”(如图 3-6 中 current feedback 与 speed feedback 环节),为对消其产生的时间滞后,在前向通道上增加了 Transfer Fcn1 与 Transfer Fcn2,以保证信号传输时间上的一致性。

(2) 系统仿真实验

① 开环系统性能分析

实验中,选择 ode23tb 或 ode23t 解算方法,并将系统 powergui 模块中

Simulation type 设置为 Continuous,选取 Start time＝0.0,Stop time＝6.0,仿真时间从 0s 到 6s,晶闸管触发角初始为 0°,1.6s 时变为 45°,3s 时变为 60°。

仿真模型如图 3-13 所示。

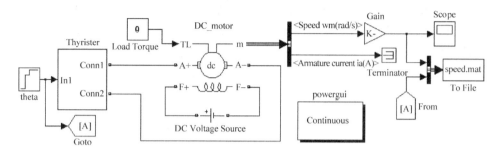

图 3-13   晶闸管-直流电动机开环系统仿真模型

图 3-14 为晶闸管触发角给定和电动机转速动态特性仿真结果,通过仿真分析,我们可以看到电动机转速随晶闸管触发角的改变而变化的情况。

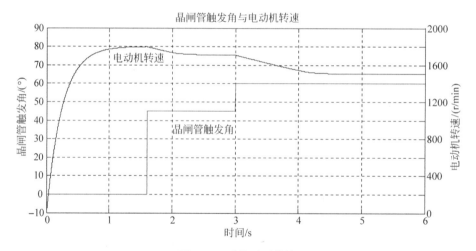

图 3-14   系统开环特性

上述仿真实验结果/实验曲线程序如下:

程序 1

```
clf
% 数据读取
load speed. mat
t = signals(1,:);
y1 = signals(2,:);
y2 = signals(3,:);
% 绘制曲线
[AX,H1,H2] = plotyy(t,y1,t,y2);
```

```
% 坐标范围设置
set(AX(1),'xlim',[0,6],'xTick',0:1:6);
set(AX(2),'xlim',[0,6],'xTick',0:1:6);
set(AX(1),'ylim',[-10,90],'yTick',-10:10:90);
set(AX(2),'ylim',[0,2000],'yTick',0:400:2000);
% 坐标轴颜色设置
set(AX(1),'XColor','k','YColor','k');
set(AX(2),'XColor','k','YColor','k');
% 曲线颜色设置
set(H1,'color','b');
set(H2,'color','k');
% 绘制网格
grid on;
% 标注设置
set(get(AX(1),'Xlabel'),'string','时间(s)');
set(get(AX(1),'Ylabel'),'string','晶闸管出发角(°)');
set(get(AX(2),'Ylabel'),'string','电动机转速(r/min)');
title('晶闸管触发角与电动机转速');
gtext('晶闸管触发角');
gtext('电动机转速');
```

② 双闭环系统起动特性分析

实验中,选择 ode23tb 或 ode23t 解算方法,并将系统 Powergui 模块中 Simulation type 设置为 Discrete,采样周期设置为 5e-006s,最大仿真步长设置为 5e-006s,选取 Start time=0.0,Stop time=3.0,仿真时间从 0s 到 3s。

图 3-15、图 3-16、图 3-17 分别为 ASR 的输出与电动机转速动态特性仿真结果 (其中图(b)为图(a)在 0s 附近的放大图)、ACR 的输出与电动机转速动态特性仿真结果以及电动机电流与电动机转速动态特性仿真结果。

上述仿真实验结果/实验曲线程序参考前述的程序 1。

通过仿真结果分析,我们可以看到,对于系统起动性能指标来说,起动过程中电流的超调量为 5.7%,转速的超调量为 0.2%;这一结果与理论设计结果相近(或优于理论结果:电流超调为 4.3%,转速超调量为 8.3%),达到预期设计目的。

③ 双闭环系统抗扰性能分析

实验中,我们选取 Start time=0.0,Stop time=5.0,仿真时间从 0s 到 5.0s。扰动加入的时间均为 3.0s。

一般情况下,双闭环调速系统的干扰主要是负载突变与电网电压波动两种。图 3-18 绘出了该系统电动机转速在突加负载($\Delta T = 8\text{N} \cdot \text{m}$)情况下电动机电流 I_d 与输出转速 n 的关系;图 3-19、图 3-20 分别绘出了电网电压突减($\Delta U = 100\text{V}$)和电网电压突增($\Delta U = 100\text{V}$)情况下晶闸管触发整流装置输出电压 U_{d0}、电动机两端电压 U_d 与输出转速 n 的关系。

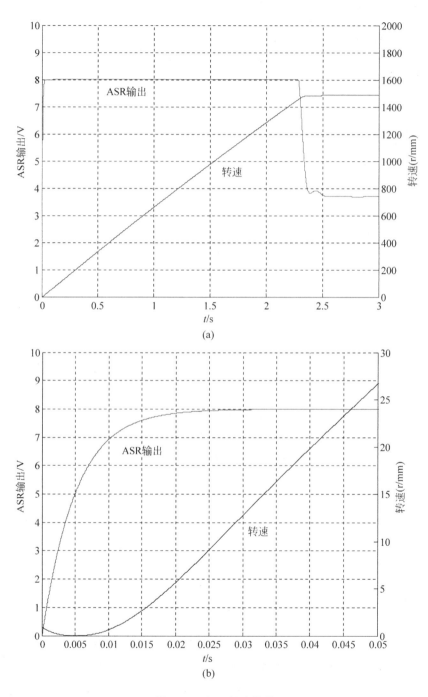

图 3-15　ASR 输出特性

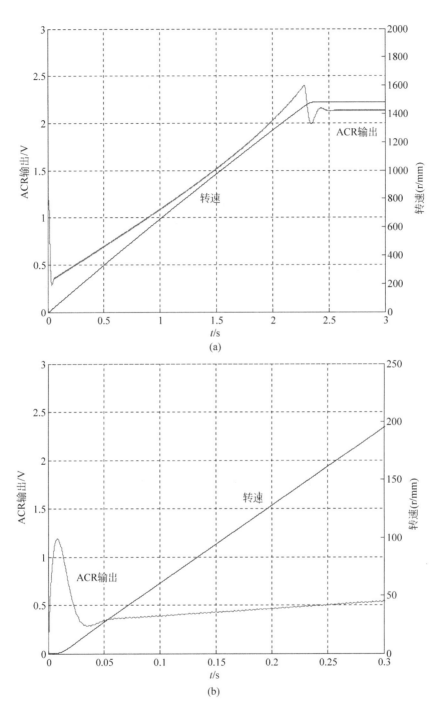

图 3-16　ACR 输出特性

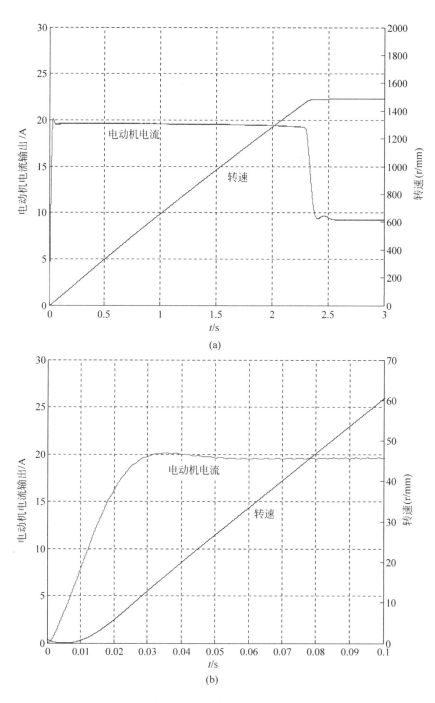

图 3-17　电动机电流特性

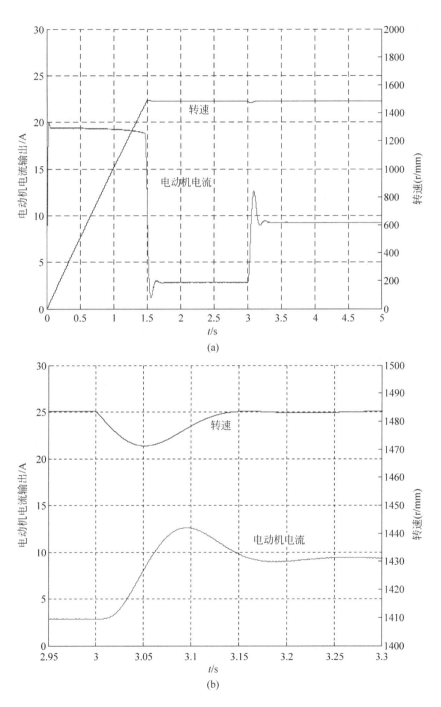

图 3-18 突加负载抗扰特性

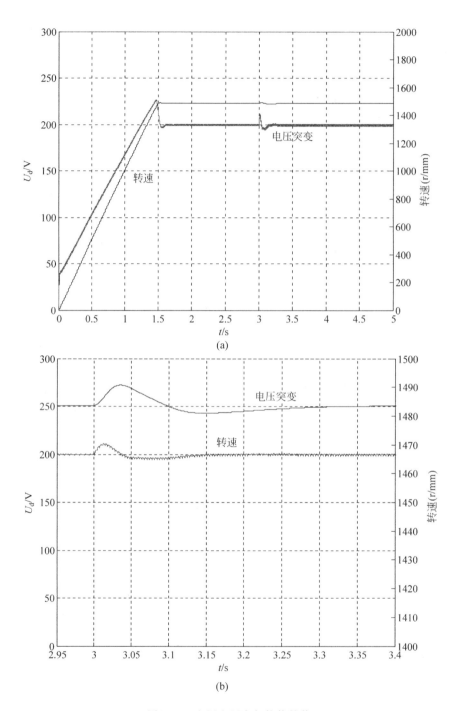

图 3-19　电网电压突加抗扰性能

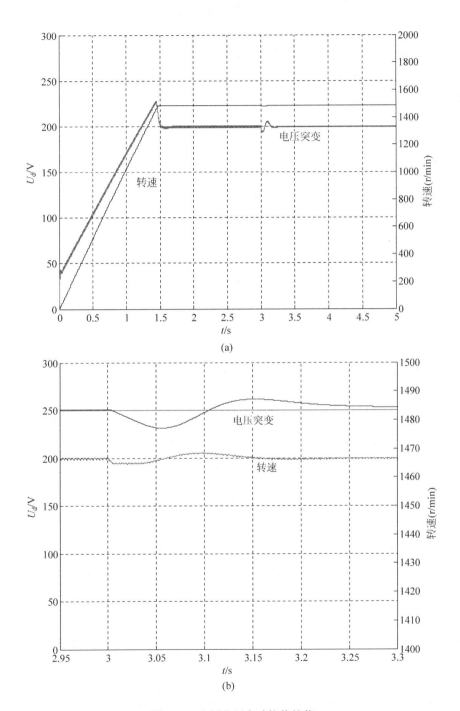

图 3-20　电网电压突减抗扰性能

上述仿真实验结果/实验曲线程序参考前述的程序 1。

仿真结果分析：

对于该系统的抗扰性能，我们可有如下几个结论：

(1) 系统对负载的大幅度突变具有良好的抗扰能力，在 $\Delta T = 8\mathrm{N \cdot m}$ 的情况下系统速降为 $\Delta n = 12\mathrm{r/min}(0.81\%)$，恢复时间 $t_{\mathrm{f}} = 0.25\mathrm{s}$(开环 $\Delta n = 492\mathrm{r/min}$，$t_{\mathrm{f}} = 8.4\mathrm{s}$)。

(2) 系统对电网电压的大幅波动也同样具有良好的抗扰能力，在 $\Delta U = 100\mathrm{V}$ 的情况下，系统速降仅为 $6\mathrm{r/min}(0.4\%)$，恢复时间 $t_{\mathrm{f}} = 0.3\mathrm{s}$。

(3) 该系统的起动时间和恢复时间(轻载情况下约为 1.5s)都很短，基本能够满足工程上的设计要求。

可见双闭环控制系统较开环系统的性能有较大的提升，达到了预期设计指标。

注：ΔU 是电网电压换算成整流后输出直流电压的等效值。

4. 小结

本节针对直流电动机的转速控制问题，给出了基于"典型系统工程设计方法"的双闭环 PID 控制方案，基于 MATLAB/SimPowerSystems 工具软件的仿真实验表明系统设计的有效性与可行性。同时，我们还注意到：

(1) 仿真实验结果与典型系统理论相近。由图 3-15 可见，电流动态响应超调量为 5.7%(理论值为 4.3%)，转速动态响应超调量为 0.2%(理论值为 8.3%)；这是由于"典型系统工程设计方法"的理论分析与设计中作了一些简化/近似处理，未考虑转速控制器/ASR 的"输出限幅特性"、整流装置的内阻 R_{rec} 值随温度的变化等问题，而是将系统近似为"线性定常系统"来设计。

(2) 受 MATLAB/SimPowerSystems 仿真工具软件模型库精度的影响，工程系统装置上的实际调试结果与仿真结果还将有一定误差。

总之，系统建模为控制系统的设计提供了依据，仿真工具软件为工程实现提供了保障，可有效地加快新技术与新产品的研发进程。

3.2　一阶直线倒立摆系统的双闭环 PID 控制方案

在图 3-21 所示的一阶倒立摆控制系统中，通过检测小车位置与摆杆的摆动角，来适当控制驱动电机拖动力的大小，控制器由一台 IPC 完成。

本节将借助于 Simulink 封装技术——子系统，在模型验证的基础上，采用双闭环 PID 控制方案，实现倒立摆位置伺服控制的数字仿真实验。

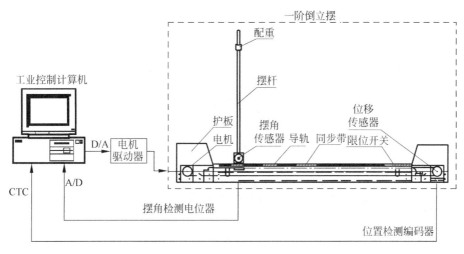

图 3-21 一阶倒立摆控制系统

1. 系统建模

（1）对象模型

由 2.5.1 节式（2-34）知：

① 一阶倒立摆精确模型为

$$\begin{cases} \ddot{x} = \dfrac{(J+ml^2)F + lm(J+ml^2)\sin\theta \cdot \dot{\theta}^2 - m^2l^2 g\sin\theta\cos\theta}{(J+ml^2)(m_0+m) - m^2l^2\cos^2\theta} \\[4mm] \ddot{\theta} = \dfrac{ml\cos\theta \cdot F + m^2l^2\sin\theta\cos\theta \cdot \dot{\theta}^2 - (m_0+m)mlg\sin\theta}{m^2l^2\cos^2\theta - (m_0+m)(J+ml^2)} \end{cases}$$

当小车的质量 $m_0 = 1\text{kg}$，倒摆振子的质量 $m = 1\text{kg}$，倒摆长度 $2l = 0.6\text{m}$，重力加速度取 $g = 10\text{m/s}^2$ 时得

$$\begin{cases} \ddot{X} = \dfrac{0.12F + 0.036\sin\theta \cdot \dot{\theta}^2 - 0.9\sin\theta \cdot \cos\theta}{0.24 - 0.09\cos^2\theta} \\[4mm] \ddot{\theta} = \dfrac{0.3\cos\theta \cdot F + 0.09\sin\theta \cdot \cos\theta \cdot \dot{\theta}^2 - 6\sin\theta}{0.09\cos^2\theta - 0.24} \end{cases}$$

② 若只考虑 θ 在其工作点 $\theta = 0$ 附近（$-10° < \theta < 10°$）的小范围变化，则可近似认为

$$\begin{cases} \dot{\theta}^2 \approx 0 \\ \sin\theta \approx \theta \\ \cos\theta \approx 1 \end{cases}$$

由此得到简化的近似模型为

$$\begin{cases} \ddot{X} = -6\theta + 0.8F \\ \ddot{\theta} = 40\theta - 2.0F \end{cases}$$

其等效动态结构图如图 3-22 所示。

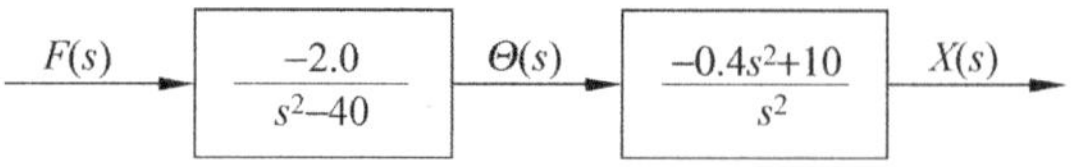

$$F(s) \longrightarrow \boxed{\dfrac{-2.0}{s^2-40}} \xrightarrow{\Theta(s)} \boxed{\dfrac{-0.4s^2+10}{s^2}} \longrightarrow X(s)$$

图 3-22　一阶倒立摆系统动态结构图

(2) 电动机、驱动器及机械传动装置的模型

假设选用日本松下电工 MSMA021 型小惯量交流伺服电动机,其有关参数如下:

驱动电压:$U=0\sim100\mathrm{V}$　　　　　　额定功率:$P_{\mathrm{N}}=200\mathrm{W}$

额定转速:$n=3000\mathrm{r/min}$　　　　　　转动惯量:$J=3\times10^{-6}\mathrm{kg\cdot m^2}$

额定转矩:$T_{\mathrm{N}}=0.64\mathrm{N\cdot m}$　　　　　最大转矩:$T_{\mathrm{M}}=1.91\mathrm{N\cdot m}$

电磁时间常数:$T_1=0.001\mathrm{s}$　　　　　机电时间常数:$T_{\mathrm{m}}=0.003\mathrm{s}$

经传动机构变速后输出的拖动力 $F=0\sim16\mathrm{N}$;与其配套的驱动器为 MSDA021A1A,控制电压 $U_{\mathrm{DA}}=0\sim\pm10\mathrm{V}$。

忽略电机的空载转矩和系统摩擦,认为驱动器和机械传动装置均为纯比例环节,并假设这两个环节的增益分别为 K_{d} 和 K_{m}。

对于交流伺服电动机,其传递函数可近似为

$$\frac{K_{\mathrm{v}}}{T_{\mathrm{m}}T_1 s^2 + T_{\mathrm{m}}s + 1}$$

由于是小惯性电机,其时间常数 T_1、T_{m} 相对都很小,这样可以进一步将电动机模型近似等效为一个比例环节:K_{v}。

综上,电动机、驱动器、机械传动装置三个环节就可以成为一个比例环节:

$$G(s) = K_{\mathrm{d}}K_{\mathrm{v}}K_{\mathrm{m}} = K_{\mathrm{s}}$$

$$K_{\mathrm{s}} = F_{\max}/U_{\max} = 16/10 = 1.6$$

2. 模型验证

尽管上述数学模型系经机理建模得出,但其准确性(或正确性)还需运用一定的理论与方法加以验证,以保证以其为基础的仿真实验的有效性。模型验证的理论与方法是一专门技术,本书受篇幅所限不能深入阐述。下面给出的是一种必要条件法,即我们所进行的模型验证实验的结果是依据经验可以判定的,其正确的结果是正确的模型所应具备的必要性质。

(1) Simulink 子系统

如同大多数程序设计语言中的子程序(如:C 语言中的函数、MATLAB 中的

M 文件)功能,Simulink 中也有类似的功能——子系统。子系统通过将大的复杂
的模型分割成几个小的模型系统,使得整个系统模型更加简捷,可读性更强。

把已存在的 Simulink 模型中的某个部分或全部"封装"成子系统的操作程序如下:

① 首先使用范围框将要"封装"成子系统的部分选中,包括模块和信号线(如
图 3-23 所示)。为了使范围框圈住所需要的模块,常常需要事先重新安排各模块
的位置(注意:这里只能用范围框,而不能用 Shift 逐个选定)。

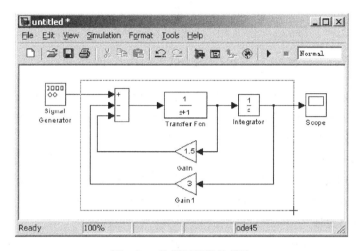

图 3-23　选择要封装的模块

② 在模块窗口菜单选项中选择 Edit→Create Subsystem,Simulink 将会用一
个子系统模块代替选中的模块组,如图 3-24 所示。

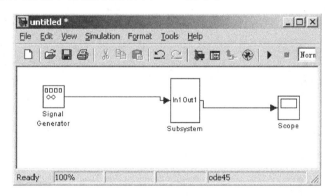

图 3-24　封装后的模型图

③ 所得子系统模块将有默认的输入和输出端口。输入端口和输出端口的默
认名称分别为 In1 和 Out1。调整子系统和模型窗口的大小使之更加美观,如图 3-25
所示。

若想查看子系统的内容或对子系统进行再编辑,可以双击子系统模块,则会

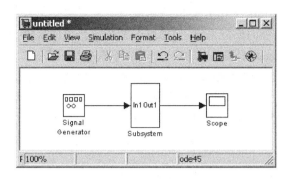

图 3-25　调整子系统和模型窗口的大小和方位

出现一个显示子系统内容的新窗口。在窗口内除了原始模块外，Simulink 自动添加输入模块和输出模块，分别代表子系统的输入端口和输出端口。改变其标签会使子系统的输入输出端口的标签也随之变化。

这里需要注意的是菜单命令 Edit→Create Subsystem 没有相反的操作命令，即一旦将一组模块封装成子系统，就没有可以直接还原的处理方法了（UNDO 除外）。因此，在封装子系统前应将模型保存，作为备份。

（2）模型验证

① 模型封装：我们采用仿真实验的方法在 MATLAB 的 Simulink 图形仿真环境下进行模型验证实验，其原理如图 3-26 所示。其中，上半部分为精确模型仿真图，下半部分为简化模型仿真图。

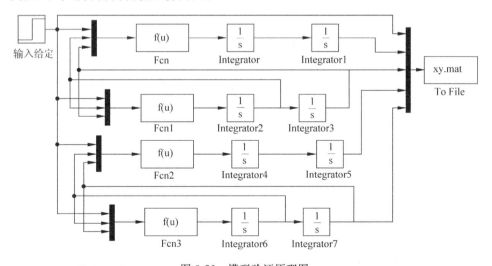

图 3-26　模型验证原理图

利用前面介绍的 Simulink 压缩子系统功能可将验证原理图更加简捷的表示为图 3-27 的形式。

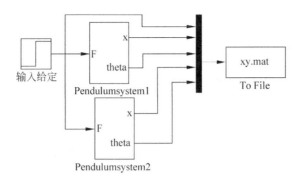

图 3-27 利用子系统封装后的框图

其中:

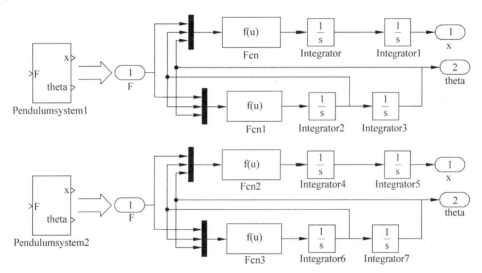

由得到的精确模型和简化模型的状态方程,可得到 Fcn,Fcn1,Fcn2 和 Fcn3 的函数形式如下所示:

Fcn: (0.12 * u[1]＋0.036 * sin(u[3]) * power(u[2],2)－0.9 * sin(u[3]) * cos(u[3]))/(0.24－0.09 * power(cos(u[3]),2))

Fcn1: (0.3 * cos(u[3]) * u[1]＋0.09 * sin(u[3]) * cos(u[3]) * power(u[2],2) －6 * sin(u[3]))/(0.09 * power(cos(u[3]),2)－0.24)

Fcn2: 0.8 * u[1]－6 * u[3]

Fcn3: 40 * u[3]－2.0 * u[1]

② 实验设计: 假定使倒立摆在$(\theta=0,x=0)$初始状态下突加微小冲击力作用,则依据经验知,小车将向前移动,摆杆将倒下。下面利用仿真实验来验证正确数学模型的这一"必要性质"。

③ 编制绘图子程序：

```
% Inverted pendulum
% Model test in open loop
% signals recuperation
%将导入到 xy.mat 中的仿真试验数据读出
load xy.mat
t = signals(1,:);                              % 读取时间信号
f = signals(2,:);                              % 读取作用力 F 信号
x = signals(3,:);                              % 读取精确模型中的小车位置信号
q = signals(4,:);                              % 读取精确模型中的倒摆摆角信号
xx = signals(5,:);                             % 读取简化模型中的小车速度信号
qq = signals(6,:);                             % 读取简化模型中的倒摆摆角速度信号
% Drawing control and x(t) response signals
%画出在控制力作用下的系统响应曲线
%定义曲线的横纵坐标、标题、坐标范围和曲线的颜色等特征
figure(1)                                      % 定义第一个图形
hf = line(t,f(:));                             % 绘制时间-作用力曲线
grid on;                                       % 加网格
xlabel('Time(s)')                              % 定义横坐标
ylabel('Force (N)')                            % 定义纵坐标
axis([0 1 0 0.12])                             % 定义坐标范围
axet = axes('Position',get(gca,'Position'),...
            'XAxisLocation','bottom',...
            'YAxisLocation','right','Color','None',...
            'XColor','k','YColor','k');        % 定义曲线属性
ht = line(t,x,'color','r','parent',axet);      % 绘制时间-精确模型小车位置曲线
ht = line(t,xx,'color','r','parent',axet);     % 绘制时间-简化模型小车位置曲线
ylabel('Evolution of the x position')          % 定义坐标名称
axis([0 1 0 0.1])                              % 定义坐标范围
title('Response x and x" in meters to a f(t) pulse of 0.1 N')     % 定义曲线标题名称
gtext('\leftarrow f(t)'),gtext('x(t)\rightarrow'),gtext('\leftarrow x"(t)')
% Drawing control and theta(t) response signals
figure(2)
hf = line(t,f(:));
xlabel('Time(s)')
ylabel('Force(N)')
axis([0 1 0 0.12])
axet = axes('Position',get(gca,'Position'),...
            'XAxisLocation','bottom',...
            'YAxisLocation','right','Color','None',...
            'XColor','k','YColor','k');
ht = line(t,q,'color','r','parent',axet);
```

```
ht = line(t,qq,'color','r','parent',axet);
ylabel('Angle evolution(rad)')
axis([0 1 -0.3 0])
title('Response \Theta(t) and \Theta"(t) in rd to a f(t) step of 0.1 N')
gtext('\leftarrow f(t)'),gtext('\theta(t)\rightarrow'),gtext('\leftarrow \theta"(t)')
```

④ 仿真实验：执行该程序之结果如图 3-28 所示，从中可见：在 0.1N 的冲击力作用下，摆杆倒下（θ 由零逐步增大），小车位移逐渐增加；这一结果符合前述的实验设计，故可以在一定程度上确认该"一阶倒立摆系统"的数学模型是有效的。同时，由图中我们也可看出：近似模型在 0.8s 以前与精确模型非常接近；因此，也可以认为"近似模型在一定条件下可以表述原系统模型的性质"。

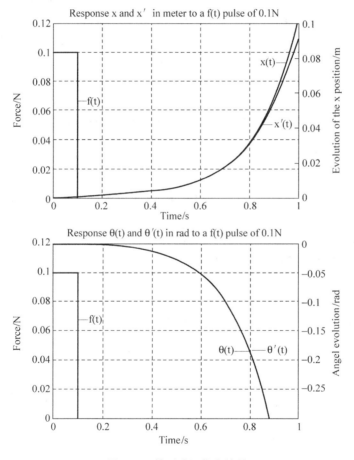

图 3-28　模型验证仿真结果

3. 双闭环 PID 控制器设计

从图 3-22 所示的一阶倒立摆系统动态结构图中不难看出，对象传递函数中含有不稳定的零极点,即该系统为一"自不稳定的非最小相位系统"。

由于一阶倒立摆系统位置伺服控制的核心是"在保证摆杆不倒的条件下,使小车位置可控"(注:此处本应证明系统的可控性,受篇幅所限,请感兴趣的读者自行证明);因此,依据负反馈闭环控制原理,将系统小车位置作为"外环",而将摆杆摆角作为"内环",则摆角作为外环内的一个扰动,能够得到闭环系统的有效抑制(实现其直立不倒的自动控制)。

综上所述,设计一阶倒立摆位置伺服控制系统如图 3-29 所示。剩下的问题就是如何确定控制器(校正装置)$D_1(s)/D_1'(s)$ 和 $D_2(s)/D_2'(s)$ 的结构与参数。

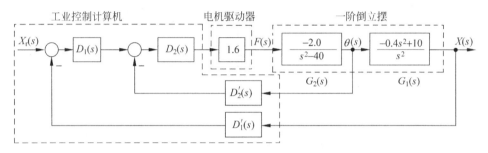

图 3-29　一阶倒立摆位置伺服控制系统动态结构图

(1)内环控制器的设计

① 控制器结构的选择

考虑到对象为一非线性的自不稳定系统,故拟采用反馈校正,这是因为其具有如下特点:

- 削弱系统中非线性特性等不希望特性的影响;
- 降低系统对参数变化的敏感性;
- 抑制扰动;
- 减小系统的时间常数。

所以,对系统"内环"采用反馈校正进行控制。如图 3-30 为采用反馈校正控制的系统内环框图。

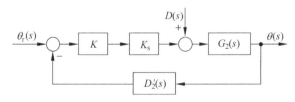

图 3-30　反馈控制框图

图中,K_s 为伺服电机与减速机构的等效模型(已知 $K_s = 1.6$),反馈控制器 $D_2'(s)$ 可有 PD,PI,PID 三种形式。那么应该采用什么形式的反馈校正装置(控制器)呢?下面,我们采用绘制各种控制器下的"闭环系统根轨迹"的方法进行分析,以选出一种适合的控制器结构。

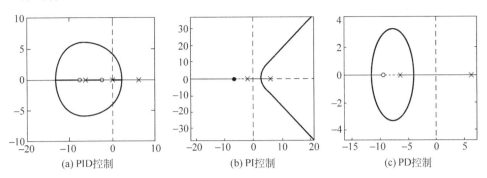

图 3-31 各种控制器下的内环根轨迹

图 3-31 给出了各种控制器结构下内环系统的根轨迹(其中暂定 $D_2(s)=K$ 为纯比例环节),从图中不难看出:采用 PD 结构的反馈控制器可使系统结构简单,使原来自不稳定的系统稳定。所以,我们选定反馈校正装置的结构为 PD 形式的控制器。

综上有 $D_2'(s)=K_{P2}+K_{D2}s$,同时为了加强对干扰量 $D(s)$ 的抑制能力,在前向通道上加一个比例环节 $D_2(s)=K$。从而有系统内环动态结构如图 3-32 所示。

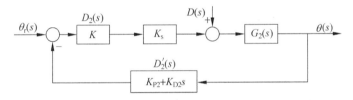

图 3-32 系统内环动态结构框图

② 控制器参数的整定

首先暂定比例环节 $D_2(s)$ 的增益 $K=-20$,又已知 $K_s=1.6$。这样可以求出内环的传递函数为

$$W_2 = \frac{KK_sG_2(s)}{1+KK_sG_2(s)D_2'(s)}$$

$$= \frac{-20 \times 1.6 \times \dfrac{-2.0}{s^2-40}}{1+(-20) \times 1.6 \times \dfrac{-2.0}{s^2-40}(K_{P2}+K_{D2}s)}$$

$$= \frac{64}{s^2+64K_{D2}s+64K_{P2}-40}$$

由于对系统内环的特性并无特殊的指标要求,对于这一典型的二阶系统采取典型参数整定办法,即以保证内环系统具有"快速跟随性能特性"(使阻尼比 $\zeta=0.7$,闭环增益 $K=1$ 即可)为条件来确定反馈控制器的参数 K_{P2} 和 K_{D2},这样就有

$$\begin{cases} 64K_{P2} - 40 = 64 \\ 64K_{D2} = 2 \times 0.7 \times \sqrt{64} \end{cases}$$

由上式得

$$\begin{cases} K_{P2} = 1.625 \\ K_{D2} = 0.175 \end{cases}$$

系统内环的闭环传递函数为

$$W_2(s) = \frac{64}{s^2 + 11.2s + 64}$$

③ 系统内环的动态跟随性能指标

首先进行理论分析。系统内环的动态跟随性能指标如下：

固有角频率 $\omega_n = \sqrt{64} = 8$

阻尼比 $\zeta = 0.7$

超调量 $\sigma\% = e^{\frac{-\zeta\pi}{\sqrt{1-\zeta^2}}} \times 100\% = 4.6\%$

调节时间 $t_s \approx \dfrac{3}{\zeta\omega_n} = 0.536s$（$5\%$ 允许误差所对应的 t_s）

下面进行仿真实验。

根据得到的内环系统的闭环传递函数，很容易搭建 Simulink 仿真模型，如图 3-33 所示。

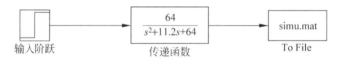

图 3-33 搭建的 Simulink 仿真图

编写绘图子程序如下：

```
% 将导入到 simu.mat 中的仿真试验数据读出
load simu.mat
t = signals(1,:);
x = signals(2,:);
hf = line(t,x(:));
figure(1)
axis([0 2 0 1.2])
grid on
xlabel('Time(s)')
ylabel('The response of the step signal(100%)')
title('Respones')
```

得到的仿真图形如图 3-34 所示。从仿真图中可以得知，其响应时间和超调量与理论分析的值相符合。

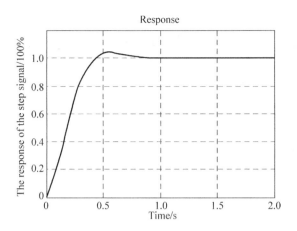

图 3-34　单位阶跃信号作用下的响应曲线

（2）系统外环控制器设计

外环系统前向通道的传递函数为

$$W_2(s)G_1(s) = \frac{64}{s^2 + 11.2s + 64} \times \frac{-0.4s^2 + 10}{s^2}$$

$$= \frac{64(-0.4s^2 + 10)}{s^2(s^2 + 11.2s + 64)}$$

可见，系统开环传递函数可视为一个高阶（四阶）且带有不稳定零点的"非最小相位系统"。为了便于设计，需要先对它进行一些必要的简化处理（否则，不便利用经典控制理论与方法对其进行设计）。

① 系统外环模型的降阶[1]

对于一个高阶系统，当高次项的系数小到一定程度时，其对系统的影响可忽略不计。这样可降低系统的阶次，以使系统得到简化。

首先，对内环等效闭环传递函数进行近似处理。由上可知，系统内环闭环传递函数为

$$W_2(s) = \frac{64}{s^2 + 11.2s + 64}$$

若可以将高次项 s^2 忽略，则可以得到近似的一阶传递函数：

$$W_2 \approx \frac{64}{11.2s + 64} = \frac{1}{0.175s + 1}$$

近似条件可以由频率特性导出，即

$$W(j\omega) = \frac{64}{(j\omega)^2 + 11.2(j\omega) + 64}$$

$$= \frac{64}{(64 - \omega^2) + 11.2j\omega} \approx \frac{64}{64 + 11.2j\omega}$$

所以，近似条件是：$\omega_c^2 \leqslant \dfrac{64}{10}$，即 $\omega_c \leqslant 2.52$。

其次,对象模型 $G_1(s)$ 进行近似处理。

我们知道,$G_1(s)=\dfrac{-0.4s^2+10}{s^2}$,如果可以将分子中的高次项($-0.4s^2$)忽略,

则环节可近似为二阶环节,即 $G_1(s)\approx\dfrac{10}{s^2}$。

同理,近似条件是:$0.4\omega_c^2\leqslant\dfrac{10}{10}$,即 $\omega_c\leqslant1.58$。

经过以上的处理后,系统开环传递函数被简化为

$$W_2(s)G_1(s)\approx\frac{57}{s^2(s+5.7)}$$

近似条件为 $\omega_c\leqslant\min(2.52,1.58)=1.58$。

　　② 控制器设计[1]

图 3-35 给出了系统外环前向通道上传递函数的等效过程,从最终的简化模型不难看出:这是一个"Ⅱ型系统"。鉴于"一阶倒立摆位置伺服控制系统"对抗扰性能与跟随性能的要求(对摆杆长度、质量的变化应具有一定的抑制能力,同时可使小车有效定位),我们可以将外环系统设计成"典型Ⅱ型"的结构形式。同时,系统还应满足前面各环节的近似条件,即系统外环的截止角频率 $\omega_{c1}\leqslant1.58$。

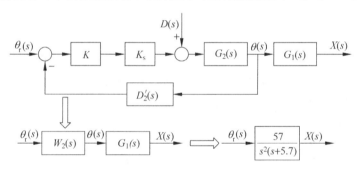

图 3-35　模型简化过程

为了满足以上对系统的设计要求,不难发现所需要加入的调节器 $D_1(s)$ 也应为 PD 的形式。设加入的调节器为 $D_1(s)=K_P(\tau s+1)$;同时,为使系统有较好的跟随性能我们采用单位反馈($D_1'(s)=K=1$)来构成外环反馈通道,如图 3-36 所示。则系统的开环传递函数为

$$W(s)=W_2(s)G_1(s)D_1(s)=\frac{57}{s^2(s+5.7)}K_P(\tau s+1)$$

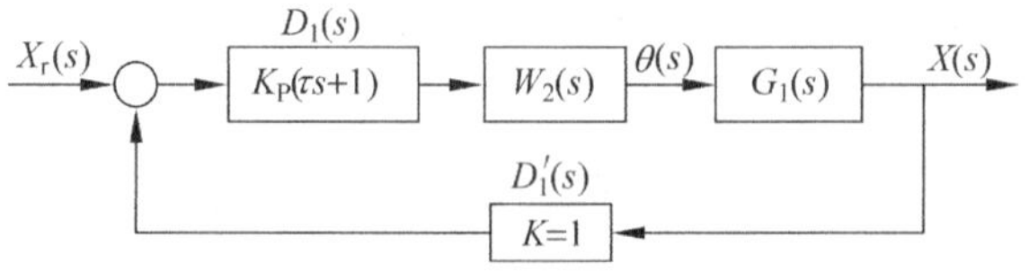

图 3-36　闭环系统结构图

为保证系统剪切角频率 $\omega_c \leqslant 1.58$，不妨取 $\omega_c = 1.2$。对于典型 II 型系统（如图 3-37(a) 所示），其频率特性有如下关系（如图 3-37(b) 所示）：

(1) $h = \dfrac{T_1}{T_2} = 5$ 时，为典型 II 型系统最优参数，则有 $h = \dfrac{\tau}{\frac{1}{5.7}} = 5$，即 $\tau = 0.877$，

不妨取 $\tau = 1$。则有系统开环传递函数 $W(s) = \dfrac{10K_P(s+1)}{s^2(0.175s+1)}$。

(2) $K = \omega_1 \omega_c$，则 $10K_P = \omega_1 \omega_c = 1 \times 1.2$，即 $K_P = 0.12$。

至此，图 4-23 中的控制器均已求出：$D_1(s) = 0.12(s+1)$，$D_1'(s) = 1$，$D_2(s) = -20$，$D_2'(s) = 0.175s + 1.625$。

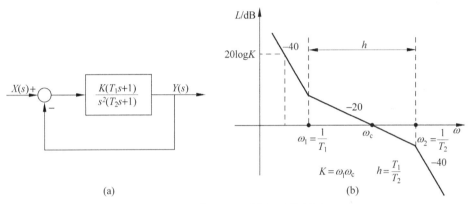

图 3-37　典型 II 型系统频率特性图

综上所述，有图 3-38 所示的系统动态结构图。

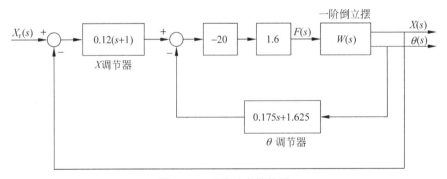

图 3-38　系统动态结构图

4. 仿真实验

综合上述内容，有图 3-39 所示的 Simulink 仿真系统结构图。需要强调的是：其中的对象模型为精确模型的封装子系统形式。

系统仿真绘图子程序及仿真结果如下：

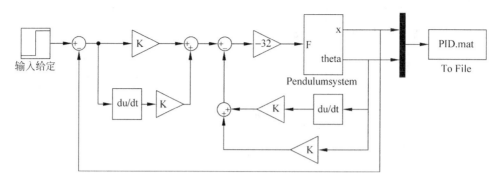

图 3-39　Simulink 仿真框图

(1) 画图子程序

```
% Inverted Pendulum PID
% signals recuperation
% 将导入到 PID.mat 中的仿真试验数据读出
load PID.mat
t = signals(1,:);
q = signals(2,:);
x = signals(3,:);
% drawing x(t) and theta(t) response signals
% 画小车位置和摆杆角度的响应曲线
figure(1)
hf = line(t,q(:));
grid on
xlabel('Time(s)')
ylabel('Angle evolution(rad)')
axis([0 10 - 0.3 1.2])
axet = axes('Position',get(gca,'Position'),...
            'XAxisLocation','bottom',...
            'YAxisLocation','right','Color','None',...
            'XColor','k','YColor','k');
ht = line(t,x,'color','r','parent',axet);
ylabel('Evolution of the x position(m)')
axis([0 10 - 0.3 1.2])
title('\theta(t) and x(t) Response to a step input')
gtext('\leftarrow x(t)'),gtext('\theta(t)\uparrow')
```

其中:

Fcn1: $(0.12 * u[1] + 0.036 * \sin(u[3]) * power(u[2],2) - 0.9 * \sin(u[3])$
$* \cos(u[3]))/(0.24 - 0.09 * power(\cos(u[3]),2))$

Fcn2：$(0.3 * \cos(u[3]) * u[1] + 0.09 * \sin(u[3]) * \cos(u[3]) * \text{power}(u[2],2)$
　　　　$- 6 * \sin(u[3]))/(0.09 * \text{power}(\cos(u[3]),2) - 0.24)$

（2）仿真结果

图 3-40 给出了仿真实验结果。从中可见,双闭环 PID 控制方案是有效的。

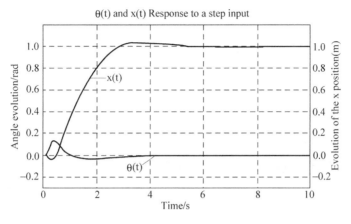

图 3-40　系统仿真结果图

为检验控制系统的鲁棒性能,还可以改变倒立摆系统的部分参数来检验系统
是否具有一定的鲁棒性。例如,将倒立摆的摆杆质量改为 1.1kg,此时的 Simulink
仿真框图仍为图 3-39,只是将 Fcn1 和 Fcn2 作如下修改：

Fcn1：$(0.132 * u[1] + 0.0436 * \sin(u[3]) * \text{power}(u[2],2) - 1.090 *$
　　　　$\sin(u[3]) * \cos(u[3]))/(0.2772 - 0.1090 * \text{power}(\cos(u[3]),2))$

Fcn：$(0.33 * \cos(u[3]) * u[1] + 0.109 * \sin(u[3]) * \cos(u[3]) * \text{power}(u[2],2)$
　　　　$- 6.93 * \sin(u[3]))/(0.109 * \text{power}(\cos(u[3]),2) - 0.2772)$

其仿真结果如图 3-41 所示。

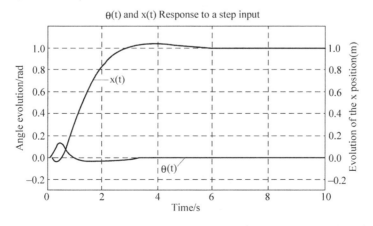

图 3-41　变参数时系统的仿真结果

　　从仿真结果可见,控制系统仍能有效地控制并保持倒摆直立,并使小车移动到指定位置,系统控制是有效的。

　　为了进一步验证控制系统的鲁棒性能,并便于进行比较,我们不妨改变倒立摆的摆杆质量和长度多作几组试验。部分仿真实验的结果见图 3-42 和图 3-43。

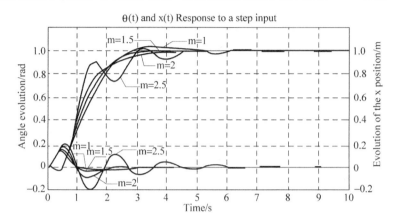

图 3-42　摆杆长度不变而摆杆质量变化时系统仿真结果

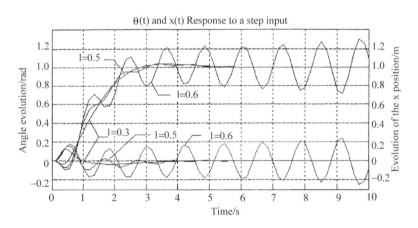

图 3-43　摆杆质量不变而摆杆长度变化时系统的仿真结果

　　可见,所设计的双闭环 PID 控制器在系统参数的一定变化范围内能有效地工作,保持摆杆直立并使小车有效定位,控制系统具有一定的鲁棒性。

5. 结论

　　(1) 本节从理论上证明了所设计的一阶直线倒立摆双闭环 PID 控制方案是可行的。

　　(2) 本节之结果在实际应用时(实物仿真)还有如下问题:

　　① 微分控制规律易受噪声干扰,具体实现时应充分考虑信号的数据处理问题;

② 如采用模拟式旋转电位器进行摆角检测,在实际应用中检测精度不佳;

③ 实际应用中还需考虑初始状态下的起摆过程控制问题。

(3) 一阶直线倒立摆的控制问题是一个非常典型而具有明确物理意义的运动控制系统问题,对其深入的分析与应用研究,有助于提高我们分析问题与解决问题的能力。

3.3　龙门吊车重物防摆的鲁棒 PID 控制方案

1. 引言

一般情况下,我们讨论控制系统设计时,总是假设已经知道了受控对象和控制器的模型,知道了它们的各种定常参数。但是,由于存在种种不确定因素,如:

- 参数变化
- 未建模动力学特性
- 未建模时延
- 平衡点(工作点)的变化
- 传感器噪声
- 不可干预的干扰输入

等等,所以建立的对象模型只能是实际物理系统的“不精确表示”。

鲁棒控制系统设计的目的就是要在模型不精确或者存在其他参数变化因素的条件下,使系统仍能保持预期的性能。如果模型的变化或者不精确性所造成的系统性能的改变是可接受的,这样的系统可称为“鲁棒系统”。

对于吊车系统的重物防摆控制要求,双闭环 PID 防摆控制方案虽具有较好的消摆和定位效果,但针对其绳长和有效载荷常常不确定这一问题,要求所设计的控制系统应具有较强的鲁棒性。下面就给出如何应用鲁棒控制理论来进行吊车系统的防摆控制设计,即给出吊车防摆控制系统双闭环鲁棒 PID 控制方案的完整设计过程。

2. 鲁棒 PID 控制与灵敏度

在不确定情况下设计高精度的控制系统是一个经典的反馈设计问题,早期人们把这个问题看成是灵敏度设计问题。设计者希望得到这样的系统:当不确定参数在一定范围内变动时,这个系统仍能正常工作。如果控制系统是稳健并具有很强适应能力的,我们就称它是鲁棒控制系统。

具体来讲,鲁棒控制系统应该具有如下的特点:

- 灵敏度低;
- 在参数的允许变动范围内能保持稳定;
- 当参数发生较激烈的变化时,能够恢复和保持预期性能。

　　鲁棒可以视为是系统对那些未加考虑的影响因素的灵敏度,这些影响因素主要包括干扰、测量噪声和未建模动态特性等。当系统按照设计去完成任务时,它应该能够克服这些要素的影响。

　　灵敏度是控制系统分析与设计的基本问题之一,是用来表征控制系统性能受参数变化影响程度的量,其称为参数变化灵敏度,简称灵敏度。控制系统性能可用被控制量的响应特性(轨迹)来直接评价,也可用诸如性能指标函数、闭环系统特征值等间接评价。由系统中对象参数变化而引起的上述评价量变化的大小,相应地可用轨迹灵敏度、性能指标灵敏度和特征值灵敏度来表征。

　　当参数只在小范围内摄动时,常用来度量系统鲁棒性的灵敏度有系统灵敏度和根灵敏度。

　　系统灵敏度定义为

$$S_\alpha^T = \frac{\partial T/T}{\partial \alpha/\alpha} \tag{3-1}$$

其中 α 是参数,T 是系统的传递函数。

　　根灵敏度定义为

$$S_\alpha^{r_i} = \frac{\partial r_i}{\partial \alpha/\alpha} \tag{3-2}$$

当 $T(s)$ 的零点与参数 α 无关时,对于 n 阶系统而言,有

$$S_\alpha^T = -\sum_{i=1}^{n} S_\alpha^{r_i} \frac{1}{(s+r_i)}$$

　　经典的 PID 控制器的传递函数为

$$G_c(s) = K_P + K_I s^{-1} + K_D s$$

由于它具有较强的鲁棒性,能够在大范围内适应不同的工作条件,同时有简单易用的优点,因此得到了广泛的应用。为了实现 PID 控制,必须结合给定的受控对象,精心设计控制器的 3 个参数:比例增益、积分增益和微分增益。这 3 个参数选择本质上是"三维空间的搜索问题"。三维搜索空间的不同点对应于 PID 控制器的不同参数。因此,通过选择参数空间的不同点,就可以获得不同的系统响应。

　　通常,可以采用"凑试"的办法来搜索确定 PID 控制器的参数,但随之而来的主要问题是这些参数并不能直接转换成设计者心目中所期望的性能(鲁棒性能)。为此,我们将基于系统根轨迹,采用系统灵敏度来度量控制系统的鲁棒性。下面结合龙门吊车重物防摆这一实际问题,介绍一种"鲁棒 PID 控制器"的设计方法[40]。

3. 系统的简化模型

　　为了便于系统的设计,首先对系统的模型进行简化变换(转换为我们所熟知的传递函数形式)。为了简化设计过程,不计系统的阻尼(即 $D=0$)。下面我们设计图 3-44 所示吊车系统的"鲁棒 PID 控制器"。

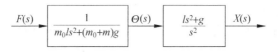

图 3-44　吊车系统模型

由第 2 章中的式(2-48)不难得

$$\begin{cases} \dfrac{X(s)}{\Theta(s)} = G_2(s) = \dfrac{ls^2 + g}{s^2} \\[3mm] \dfrac{\Theta(s)}{F(s)} = G_1(s) = \dfrac{1}{m_0 ls^2 + (m_0 + m)g} \end{cases} \tag{3-3}$$

式(3-3)所描述的系统如图 3-44 所示。

从图 3-44 中不难可以看出,摆角是行走过程中的一个环节,要对摆角和位置进行控制,可采用双闭环控制的思想,分别选取摆角和位置作为内、外环来进行控制器的设计,以实现对摆角与位置的有效控制。

4. 鲁棒 PID 控制系统设计

鲁棒 PID 控制系统设计要完成的基本任务是:确定控制器的结构和参数,以获得最佳系统性能。

针对图 3-44 所示的系统模型,借鉴直流电机调速的双闭环控制思想,取外环为位置环,内环为摆角环。内环设计得有较强的跟随性能,可使吊车在准确定位的同时,摆动也衰减至零,从而达到防摆的目的。

为了提高系统性能,考虑到对象为非线性不稳定系统,以及反馈校正具有如下特点:

- 削弱系统中非线性特性等不希望有的特性的影响;
- 降低系统对参数变化的敏感性;
- 抑制扰动;
- 减小系统的时间常数。

所以,对于系统内、外环拟采用反馈校正控制。

综上所述,设计出控制系统的结构如图 3-45 所示。

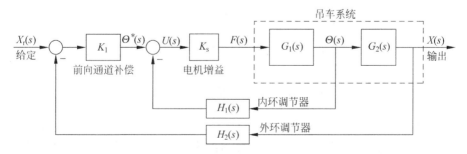

图 3-45　吊车防摆控制系统结构图

(1) 内环(摆角)设计

假设所采用的伺服电机的机电时间常数较小,可将其等效为比例环节。设 $m_0=50\text{kg}$,$K_s=28\text{N/V}$(电机环节),重物质量 m 与绳长 l 在不同的情况下可以变化,它们的标称值分别取 $m=5\text{kg}$,$l=1\text{m}$。所以,内环系统未校正时的传递函数为

$$\frac{\Theta(s)}{U(s)}=\frac{K_s}{m_0 l s^2+(m_0+m)g}=\frac{28}{50s^2+539}=\frac{0.56}{s^2+10.78} \tag{3-4}$$

① 确定控制器的形式

对于内环反馈控制器 $H_1(s)$ 可有 PD,PI,PID 三种可能的结构形式,怎么选取呢? 这里,不妨采用绘制各种控制器结构下"系统根轨迹"的办法加以分析比较,从中选出一种比较适合的控制器结构。

图 3-46 为各种控制器结构下的根轨迹。

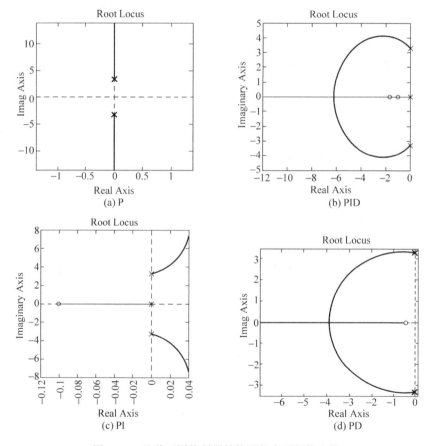

图 3-46　几种不同控制器结构下的内环根轨迹图

从图 3-46 中的根轨迹不难发现,采用 PD 结构的反馈控制器,结构简单且可保证闭环系统的稳定。所以,选定反馈控制器的结构为 PD 形式的控制器。PD 控制器的形式可化为 $H_1(s)=K_c(s+\tau)$,相当于给系统加上一负的零点 $s=-\tau$。

内环加上反馈 PD 控制器:

$$H_1(s) = K_P + K_D s \qquad (3-5)$$

其中,K_P 为比例环节的增益,K_D 为微分环节的增益。

内环的传递函数为

$$\frac{\Theta(s)}{\Theta^*(s)} = \frac{K_s}{m_0 l s^2 + K_s K_D s + K_s K_P + (m_0 + m)g} = K_\theta \frac{\omega_n^2}{s^s + 2\zeta\omega_n s + \omega_n^2} \qquad (3-6)$$

其中,K_θ 为内环增益,$K_\theta = \dfrac{K_s}{K_s K_P + (m_0 + m)g}$;$\omega_n$ 为角频率,$\omega_n^2 = \dfrac{K_s K_P + (m_0 + m)g}{m_0 l}$;

ζ 为阻尼系数,$\zeta = \dfrac{K_s K_D}{2\sqrt{m_0 l}\ \sqrt{K_s K_P + (m_0 + m)g}}$。

② 控制器参数的鲁棒性设计

为了保障系统控制具有较好的鲁棒性,即对于绳长 l 和重物质量 m 的变化不敏感,需对内环控制器的参数进行鲁棒性设计。

由灵敏度公式(3-1)知,当某个参数变化时,系统轨迹(如伯德图、根轨迹、奈奎斯特轨迹等等)变化较小,就说系统对该参数灵敏度较低,即鲁棒性较强。

令 $T = \theta/\theta^*$,$\alpha = l$ 可得系统对摆长 l 的灵敏度为

$$\begin{aligned} S_l^T = \frac{\partial T/T}{\partial l/l} &= -\frac{m_0 l s^2}{m_0 l s^2 + K_s K_D s + K_s K_P + (m_0 + m)g} \\ &= -\frac{s^2}{s^2 + 2\zeta\omega_n s + \omega_n^2} \end{aligned} \qquad (3-7)$$

同理可得系统对重物质量 m 的灵敏度为

$$\begin{aligned} S_m^T = \frac{\partial T/T}{\partial m/m} &= -\frac{mg}{m_0 l s^2 + K_s K_D s + K_s K_P + (m_0 + m)g} \\ &= -\frac{mg/(m_0 l)}{s^2 + 2\zeta\omega_n s + \omega_n^2} \end{aligned} \qquad (3-8)$$

为了使系统对参数变化有较低的灵敏度,一般要求在系统参数变化时系统轨迹变化不超过 5%。下面研究在此条件下,系统固有参数(摆长和重物质量)允许变化的范围。

用公式表示两变量的鲁棒性设计要求,即为

$$\left| S_l^T \right|_{\omega_n} \times \frac{\Delta l}{l} \leqslant 0.05 \qquad (3-9)$$

$$\left| S_m^T \right|_{\omega_n} \times \frac{\Delta m}{m} \leqslant 0.05 \qquad (3-10)$$

由式(3-7)可得

$$\left| S_l^T \right|_{s=j\omega_n} = \frac{1}{2\zeta} \qquad (3-11)$$

为了保持内环系统的快速响应并且无超调,我们取 $\zeta = 1$,则由式(3-9)可得

$$\frac{\Delta l}{l} \leqslant 0.1 \qquad (3-12)$$

即摆长变化范围为 10%，即 0.9m 到 1.1m。

由式(3-8)可得

$$\left. |S_m^T| \right|_{s=\mathrm{j}\omega_n} = \frac{10 \times 9.8/50}{2\omega_n^2} \tag{3-13}$$

为保证内环的跟随性能，使响应时间应尽量短，转折角频率 ω_n 应选得较大；然而当 ω_n 选得过大时，系统稳定性变差。为此，取 $\omega_n = 8\mathrm{rad/s}$，则由式(3-10)可得

$$\frac{\Delta m}{m} \leqslant 3.2 \tag{3-14}$$

即载荷变化范围为 320%，即 1.19kg 到 21kg。

将 $\zeta = 1$ 和 $\omega_n = 8\mathrm{rad/s}$ 带入式(4-8)取整数得

$$K_D = 29, \quad K_P = 95$$

综上可知，当内环控制器取 $K_D = 29, K_P = 95$ 时，内环将具有抑制"摆长变化 10%(即 0.9m 到 1.1m)，载荷变化 320%(即 1.19kg 到 21kg)"的能力。下面将利用仿真实验检验这个结果。

(2) 外环(位置)设计

鉴于内环调节时间相对于外环来说较小，为简化外环系统的设计，可将内环等效成为一个增益为 K_θ 的比例环节，则由前述内容可知，

$$K_\theta = \frac{K_s}{K_s K_P + (m_0 + m)g} = \frac{28}{28 \times 95 + (50 + 5) \times 9.8} = 0.0088$$

由式(4-8)可知，这种近似应满足条件：

$$s^2 + 2\zeta\omega_n s \ll \omega_n^2 \tag{3-15}$$

由内环设计知 $\zeta = 1, \omega_n = 8\mathrm{rad/s}$，$s$ 为外环响应频率范围，可取为外环的剪切角频率 ω_c。为满足式(3-15)，不妨取"5 倍系数"，则有

$$\left(\frac{\omega_c}{8}\right)^2 + 2\frac{\omega_c}{8} \leqslant \frac{1}{5} \tag{3-16}$$

计算得 $\omega_c \leqslant 0.76\mathrm{rad/s}$，即外环剪切角频率不超过 0.76rad/s。

① 外环的简化设计

注意到由摆角到位移的传递函数：$\frac{X(s)}{\Theta(s)} = \frac{ls^2 + g}{s^2}$。该传递函数分子没有一次项，这样的系统容易不稳定。为了便于设计，需对该环节进行简化。

由线性系统的性质，可将该环节分解为两个并联的环节：比例环节 l 和二次积分环节 $\frac{g}{s^2}$。分别对这两个环节进行控制，所得的结果与直接控制原环节时是等价的(如图 3-47 所示)。即可将对图 3-47(b)设计而得到的控制器参数，直接用于图 3-47(a)所示系统中。

对于二次积分环节 $\frac{g}{s^2}$，本身有两个不稳定的零极点，采用 PD 控制器能够将此环节校正到稳定状态。为了消除闭环零点对系统动态性能的影响，将控制器放在

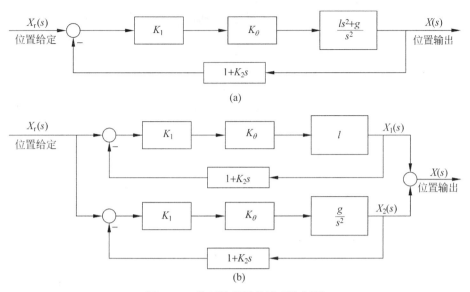

图 3-47　外环控制器设计系统框图

反馈通道。

　　② 外环控制器的鲁棒性设计

　　设所采用的反馈调节器的传递函数为 $H_2(s) = 1 + K_2 s$，为了调节前向通道的增益，起到快速、准确定位的作用，在前向通道内设置一个比例调节器 $G(s) = K_1$。图 3-47(b)中，二次积分环节闭环传递函数为

$$T_2(s) = \frac{X_2(s)}{X_r(s)} = \frac{K_1 K_\theta g}{s^2 + K_1 K_2 K_\theta g s + K_1 K_\theta g} = \frac{\omega_n^2}{s^2 + 2\zeta\omega_n s + \omega_n^2} \quad (3\text{-}17)$$

其中：

$$\omega_n^2 = K_1 K_\theta g \quad (3\text{-}18)$$

$$\zeta = \frac{K_2 \sqrt{K_1 K_\theta g}}{2} \quad (3\text{-}19)$$

比例环节的闭环传递函数为

$$T_1(s) = \frac{X_1(s)}{X_r(s)} = \frac{K_1 K_\theta l}{K_1 K_2 K_\theta l s + (1 + K_1 K_\theta l)} \quad (3\text{-}20)$$

　　由于 $T_1(s)$ 对系统的影响较小，为简化设计，可将 $T_2(s)$ 作为系统传递函数进行设计，而把 $T_1(s)$ 当作系统叠加的扰动进行处理。为保持系统始终稳定，达到较好的鲁棒性，应满足：

$$|T_1(\mathrm{j}\omega)| < |1 + T_2(\mathrm{j}\omega)| \quad (3\text{-}21)$$

对频域内所有角频率 ω 都成立。

　　为了满足剪切角频率和吊车定位无超调的要求，选定 $\zeta = 1$，$\omega_c = 0.5\,\mathrm{rad/s}$，则根据式(3-18)、式(3-19)及经验公式

$$\frac{1}{\zeta\omega_n}\left(3 + \ln\frac{1}{\sqrt{1 - \zeta^2}}\right) \approx (4 \sim 9)\omega_c \quad (3\text{-}22)$$

可解得 $K_1 = 6.5, K_2 = 2.5$，经优化选择，最终选定参数为 $K_1 = 10, K_2 = 2$。所以有

$$T_1(s) = \frac{0.088l}{0.176ls + (1 + 0.088l)}$$

$$T_2(s) = \frac{0.8624}{s^2 + 1.7248s + 0.8624}$$

为了验证外环设计过程中的简化设计条件(3-21)，我们做出在不同摆长时 $|T_1(j\omega)|$ 和 $|1 + T_2(j\omega)|$ 的幅值图如图 3-48 所示。上面为 $|1 + T_2(j\omega)|$ 伯德图的幅值特性，下面的三条曲线分别为 $l = 1.1, 1.0, 0.9\text{m}$ 时 $|T_1(j\omega)|$ 伯德图的幅值特性，这四条曲线在任何频率时都在 $|1 + T_2(j\omega)|$ 的下面，即幅值在任何频率时都小于上者。所以我们的设想成立，整个外环系统可用 $T_2(s)$ 代替。

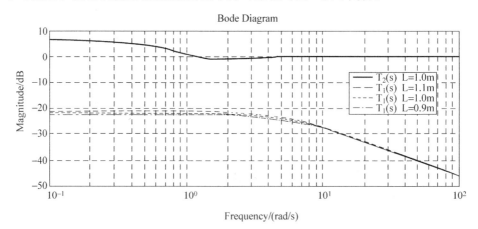

图 3-48　不同摆长时的幅频特性曲线

我们再来检验内环的近似条件式(3-16)，画出外环单位负反馈开环传递函数

$$G(s)H(s) = \frac{280s^2 + 2744}{50s^4 + 1732s^3 + 3199s^2 + 5488s}$$

的伯德图，可得 $\omega_c = 0.54\text{rad/s}$，既满足剪切角频率又满足内环环节简化条件。

综上所述，我们可以得到龙门吊车控制系统的控制框图如图 3-49 所示。

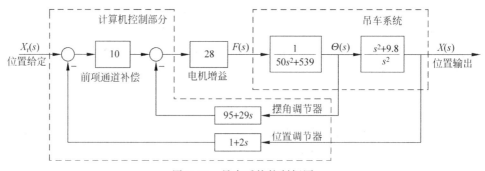

图 3-49　吊车系统控制框图

　　此外,为使电机输出的最大控制力限定在一定的范围内,可在摆角给定和电机电压给定前分别加上饱和限幅环节,以限定电机的最大输出力矩。由于最大输出量得到了限制,可使系统在暂态过程中的超调得以减小,因而稳定性也有所提高。

5. 仿真实验

　　根据上面的设计,可以建立如图 3-50 所示的龙门吊车控制系统的 Simulink 仿真程序,其中的 crane model 系 2.5.2 节中的式(2-45)(绳长固定情况下吊车系统模型)的“封装形式”。其中,系统初始状态为零,小车质量 50kg,小车期望位置为 5m。重物质量和绳长变化时仿真结果分别如图 3-51 和图 3-52 所示。

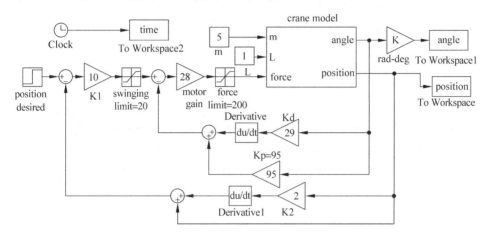

图 3-50　系统仿真结构图

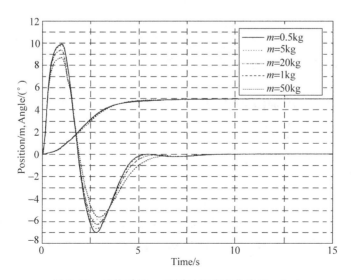

图 3-51　重物质量 m 不同时的响应曲线($L=1$m)

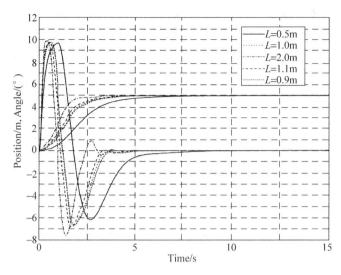

图 3-52　不同绳长 L 时的响应曲线（$m=5\text{kg}$）

由仿真结果可见，摆角和位置在 10s 内都能达到稳定；同时，可以看出重物质量与绳长两个可变参数在"鲁棒设计"的参数变化范围之内时，系统控制的动态性能满足设计要求，即系统灵敏度变化不超过 5%。在仿真实验过程中，也给出了参数变化超出我们设计的参数变化范围的情况，从仿真结果可以看出，控制系统一样可以克服这些参数的大范围扰动，保证系统的控制性能。

6. 结论

综上所述，采用"鲁棒 PID 控制"的双闭环防摆控制方案可以在定位完成的同时，消除行走过程中的摆动，实现防摆控制的目的。

该控制方案的突出优点是系统具有较强的鲁棒性，随着系统参数（绳长、重物）的变化，系统性能变化较小（灵敏度较低）。

3.4　自平衡式两轮电动车直行与转向复合控制系统设计

1. 引言

现代工业化、航空航天以及人们的生活娱乐不断地为控制技术提出新的问题与挑战，控制理论及其应用就是在探究问题与需求中不断向前发展。随着交通工具向着小型、节能、环保、便携等方向发展，人们开始对微小型"电动车"产生了兴趣。

两轮电动车是继摩托车、汽车之后人们研制的一种新型代步工具，它仅靠两

(a) 模型样机

(b) Segway HT(站立驾驶)

(c) PUMA(坐式驾驶)

(d) EN-V(坐式驾驶)

图 3-53　自平衡式两轮电动车系统

个轮子来支撑车体,采用电池提供动力,由电动机驱动,采用微控制器、姿态传感器、控制软件及车体机械装置共同协调控制车体的平衡,靠人体重心(或指令)的改变使车辆完成启动、加速、减速、停止等行驶动作。

　　这个想法刚出现时,人们不禁都要问:这能行吗? 车会不会倒哇? 转弯? ……

　　早在 2000 年,瑞士国家工业电子实验室以 Felix Grasser 为首的一些研究人员就提出了两轮电动车的设计思想并制作了模型样机(如图 3-53(a)所示)。文献[2]给出了系统的结构分析、数学建模以及控制方法,开创性地解决了系统的稳定问题,并考虑到了干扰情况下的鲁棒性问题。但是,其系统采用的是固定闭环极点配置的线性状态反馈控制方法,使得控制效果并不理想,而且没有给出车体在转弯、上下坡等方面问题的深入研究。

　　2001 年 7 月,自平衡式两轮电动车产品——Segway HT(human transporter)首先在美国问世,由迪恩·卡门设计(如图 3-53(b)所示)。Segway HT 的核心技术是"动态稳定控制技术",它的工作原理类同于人身体的平衡控制方式(人类身体由内耳、眼睛、大脑、肌肉等来控制平衡),产品的动态稳定控制应用了电晶体陀螺仪、倾角传感器、软件与硬件电路板(微处理器)、电机来工作。

　　Segway HT 产品的详细情况,可浏览网站 http://humantransporter.com/。

　　为拓展自平衡式两轮电动车的应用领域,适应社会需要,Segway 公司于 2009年初联手美国通用公司推出了一款坐式 Segway 概念车——PUMA(如图 3-53(c)

所示)。它在外形与时速上更贴近普通机动车,并可两人同时乘坐,周身布置的多个避障传感器,增加了它的安全性能,提高了其实用性。

在国内,中国科学技术大学也研制了此类电动车,采用动力学理论对自平衡式两轮电动车进行力学分析,建立了系统的数学模型,采用状态反馈等控制理论实现了其稳定运行[3]。

2010 年,通用汽车在上海首发了以 PUMA 为基础、融合电气化和车联网两大技术的双人座 EN-V 电动联网概念车(Electric Networked-Vehicle)(如图 3-53(d)所示)。该车时速可达 40km/h,充电一次可行驶 40km,重量为 400kg,车身体积 1.5m×1.435m×1.64m,自身携带 3 个 GPS 可实现精确定位。车身通过电机拖动以实现在平台上的前后滑动,从而改变车身重心位置。EN-V 是通用汽车对未来城市个人交通的最新解决方案,可使未来城市交通实现零油耗、零排放、零堵塞和零事故。

综上可见,自平衡式两轮电动车(以下简称"自平衡两轮车")运动控制的主要问题是"直行与转向复合控制问题",本节将基于拉格朗日方程法建立自平衡两轮车的数学模型,对模型进行验证与分析,推导出直行与转向状态下系统的等效动态模型;同时,根据系统左右轮输入转矩的对称耦合特性,设计了自平衡两轮车直行与转向复合控制系统;最后,基于 MATLAB/Simulink 仿真工具,对自平衡两轮车"直行与转向复合控制方案"进行仿真实验验证,以证明该方案的有效性与可行性。

2. 系统建模

为便于对自平衡两轮车的运动控制方案进行仿真实验分析,以及实际产品的开发,需要建立其有效精确的数学模型;同时,在不影响系统性能的情况下,需要对系统中难以处理的部分进行适当的假设,以便于控制系统的分析与设计。

我们假设:车身与驾驶者等效为一根刚性直杆;车身处于平衡直立状态时,质心位于两轮中心正上方;运行时忽略车轮与地面间的滑动摩擦。

在建立自平衡两轮车数学模型中,所涉及物理变量及其所对应的物理意义,如表 3-1 所示。

表 3-1　变量名及其意义

符号	说　明	符号	说　明
θ_t	车身倾角	M_l/M_r	左/右轮电机转矩
θ_l/θ_r	左/右轮转角	R	车轮半径
L	车身质心到轮轴的距离	D	车轮间距
f_l/f_r	左/右轮阻尼力	J_t	车身绕轮轴的转动惯量
φ	车身转角	J_z	车身绕 Z 轴的转动惯量
m_b	车身质量	J_w	车轮绕轮轴的转动惯量
m_w	车轮质量	J_φ	车轮绕 Z 轴的转动惯量

为便于分析与计算,建立自平衡两轮车的车体坐标系 $O(x_b, y_b, z_b)$ 与地坐标系 $O(x_e, y_e, z_e)$[4]。在车体坐标系 $O(x_b, y_b, z_b)$ 中,令 z_b 轴过自平衡两轮车车身质心并垂直于轮系轴线,由原点 O_b 指向质心;x_b 轴为轮系轴线延长线,由原点指向右轮圆心;y_b 轴垂直于 x_b 轴与 z_b 轴,由原点指向自平衡两轮车正前方。在地坐标系 $O(x_e, y_e, z_e)$ 中,z_e 轴指向重力加速度 g 的负方向,x_e 轴指向正东方向,y_e 轴指向正北方向。令自平衡两轮车处于初始状态时,两坐标系原点重合。

当车身前倾角度为 θ_t 时,将 y_b 轴投影到 x_eOy_e 平面上,设为 y_b' 轴,则此时 y_b' 轴与 y_e 轴重合。再令自平衡两轮车绕 z_e 偏转 φ 角度,过 m_b 质心作垂线垂直于 x_eOy_e 面,交 y_b' 轴于 A 点,此时即自平衡两轮车运行的一般状态,其物理模型可以简化为图 3-54 所示。下面,我们将应用拉格朗日方程法对自平衡两轮车系统进行数学建模。

自平衡两轮车系统共有三个自由度:车身绕轮轴 x_b 轴的前倾后仰、车身绕 z_e 轴的转动以及车轮在 x_eOy_e 面内沿 y_b' 轴的前进与后退。而车身的转动是由左右轮的转速差引起的,故选取车身倾角 θ_t、左轮转角 θ_l 与右轮转角 θ_r 作为广义变量。

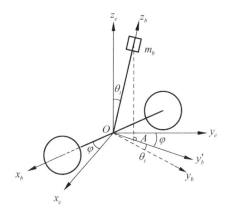

图 3-54　自平衡两轮车简化物理模型

（1）速度与动能计算

为应用拉格朗日方程法进行建模,首先需求解系统的总动能,车体总动能可以分解为车身与车轮的平动动能和转动动能。

对于车身速度,车身的前倾后仰、旋转以及前行后退都会引起车身速度的变化,下面分三种情况来进行速度求解。

车身前倾后仰时,考虑车身前倾情况,其速度可以分解为图 3-55 所示。其中,$v_1 = \dot{\theta}_t L$ 为车身前倾引起的速度大小,则其三个分量的大小可以表示为

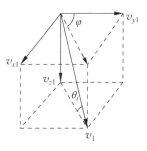

图 3-55　车身前倾速度
分解示意图

$$v_{z1} = -\dot{\theta}_t L \sin\theta_t \qquad (3\text{-}23)$$

$$v_{x1} = \dot{\theta}_t L \cos\theta_t \sin\varphi \qquad (3\text{-}24)$$

$$v_{y1} = \dot{\theta}_t L \cos\theta_t \cos\varphi \qquad (3\text{-}25)$$

车身旋转时,取图 3-54 的俯视图,其速度可以分解为图 3-56 所示。其中,线段 $OA = L\sin\theta_t$,故 $v_2 = \dot{\varphi}L\sin\theta_t$ 为车身旋转引起的速度大小,则此速度的两个分量大小可以表示为

$$v_{x2} = -\dot{\varphi}L\sin\theta_t \cos\varphi \qquad (3\text{-}26)$$

$$v_{y2} = \dot{\varphi}L\sin\theta_t \sin\varphi \qquad (3\text{-}27)$$

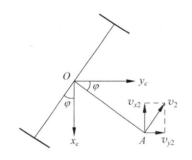 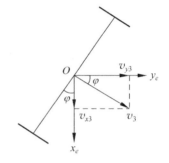

图 3-56　车身旋转速度分解示意图　　　图 3-57　车身前进速度分解示意图

车身前行后退时,考虑其前行情况,取图 3-54 的俯视图,其速度可以分解为图 3-57 所示。其中 $v_3 = (v_l + v_r)/2$ 为车身前进引起的速度大小,则其两个分量可以表示为

$$v_{x3} = \frac{1}{2}(v_l + v_r)\sin\varphi \qquad (3\text{-}28)$$

$$v_{y3} = \frac{1}{2}(v_l + v_r)\cos\varphi \qquad (3\text{-}29)$$

其中

$$\begin{cases} v_l = \dot{\theta}_l R \\ v_r = \dot{\theta}_r R \end{cases} \qquad (3\text{-}30)$$

注意:车身绕 Z 轴的转动惯量 J_z 是个不定值,它随摆角 θ 变化。由于要控制车身的平衡,即 $\theta \approx \theta_r$(θ_r 为角度给定值,随路面情况变化),因而 $J_z(\theta)$ 变化范围很小,近似看作常值,即 $J_z(\theta) \approx J_z(\theta_r) \approx J_z$。

因此,车身平动速度为

$$\begin{cases} v_x = v_{x1} + v_{x2} + v_{x3} \\ v_y = v_{y1} + v_{y2} + v_{y3} \\ v_z = v_{z1} \end{cases} \qquad (3\text{-}31)$$

车身平动动能为

$$T_1 = \frac{1}{2} m_b (v_x^2 + v_y^2 + v_z^2)$$ (3-32)

车身转动动能为

$$T_2 = \frac{1}{2} J_t \dot{\theta}_t^2 + \frac{1}{2} J_z \dot{\varphi}^2$$ (3-33)

车轮平动动能为

$$T_3 = \frac{1}{2} m_w (v_l^2 + v_r^2)$$ (3-34)

车轮转动动能为

$$T_4 = \frac{1}{2} J_w (\dot{\theta}_l^2 + \dot{\theta}_r^2) + 2 \times \frac{1}{2} J_\varphi \dot{\varphi}^2$$ (3-35)

其中 $J_w = \frac{1}{2} m_w R^2$，$J_\varphi = m_w \left(\frac{D}{2}\right)^2$。

在自平衡两轮车数学模型中，为减少变量数量，需利用已有的几何关系，对模型进行简化处理，进而消去中间变量。这里，车身转向角 φ 可通过两个车轮的转角经过变换得到，取自平衡两轮车俯视图如图 3-58 所示，将车身的转向的轨迹 $\overset{\frown}{MP}$ 近似分解为车身绕右轮旋转的轨迹 $\overset{\frown}{MN}$ 与车身直线运动的轨迹 NP，即存在如下近似的几何关系

$$\overset{\frown}{MP} \approx \overset{\frown}{MN} + NP$$ (3-36)

代入各变量，可以认为

$$\theta_l R = \varphi D + \theta_r R$$ (3-37)

整理可得

$$\varphi = \frac{(\theta_l - \theta_r)R}{D}$$ (3-38)

故系统总动能为

$$T = T_1 + T_2 + T_3 + T_4$$

$$= \frac{1}{2} m_b \left[\dot{\theta}_t^2 L^2 + \frac{(\dot{\theta}_l - \dot{\theta}_r)^2 L^2 R^2 \sin^2 \theta_t}{D^2} + \frac{(\dot{\theta}_l + \dot{\theta}_r)^2 R^2}{4} + \dot{\theta}_t (\dot{\theta}_l + \dot{\theta}_r) LR \cos\theta_t \right]$$

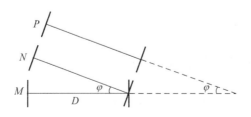

图 3-58　转弯轨迹分解示意图

$$+\frac{1}{2}J_t\dot\theta_t^2+\frac{J_zR^2\ (\dot\theta_l-\dot\theta_r)^2}{2D^2}+\frac{3}{4}m_wR^2(\dot\theta_l^2+\dot\theta_r^2)+\frac{1}{4}m_wR^2\ (\dot\theta_l-\dot\theta_r)^2$$

$$(3\text{-}39)$$

(2) 应用拉格朗日方程建模

对自平衡两轮车进行受力分析,可得系统在三个广义坐标方向上的广义力分别为

$$Q_{\theta_t}=m_bgL\sin\theta_t-M_l-M_r \tag{3-40}$$

$$Q_{\theta_l}=M_l-f_lR \tag{3-41}$$

$$Q_{\theta_r}=M_r-f_rR \tag{3-42}$$

考虑左右轮受到的粘滞阻尼力,定义 $f_l=k_l\dot\theta_l$,$f_r=k_r\dot\theta_r$,其中,k_l 与 k_r 为粘滞阻尼系数。

注意:根据自平衡式两轮电动车的驾驶工艺,车身倾角 θ_t 越大,两轮转速 $\dot\theta_i$ 也越快,反之亦然,可以近似认为 $\theta_t\propto\dot\theta_i$。当两轮车恒速运行时,两轮车车体满足转矩关系 $(f_l+f_r)R=m_bgL\sin\theta_t\approx m_bgL\theta_t$,因此有 $f_i\propto\dot\theta_i$,即 $f_l=k_l\dot\theta_l$,$f_r=k_r\dot\theta_r$,粘滞阻尼系数 k_l 与 k_r 随路面状况不同而改变。

通过以上计算,求得了系统的总动能与广义力,将式(3-39)、(3-40)、(3-41)以及(3-42)带入拉格朗日方程即可得到系统的精确数学模型,故系统在 θ_t 方向上有

$$(m_bL^2+J_t)\ddot\theta_t+\frac{1}{2}m_b\cos\theta_t LR(\ddot\theta_l+\ddot\theta_r)-\frac{m_bL^2R^2\sin\theta_t\cos\theta_t\ (\dot\theta_l-\dot\theta_r)^2}{D^2}$$

$$=m_bgL\sin\theta_t-M_l-M_r \tag{3-43}$$

在 θ_l 方向上有

$$\frac{1}{2}m_bRL\ddot\theta_t\cos\theta_t+\left[\frac{m_bR^2L^2\sin^2\theta_t}{D^2}+\frac{1}{4}m_bR^2+\frac{J_zR^2}{D^2}+2m_wR^2\right]\ddot\theta_l$$

$$+\left(-\frac{m_bR^2L^2\sin^2\theta_t}{D^2}+\frac{1}{4}m_bR^2-\frac{J_zR^2}{D^2}-\frac{1}{2}m_wR^2\right)\ddot\theta_r-\frac{1}{2}m_bRL\dot\theta_t^2\sin\theta_t$$

$$+\frac{2m_bR^2L^2\dot\theta_t\ (\dot\theta_l-\dot\theta_r)\sin\theta_t\cos\theta_t}{D^2}=M_l-k_l\dot\theta_lR \tag{3-44}$$

在 θ_r 方向上有

$$\frac{1}{2}m_bRL\ddot\theta_t\cos\theta_t+\left[\frac{m_bR^2L^2\sin^2\theta_t}{D^2}+\frac{1}{4}m_bR^2+\frac{J_zR^2}{D^2}+2m_wR^2\right]\ddot\theta_r$$

$$+\left(-\frac{m_bR^2L^2\sin^2\theta_t}{D^2}+\frac{1}{4}m_bR^2-\frac{J_zR^2}{D^2}-\frac{1}{2}m_wR^2\right)\ddot\theta_l-\frac{1}{2}m_bRL\dot\theta_t^2\sin\theta_t$$

$$-\frac{2m_bR^2L^2\dot\theta_t\ (\dot\theta_l-\dot\theta_r)\sin\theta_t\cos\theta_t}{D^2}=M_r-k_r\dot\theta_rR \tag{3-45}$$

式(3-43)、(3-44)和(3-45)即为自平衡两轮车系统的精确数学模型。

（3）模型线性化

为了便于应用已有理论对系统进行设计，通常要对复杂的系统模型进行简化。在这里，需要对上述精确数学模型进行线性化处理。考虑到自平衡两轮车在实际运行过程中，$|\theta_t| \leqslant 10°$，故 $\sin\theta_t \approx \theta_t, \cos\theta_t \approx 1$，同时忽略一些高次项，如 $\sin^2\theta_t \approx 0, \dot{\theta}_t^2 \approx 0, \dot{\theta}_t \sin\theta_t \approx 0, (\dot{\theta}_l - \dot{\theta}_r)^2 \sin\theta_t \approx 0$。此外，系统受到的阻尼力与电机提供的转矩相比也可以忽略不计，则将精确模型线性化后的模型变为

$$(m_b L^2 + J_t)\ddot{\theta}_t + \frac{1}{2}m_b LR(\ddot{\theta}_l + \ddot{\theta}_r) = m_b gL\theta_t - M_l - M_r \quad (3\text{-}46)$$

$$\frac{1}{2}m_b RL\ddot{\theta}_t + \left(\frac{1}{4}m_b R^2 + \frac{J_z R^2}{D^2} + 2m_w R^2\right)\ddot{\theta}_l$$

$$+ \left(\frac{1}{4}m_b R^2 - \frac{J_z R^2}{D^2} - \frac{1}{2}m_w R^2\right)\ddot{\theta}_r = M_l \quad (3\text{-}47)$$

$$\frac{1}{2}m_b RL\ddot{\theta}_t + \left(\frac{1}{4}m_b R^2 + \frac{J_z R^2}{D^2} + 2m_w R^2\right)\ddot{\theta}_r$$

$$+ \left(\frac{1}{4}m_b R^2 - \frac{J_z R^2}{D^2} - \frac{1}{2}m_w R^2\right)\ddot{\theta}_l = M_r \quad (3\text{-}48)$$

（4）模型验证

建立了自平衡两轮车的数学模型后，需要对其进行仿真验证，判断其是否符合实际，选取实际物理参数值如表 3-2 所示。

表 3-2　数学模型参数取值

参数	取值	参数	取值
m_b	70kg	R	0.2m
m_w	6kg	D	0.5m
L	0.7m	J_t	36.62kg $\cdot$ m^2
J_z	1.3kg $\cdot$ m^2	k_l	9.5N $\cdot$ s/rad
g	9.8kg $\cdot$ m/s^2	k_r	9.5N $\cdot$ s/rad

这里采用"必要条件法"来检验模型。所谓"必要条件法"，是指所进行的模型验证实验结果是依据经验可以预知的，其正确的结果是"正确的模型"所应具备的"必要性质"。根据实际情况，将上述参数带入数学模型的精确数学模型可得

$$(5.488 \sin^2\theta_t + 1.388)\ddot{\theta}_l + (0.372 - 5.488 \sin^2\theta_t)\ddot{\theta}_r$$

$$+ 4.9(\ddot{\theta}_t \cos\theta_t - \dot{\theta}_t^2 \sin\theta_t) + 10.976\dot{\theta}_t(\dot{\theta}_l - \dot{\theta}_r)\sin\theta_t \cos\theta_t = M_l - 1.9\dot{\theta}_l \quad (3\text{-}49)$$

$$(5.488 \sin^2\theta_t + 1.388)\ddot{\theta}_r + (0.372 - 5.488 \sin^2\theta_t)\ddot{\theta}_l$$

$$+ 4.9(\ddot{\theta}_t \cos\theta_t - \dot{\theta}_t^2 \sin\theta_t) - 10.976\dot{\theta}_t(\dot{\theta}_l - \dot{\theta}_r)\sin\theta_t \cos\theta_t = M_r - 1.9\dot{\theta}_r \quad (3\text{-}50)$$

$$70.92\ddot{\theta}_t + 4.9\cos\theta_t(\ddot{\theta}_l + \ddot{\theta}_r) - 5.488(\dot{\theta}_l - \dot{\theta}_r)^2 \sin\theta_t \cos\theta_t$$

$$= 480.2\sin\theta_t - M_l - M_r \quad (3\text{-}51)$$

为验证所建立的数学模型是否正确,在 MATLAB/Simulink 环境下进行仿真以确定是否符合实际。在 Simulink 中搭建的模型如图 3-59 所示。

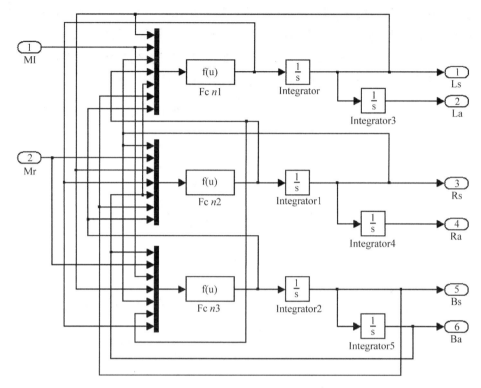

图 3-59 　自平衡两轮车数学模型仿真结构图

系统模型封装如图 3-60 所示。其中两个输入量 M_l、M_r 分别代表左右轮电机的输入转矩。Fcn1、Fcn2 和 Fcn3 中的函数为由式(3-49)、式(3-50)和式(3-51)经过整理得出的 $\ddot{\theta}_t$、$\ddot{\theta}_l$、$\ddot{\theta}_r$ 的表达式。

Fcn1:

$(-((-5.488 * \sin(u(5)) * \sin(u(5)) + 0.372) * u(4) + 10.976 * (u(1) - u(3)) * u(6) * \sin(u(5)) * \cos(u(5)) + 4.9 * (u(7) * \cos(u(5)) - u(6) * u(6) * \sin(u(5)))) + u(2) - 1.9 * u(1)) / (5.488 * \sin(u(5)) * \sin(u(5)) + 1.388)$

Fcn2:

$(-((-5.488 * \sin(u(5)) * \sin(u(5)) + 0.372) * u(4) + 10.976 * (u(1) - u(3)) * u(6) * \sin(u(5)) * \cos(u(5)) + 4.9 * (u(7) * \cos(u(5)) - u(6) * u(6) * \sin(u(5)))) + u(2) - 1.9 * u(1)) / (5.488 * \sin(u(5)) * \sin(u(5)) + 1.388)$

Fcn3:

$(4.9 * \cos(u(1)) * (u(7) + u(6)) - 5.488 * (u(4) - u(5)) * (u(4) - u(5)) * \sin(u(1)) * \cos(u(1)) - 480.2 * \sin(u(1)) + u(2) + u(3)) / (-70.92)$

　　六个输出量中，Bs 代表车身倾斜角速度，Ba 代表车身倾角，Ls 与 Rs 分别代表左右轮转动角速度，La 与 Ra 分别代表左右轮转角，以上各量单位为弧度制。

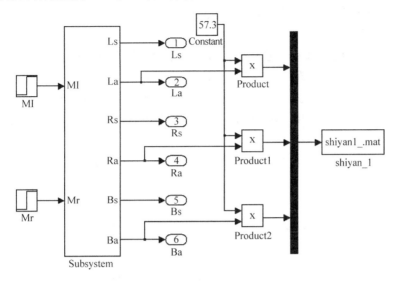

图 3-60　自平衡两轮车数学模型封装图

　　下面利用两组仿真实验来对模型进行验证。

　　实验一，通过修改仿真模型中积分器的初始值，给定自平衡两轮车的车身初始倾角为 10°，即 $\theta_t = 0.35\mathrm{rad}$，取输入转矩 $M_l = M_r = 0\mathrm{N} \cdot \mathrm{m}$。考虑实际情况中，在不受两轮电机控制的情况下，车身会朝向初始倾角方向倾倒，车轮朝反方向滚动，最终趋于静止。仿真实验结果如图 3-61 所示。

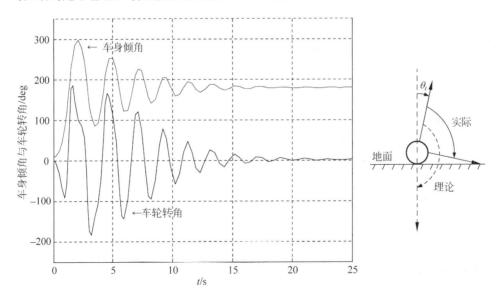

图 3-61　模型验证实验一仿真结果与实际情况

从实验一仿真结果可以看出,车身倾角经过 20s 左右最终平衡在 180°附近,即车身竖直向下。这是由于在仿真中没有对车身倾斜角度的约束,即没有实际情况中地面的阻挡,使得车身可以指向正下方,即偏转了 180°。因此,实验一中,仿真结果与实际情况相符。

实验二,在初始时刻给定自平衡两轮车左轮电机 15N·m 初始转矩,右轮电机 10N·m 初始转矩,车身保持直立,即 $\theta_t = 0°$,$M_l = 15N·m$,$M_r = 10N·m$。考虑实际情况中,车身会朝车轮运行方向的反方向倾倒,在两轮电机的驱动作用下,车轮持续向前滚动,其中,左轮转角会大于右轮转角,车体实际上进行左转弯运行。实验二仿真结果如图 3-62 所示。

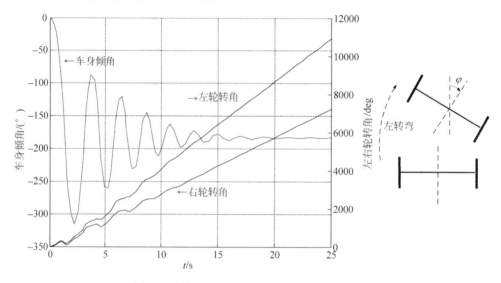

图 3-62   模型验证实验二仿真结果与实际情况

从实验二仿真结果可以看出,车身倾角朝车轮运动方向的反方向倾倒,约 20s 后最终平衡于 −180°,即方向竖直向下。而在两轮电机的驱动作用下,左轮转角大于右轮转角。因此,实验二中,仿真结果与实际情况相符。

综合以上两个仿真实验,仿真结果与“实际经验”相一致;因此,可以认为仿真实验在一定程度上验证了前文所建立模型的正确性。

（5）直行与转向运行系统等效动态结构图

为便于进行直行与转向复合控制系统的设计,基于建模给出如下直行与转向两种情况的系统等效动态结构图。

当自平衡两轮车直行时,其左右两个车轮可等效为一个车轮的运动,此时,令 $\theta_l = \theta_r = \theta_w$,$\ddot{\theta}_l = \ddot{\theta}_r = \ddot{\theta}_w$,$M_l = M_r = M_w$,代入线性化模型式(3-46)、(3-47)与(3-48)中,整理可得

$$\begin{cases} (m_bL^2+J_t)\ddot{\theta}_t+m_bRL\ddot{\theta}_w=-2M_w+m_bgL\theta_t \\ \dfrac{1}{2}m_bRL\ddot{\theta}_t+\left(\dfrac{1}{2}m_bR^2+\dfrac{3}{2}m_wR^2\right)\ddot{\theta}_w=M_w \end{cases} \tag{3-52}$$

将上述模型验证所取实际参数带入式(3-52)可得

$$\begin{cases} 70.92\ddot{\theta}_t+9.8\ddot{\theta}_w=-2M_w+480.2\theta_t \\ 4.9\ddot{\theta}_t+1.76\ddot{\theta}_w=M_w \end{cases} \tag{3-53}$$

对式(3-53)进行拉普拉斯变换可得

$$\begin{cases} (70.92s^2-480.2)\theta_t(s)+9.8s^2\theta_w(s)=-2M_w(s) \\ 4.9s^2\theta_t(s)+1.76s^2\theta_w(s)=M_w(s) \end{cases} \tag{3-54}$$

故系统传递函数模型为

$$\begin{cases} G_1(s)=\dfrac{\theta_t(s)}{M_w(s)}=\dfrac{-0.17}{s^2-10.99} \\ G_2(s)=\dfrac{\theta_w(s)}{\theta_t(s)}=\dfrac{-6.13s^2+36.73}{s^2} \end{cases} \tag{3-55}$$

系统等效动态结构图如图 3-63 所示。

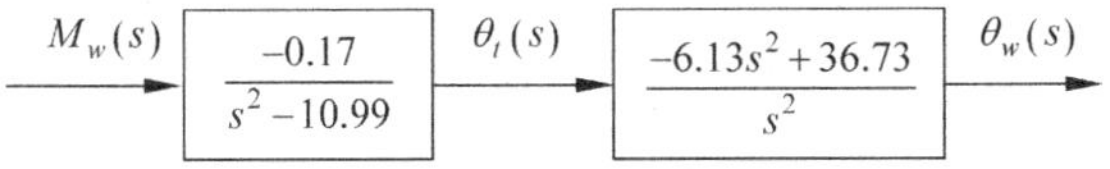

图 3-63　直行系统等效模型

将图 3-63 与本书 3.2 节中图 3-22 所介绍的一阶直线倒立摆模型相比,可看出它们具有相同的结构。因此,自平衡两轮车直行控制策略可参考一阶直线倒立摆的控制策略。

当两轮以轮轴中心为圆心原地旋转时,此时两轮轨迹为圆形,并认为车身处于相对静止状态,为方便分析,令 $\theta_t=0°$。此时,$\theta_l=-\theta_r$,$\ddot{\theta}_l=-\ddot{\theta}_r$,$M_l=-M_r$,代入线性化模型式(3-46)、式(3-47)与式(3-48)中,整理可得

$$\left(\dfrac{2J_zR^2}{D^2}+4m_wR^2\right)\ddot{\theta}_l=M_l \tag{3-56}$$

带入实际参数,进行拉普拉斯变换得到系统传递函数模型为

$$G_l(s)=\dfrac{\theta_l(s)}{M_l(s)}=\dfrac{1}{1.376s^2} \tag{3-57}$$

$$G_r(s)=\dfrac{\theta_r(s)}{M_r(s)}=\dfrac{1}{1.376s^2} \tag{3-58}$$

因此,转向运行时的系统等效模型如图 3-64 所示。

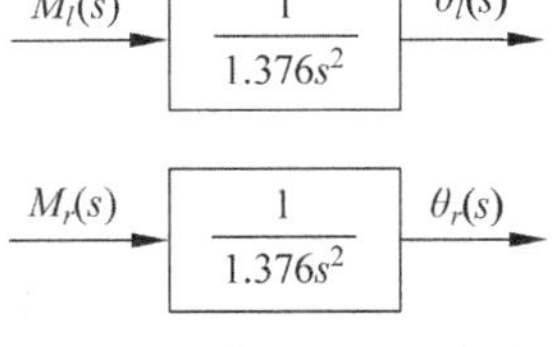

图 3-64　转向运行系统等效模型

3. 自平衡两轮车运动控制系统的控制器设计

(1) 自平衡两轮车系统能控性与能观性分析

自平衡两轮车是一个自不稳定系统,要实现对其有效的控制,应首先验证其"能控性与能观性";因此,我们先要对系统的能观性/能控性进行分析。

自平衡两轮车的数学模型经过线性化,带入实际参数可得

$$\begin{cases} 70.92\ddot{\theta}_t + 4.9\ddot{\theta}_l + 4.9\ddot{\theta}_r = -M_l - M_r + 480.2\theta_t \\ 4.9\ddot{\theta}_t + 1.388\ddot{\theta}_l + 0.372\ddot{\theta}_r = M_l \\ 4.9\ddot{\theta}_t + 0.372\ddot{\theta}_l + 1.388\ddot{\theta}_r = M_r \end{cases} \tag{3-59}$$

为了方便将上式表示成状态方程,选取 θ_t、$\dot{\theta}_t$、$\dot{\theta}_l$ 和 $\dot{\theta}_r$ 作为状态变量,将式(3-59)表示成矩阵形式为

$$\begin{bmatrix} 1 & 0 & 0 & 0 \\ 0 & 70.92 & 4.9 & 4.9 \\ 0 & 4.9 & 1.388 & 0.372 \\ 0 & 4.9 & 0.372 & 1.388 \end{bmatrix} \begin{bmatrix} \dot{\theta}_t \\ \ddot{\theta}_t \\ \ddot{\theta}_l \\ \ddot{\theta}_r \end{bmatrix} = \begin{bmatrix} 0 & 1 & 0 & 0 \\ 480.2 & 0 & 0 & 0 \\ 0 & 0 & 0 & 0 \\ 0 & 0 & 0 & 0 \end{bmatrix} \begin{bmatrix} \theta_t \\ \dot{\theta}_t \\ \dot{\theta}_l \\ \dot{\theta}_r \end{bmatrix} + \begin{bmatrix} 0 & 0 \\ -1 & -1 \\ 1 & 0 \\ 0 & 1 \end{bmatrix} \begin{bmatrix} M_l \\ M_r \end{bmatrix}$$

$$\tag{3-60}$$

化成标准状态方程形式为

$$\begin{bmatrix} \dot{\theta}_t \\ \ddot{\theta}_t \\ \ddot{\theta}_l \\ \ddot{\theta}_r \end{bmatrix} = \begin{bmatrix} 0 & 1 & 0 & 0 \\ 11.005 & 0 & 0 & 0 \\ -30.638 & 0 & 0 & 0 \\ -30.638 & 0 & 0 & 0 \end{bmatrix} \begin{bmatrix} \theta_t \\ \dot{\theta}_t \\ \dot{\theta}_l \\ \dot{\theta}_r \end{bmatrix} + \begin{bmatrix} 0 & 0 \\ -0.087 & -0.087 \\ 1.018 & 0.033 \\ 0.033 & 1.018 \end{bmatrix} \begin{bmatrix} M_l \\ M_r \end{bmatrix} \tag{3-61}$$

因此,令 $x = \begin{bmatrix} \theta_t \\ \dot{\theta}_t \\ \dot{\theta}_l \\ \dot{\theta}_r \end{bmatrix}$,$y = \begin{bmatrix} \dot{\theta}_l \\ \dot{\theta}_r \end{bmatrix}$,$u = \begin{bmatrix} M_l \\ M_r \end{bmatrix}$,故由上式可得到三个矩阵分别为 $A =$

$$\begin{bmatrix} 0 & 1 & 0 & 0 \\ 11.005 & 0 & 0 & 0 \\ -30.638 & 0 & 0 & 0 \\ -30.638 & 0 & 0 & 0 \end{bmatrix}, \quad B = \begin{bmatrix} 0 & 0 \\ -0.087 & -0.087 \\ 1.018 & 0.033 \\ 0.033 & 1.018 \end{bmatrix}, \quad C = \begin{bmatrix} 0 & 0 & 1 & 0 \\ 0 & 0 & 0 & 1 \end{bmatrix}$$

即可将式(3-39)表示成 $\begin{cases} \dot{x} = Ax + Bu \\ y = Cx \end{cases}$ 的标准方程形式。

　　能控性定理告诉我们：如果一个系统是能控的，就可以对这个系统进行控制器设计，以实现有效地控制。

　　系统的能控矩阵可表示为

$$M - \begin{bmatrix} B & AB & \cdots & A^{n-1}B \end{bmatrix} \tag{3-62}$$

根据 MATLAB 语言中 ctrb 函数的计算，可得到上述自平衡两轮车系统的能控矩阵为

$$M = \begin{bmatrix} 0 & 0 & -0.087 & -0.087 & 0 & 0 & -0.9574 & -0.9574 \\ -0.087 & -0.087 & 0 & 0 & -0.9574 & -0.9574 & 0 & 0 \\ 1.018 & 0.033 & 0 & 0 & 2.6159 & 2.6159 & 0 & 0 \\ 0.033 & 1.018 & 0 & 0 & 2.6159 & 2.6159 & 0 & 0 \end{bmatrix} \tag{3-63}$$

通过计算得到 $\mathrm{rank}(M) = n = 4$，依据能控性定理知：自平衡两轮车系统是可控的，车身倾角和车轮转速均可通过设计适当的控制器加以控制。

　　能观性定理告诉我们：如果一个系统是能观的，就可以对这个系统进行状态观测器设计，以实现对状态变量的有效测量（直接或间接的）。

　　系统的能观矩阵可表示为

$$N = \begin{bmatrix} C \\ CA \\ \vdots \\ CA^{n-1} \end{bmatrix} \tag{3-64}$$

根据 MATLAB 中 obsv 函数的计算，可以得到上述自平衡两轮车系统的能观矩阵为

$$N = \begin{bmatrix} 0 & 0 & 1 & 0 \\ 0 & 0 & 0 & 1 \\ -30.638 & 0 & 0 & 0 \\ -30.638 & 0 & 0 & 0 \\ 0 & -30.638 & 0 & 0 \\ 0 & -30.638 & 0 & 0 \\ -337.1712 & 0 & 0 & 0 \\ -337.1712 & 0 & 0 & 0 \end{bmatrix} \tag{3-65}$$

通过计算得到 $\mathrm{rank}(N) = n = 4$，说明自平衡两轮车系统是可观测的；即，系统中如有无法直接测量的状态变量，可以通过设计适合的状态观测器来进行"软测量"。

　　（2）直行状态下系统的双闭环 PID 控制器设计

　　由前推导，我们已经得到了自平衡两轮车系统直行时的等效动态结构图如图 3-63 所示。由于车轮角速度与车轮转角存在 $\omega(s) = s\theta_w(s)$ 的关系，则可将动态结构图表示成如图 3-65 所示。从图 3-65 中可以看出，系统传递函数中含有不稳定的零极点，即系统是自不稳定的"非最小相位系统"。

　　对于自平衡两轮车的直行运动，控制系统的控制目标有二：车身倾角（直立不

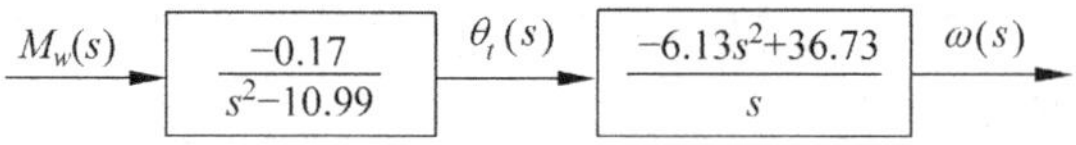

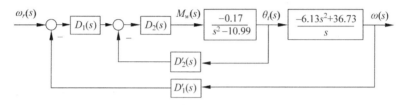

图 3-65   直行系统动态结构图

倒),车轮速度(快慢可调),而前者又是后者的基础;因此,自平衡两轮车直行运动控制采用"双闭环控制方案",将倾角环设计为内环,速度环设计为外环。综上,自平衡两轮车直行运动时的双闭环控制系统动态结构图如图 3-66 所示。

图 3-66   自平衡两轮车直行运动时的双闭环控制系统动态结构图

鉴于自平衡两轮车在直行时的模型与一阶直线倒立摆系统的线性化模型在结构形式上是一致的,基于"类比原理",我们采用本书 3.2 节中的"一阶直线倒立摆双闭环 PID 控制方案"设计方法,设计自平衡两轮车直行时的双闭环 PID 控制器参数。其中,倾角环控制器参数为:

$$D_2(s) = -423.66 \tag{3-66}$$

$$D_2'(s) = 1.15 + 0.17s \tag{3-67}$$

为使转速环取得最佳抗扰性能,我们令 $D_1(s)$ 为 PI 控制器,使系统为典型 Ⅱ 型系统,可有外环控制器设计参数如下:

$$D_1(s) = 0.019 + \frac{0.0075}{s} \tag{3-68}$$

$$D_1'(s) = 1 \tag{3-69}$$

根据以上设计所得参数,对自平衡两轮车直行双闭环 PID 控制策略的有效性在 MATLAB/Simulink 下进行仿真实验验证。搭建系统仿真模型如图 3-67 所示。

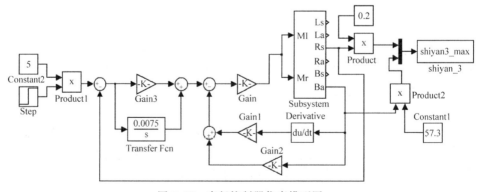

图 3-67   直行控制器仿真模型图

编写绘图子程序如下：

```
clf
load shiyan3_.mat
t = signals(1,:);
Ls = signals(2,:);
Rs = signals(3,:);
Ba = signals(4,:);
Lst = line(t,Ls(:));
Rst = line(t,Rs(:));
grid on;
xlabel('t/s');
ylabel('车轮转速/(m/s)');
axis([0 30 -2 2]);
axet = axes('Position',get(gca,'Position'),'XAxisLocation','bottom','YAxisLocation',
'right','Color','None','XColor','k','YColor','k');
Bat = line(t,Ba(:),'color','k','parent',axet);
ylabel('车身倾角/deg');
axis([0 30 0 8]);
gtext('\leftarrow 车身倾角'),gtext('\leftarrow 车轮转速')
```

设车身初始倾角为 0°,在初始时刻给定车轮转速为 1m/s。仿真结果如图 3-68 所示。

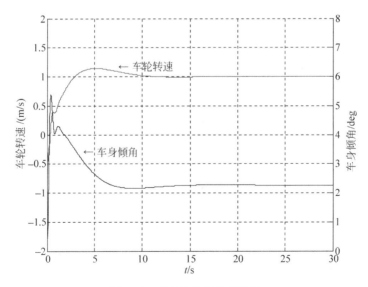

图 3-68　直行控制器仿真结果

从仿真图形可以看出,车轮转速经过小幅度超调,在 10s 左右稳定在给定的 1m/s,此时自平衡两轮车做匀速直线运动,车身为了保持平衡,倾角经小幅负调,最终稳定在 2.2°左右,这与实际相符。

综上可见,仿真实验验证了自平衡两轮车直行时双闭环 PID 控制策略的有效性。

(3) 直行与转向复合控制系统设计

前文已经推导出自平衡两轮车线性化后的数学模型式(3-46)、式(3-47)与式(3-48),为便于下面的分析,现令

$$a = m_b L^2 + J_t \tag{3-70}$$

$$b = \frac{1}{2} m_b LR \tag{3-71}$$

$$c = \frac{1}{4} m_b R^2 + \frac{J_z R^2}{D^2} + 2 m_w R^2 \tag{3-72}$$

$$d = \frac{1}{4} m_b R^2 - \frac{J_z R^2}{D^2} - \frac{1}{2} m_w R^2 \tag{3-73}$$

$$e = m_b g L \tag{3-74}$$

则以上三式变为

$$a\ddot{\theta}_t + b\ddot{\theta}_l + b\ddot{\theta}_r = e\theta_t - M_l - M_r \tag{3-75}$$

$$b\ddot{\theta}_t + c\ddot{\theta}_l + d\ddot{\theta}_r = M_l \tag{3-76}$$

$$b\ddot{\theta}_t + d\ddot{\theta}_l + c\ddot{\theta}_r = M_r \tag{3-77}$$

联立消去 $\ddot{\theta}_l$ 与 $\ddot{\theta}_r$ 可得

$$\left[a(c+d) - 2b^2 \right] \ddot{\theta}_t = e(c+d)\theta_t - (b+c+d)(M_l + M_r) \tag{3-78}$$

进行拉普拉斯变换可得

$$\theta_t(s) = \frac{-(b+c+d)}{\left[a(c+d) - 2b^2 \right] s^2 - e(c+d)} (M_l(s) + M_r(s)) \tag{3-79}$$

此外,对式(3-76)与式(3-77)联立,整理可得

$$\ddot{\theta}_l = \frac{1}{c^2 - d^2} (cM_l - dM_r) - \frac{b}{c+d} \ddot{\theta}_t \tag{3-80}$$

$$\ddot{\theta}_r = \frac{1}{c^2 - d^2} (cM_r - dM_l) - \frac{b}{c+d} \ddot{\theta}_t \tag{3-81}$$

进行拉普拉斯变换,并带入 $\omega_l(s) = s\theta_l(s)$,$\omega_r(s) = s\theta_r(s)$ 得到

$$\omega_l(s) = \frac{1}{(c^2 - d^2)s} (cM_l(s) - dM_r(s)) - \frac{bs}{c+d} \theta_t(s) \tag{3-82}$$

$$\omega_r(s) = \frac{1}{(c^2 - d^2)s} (cM_r(s) - dM_l(s)) - \frac{bs}{c+d} \theta_t(s) \tag{3-83}$$

由式(3-79)、式(3-82)与式(3-83)可以得到自平衡两轮车系统动态结构图,如图 3-69 所示。其中,$G(s) = \dfrac{-(b+c+d)}{\left[a(c+d) - 2b^2 \right] s^2 - e(c+d)}$。

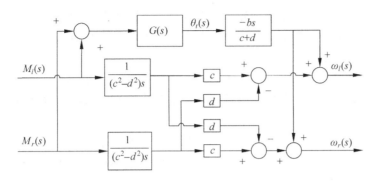

图 3-69　自平衡两轮车系统动态结构图

　　由图 3-69 可以看出,系统两驱动轮(输出转矩)之间存在着"耦合关系"(相互影响),当左/右轮输出(控制设定)大小相等方向相同的转矩时,自平衡两轮车沿直线行驶;当左/右轮输出(控制设定)大小相等方向相反的转矩时,自平衡两轮车原地转向运行。可以推断:自平衡两轮车在平面内的任何运动形式均可以由直线运行(两轮输出转矩相等)与原地转向运行(两轮输出转矩相反)合成产生;因此,在实现自平衡两轮车的平面运动控制中,我们采取"分别独立设计直行与转向控制器"的方法,以避开系统所存在的复杂的"耦合问题"(理论上也可以采用"解耦控制"方法),实现系统的有效控制[5]。

　　图 3-70 给出了基于图 3-69 数学模型的仿真结果,其中:忽略系统阻尼,初始时刻车身倾角为 0°,给定左轮转矩为 2N・m,右轮转矩为 0N・m。从仿真实验结果不难看出,左轮给定初始转矩后,右轮也随之一同转动,自平衡两轮车左右轮间存在耦合关系。

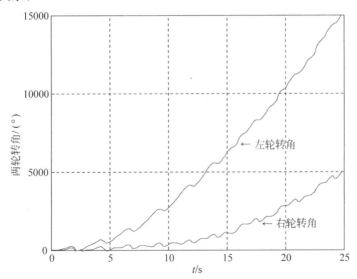

图 3-70　耦合存在性仿真实验结果

    下面我们来设计自平衡两轮车的直行与转向复合控制系统。

    首先,对于直行控制部分,图 3-66 已给出"双闭环 PID 控制方案",仿真实验证明其可行,因此这里我们依然采用之;依据图 3-69 的系统耦合模型,可建立直行控制系统动态结构如图 3-71 所示(上半部分),其中为求得车体运行的平均速度,在速度环反馈中进行了算数平均处理;直行控制部分的系统输入可以看作自平衡两轮车的"油门"。

    其次,对于转向控制部分,我们设:$M_w(s)$ 为两轮平均转矩,$\Delta M_w(s)$ 为两轮转矩差,即 $M_w(s)=(M_l(s)+M_r(s))/2$,$\Delta M_w(s)=M_l(s)-M_r(s)$;则依据"转向等价转矩差"思想,有如图 3-71 所示(下半部分)的转向控制系统动态结构,其中 $\Delta\omega(s)$ 为两轮车转向运行控制器输入,输入给定量为两轮转速差($\omega_l-\omega_r$),可以看作两轮车的"方向盘"。

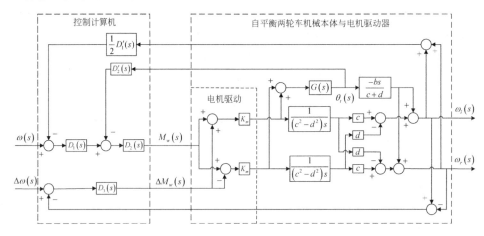

图 3-71   自平衡两轮车直行与转向复合控制系统动态结构图

    在图 3-71 转向控制器 $D_3(s)$ 设计中,基于前述图 3-64 的"转向运行状态系统传函",有如图 3-72 所示的转向控制系统结构。

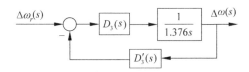

图 3-72   自平衡两轮车转向运行控制系统结构图

    在转向环设计中,为保证转向控制在阶跃/斜坡给定下实现无差跟踪,系统应具有 Ⅱ 型结构;因此,令 $D_3(s)$ 为 PI 控制器,采取单位负反馈,即 $D_3'(s)=1$。

    设

$$D_3(s)=K_{p3}+\frac{K_{i3}}{s} \tag{3-84}$$

则转向环闭环传递函数为

$$W_3(s) = \frac{K_{p3}s + K_{i3}}{1.376s^2 + K_{p3}s + K_{i3}} \tag{3-85}$$

由式(3-85)可见,转向环闭环传递函数为"具有零点的二阶系统",相对于常规的二阶系统其具有更好的跟踪快速性[6]。

将 $W_3(s)$ 表成典型形式为

$$W_3(s) = \frac{\dfrac{K_{i3}}{1.376}\left(\dfrac{K_{p3}}{K_{i3}}s + 1\right)}{s^2 + \dfrac{K_{p3}}{1.376}s + \dfrac{K_{i3}}{1.376}} \tag{3-86}$$

由"二阶系统最佳参数"理论[6],令阻尼比 $\zeta_d = 0.707$,调节时间 $t_s = 0.5s$(误差带 $\pm 5\%$),可列出如下方程

$$\begin{cases} 2\zeta_d\omega_n = \dfrac{K_{p3}}{1.376} \\[2mm] \omega_n^2 = \dfrac{K_{i3}}{1.376} \\[2mm] t_s = \dfrac{3}{\zeta_d\omega_n} = 0.5 \end{cases} \tag{3-87}$$

其中,ω_n 为系统固有角频率。

由上可解得转向环控制器 $D_3(s)$ 参数为

$$D_3(s) = 16.51 + \frac{99.1}{s} \tag{3-88}$$

根据上述直行与转向复合控制系统方案,设计自平衡式两轮电动车载人驾驶/操控系统如图 3-73 所示。

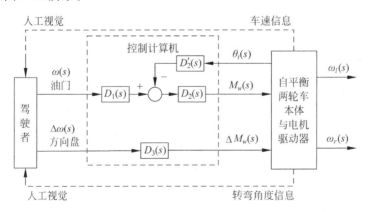

图 3-73　自平衡式两轮电动车驾驶/操控系统结构图

其中,驾驶者通过人工视觉获取自平衡两轮车的车速信息与转弯角度信息,通过油门与方向盘给定自平衡两轮车的车速大小与行驶方向;同时,车身自动保持平衡控制,符合人们常规的驾驶习惯。由上述设计可见,基于系统建模的直行

与转向复合控制系统设计方案,使得自平衡两轮车的操控与人们的驾驶习惯相一致,为自平衡两轮车的安全驾驶提供了有效保障。

4. 仿真验证

根据以上计算所得控制器参数,对控制系统在 MATLAB/Simulink 下进行仿真实验验证,搭建系统模型如图 3-74 所示。

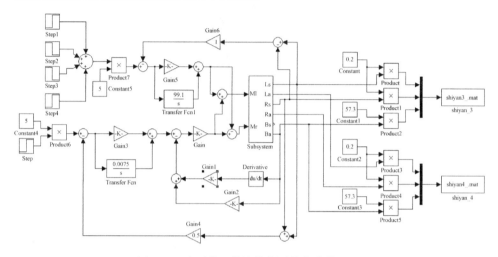

图 3-74　自平衡两轮车控制系统仿真模型图

仿真实验参数给定如表 3-3 所示。

表 3-3　仿真实验参数给定值

时刻/s	0	15	25	40	50
油门给定/(m/s)	0.8	0.8	0.8	0.8	0.8
方向盘给定/(m/s)	0	0.4	0	−0.4	0

由表 3-3 可知,自平衡两轮车行驶的平均速度给定始终为 0.8m/s,在第 15s 时方向盘向右旋转,两轮车向右转向,25s 时方向盘回正,两轮车直线行驶,40s 时方向盘向左旋转,两轮车向左转向,50s 时两轮车再次直线行驶,仿真实验中,左右两轮理论行驶轨迹如图 3-75 所示,仿真结果如图 3-76、图 3-77 所示。绘图子程序如下:

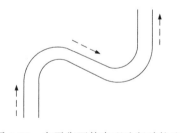

图 3-75　自平衡两轮车理论行驶轨迹

```
clf
load shiyan3_.mat
t = signals(1,:);
```

```
Ls = signals(2,:);
Rs = signals(3,:);
Ba = signals(4,:);
Lst = line(t,Ls(:));
Rst = line(t,Rs(:));
grid on;
xlabel('t/s');ylabel('车轮转速/(m/s)');
axet = axes('Position',get(gca,'Position'),'XAxisLocation','bottom','YAxisLocation',
'right','Color','None','XColor','k','YColor','k');
Bat = line(t,Ba(:),'color','k','parent',axet);
ylabel('车身倾角/deg');
gtext('\\leftarrow 车身倾角'),gtext('\\leftarrow 车轮转速'), gtext('\\leftarrow 两
轮行驶距离')
```

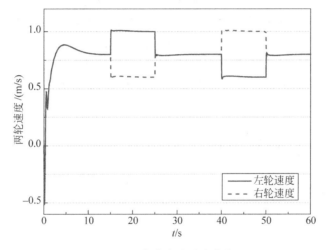

图 3-76　仿真实验速度曲线

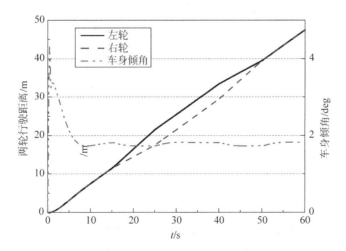

图 3-77　仿真实验行驶距离与倾角曲线

由图 3-76 与图 3-77 可见，两轮车初始时刻直线运行，两轮行驶距离相等，15s时两轮车向右转向运行，左轮行驶距离开始大于右轮，25s时直线行驶，40s时两轮车向左转向运行，两次转向行驶时间与速度大小均相同；因此，从图 3-77 中可以看出 50s 后两轮行驶距离再次相等，与实际相符；同时，从倾角仿真曲线可以看出，车身倾角在初始时刻最大为 4.5°左右，行驶时保持在 1.8°左右。

综上，整个行驶过程中车身保持平衡，两轮速度与给定相符，仿真结果验证了直行与转向复合控制系统设计方案的有效性。

5. 小结

本节基于自平衡式两轮电动车系统的数学模型，给出了车体直行与转向复合控制方案，通过仿真实验验证了系统设计方案的有效性。

另外，为使两轮车能适应不同身高/体重的人驾驶，不但要求控制系统能有效地实现车体的平衡、直行与转向运行控制，还要保证整车系统在上下坡、加减速、恶劣路况等条件下，仍然具有良好的操控性（即鲁棒性），这也是自平衡式两轮车得以实用化的关键所在。受篇幅所限，本书不便深入，感兴趣的读者可以在本节内容的基础上展开深入研究。

3.5 龙门吊车重物防摆的滑模变结构控制方案

1. 问题提出

在前面一节中，我们应用鲁棒 PID 控制方案实现了固定绳长条件下，龙门吊车的重物防摆与系统的定位控制。然而，吊车在实际运行中绳长常常需要变化，我们把吊车实际的工作过程抽象为图 3-78 所示情况，其"搬运—定位—安放"过程为由 A 点提升至 B 点（或由 B 点下放至 A 点）。

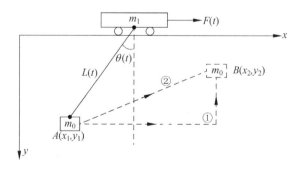

图 3-78 吊车重物定位过程示意图

显然，前面一节所述方法在解决这类问题时就无能为力了。因此，需要研究一种新的控制方法，以实现变绳长条件下的重物防摆与系统的定位控制。在这里将采用"滑模变结构控制方案",实现变绳长条件下龙门吊车重物防摆与定位控制。

同时,为检验滑模变结构控制方法的有效性,将使用 MATLAB/Simulink 软件工具,对所设计的控制系统进行仿真实验研究。由于滑模变结构控制是一种"不连续的控制方法",系统在进行 Simulink 仿真时将会面临一些特殊的问题。因此,本节中还将探讨一类具有"不连续控制率"的控制系统的 Simulink 仿真方法。

2. 滑模变结构控制[7-9]

变结构控制理论诞生于 20 世纪 50 年代末。作为一种非线性控制理论,与其他控制器相比,它具有控制规律简单,对系统的数学模型精确性要求不高,可以有效地调和动、静态之间的矛盾以及具有强鲁棒性等优点。近年来,已被广泛应用于处理一些复杂的非线性、时变、多变量耦合及不确定系统的控制中,如伺服电机驱动、机器手控制以及飞行器控制系统的设计等。下面对滑模变结构控制的一些基本概念作以简要阐述。

(1) 滑动模态

滑模变结构控制是变结构控制系统(可简称为 VSS)的一种控制策略。这种控制策略与常规控制的根本区别在于"控制的不连续性",它是一种"系统结构随时变化的开关特性",该控制特性可以迫使系统在一定条件下沿规定的状态轨迹作小幅度、高频率的运动,称之为滑动模态或"滑模"运动。

这种滑动模态是可以设计的,且与系统的参数及扰动无关。这样,处于滑模运动的系统就可以具有很好的鲁棒性。

(2) 切换函数与切换面

在滑模变结构控制中,需要通过开关的切换,改变系统在状态空间中的切换面 $s(x)=0$ 两边的结构。开关切换的法则称为控制策略,它保证系统具有可滑动的模态。此时,分别把 $s=s(x)$ 及 $s(x)=0$ 叫做切换函数及切换面。

(3) 滑模变结构控制的数学描述

滑模变结构控制可表述成如下形式。

设有一非线性控制系统:

$$\dot{x} = f(x, u, t) \qquad x \in R^n, \quad u \in R^m, \quad t \in R$$

确定其切换函数向量:

$$s(x), \quad s \in R^n$$

具有的维数一般情况下等于控制的维数。

寻求变结构控制率:

$$u_i(x) = \begin{cases} u_i^+(x) & \text{当 } s_i(x) > 0 \\ u_i^-(x) & \text{当 } s_i(x) < 0 \end{cases}$$

这里的变结构体现在 $u^+(x) \neq u^-(x)$,使得

① 满足"到达条件"：切换面 $s_i(x)=0$ 以外的相轨迹将于有限时间内到达切换面；

② 切换面是滑动模态区，且滑动运动是渐进稳定的，动态品质应良好。满足以上条件的控制称之为"滑模变结构控制"，其基本原理可用图 3-79 表示。

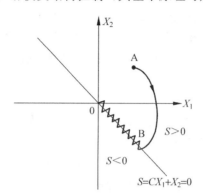

图 3-79　滑模变结构控制的基本原理

（4）滑模变结构控制系统的设计方法

滑模变结构控制系统的设计步骤可概括如下。

① 选择滑模面参数，构成希望的滑动模态；

② 求取不连续控制 $u^\pm$，保证在切换平面 $s=0$ 上的每一点存在滑动模态，这一平面就被认为是滑动面；

③ 控制必须使状态进入滑动面。

滑动模态三要素（即存在、稳定、进入）是靠切换面与控制两者来保证的，一旦切换面选定，则问题转入控制的求取。求取标量变结构控制，要从滑动模态的存在条件出发，即从 $s\dot{s}<0$ 这个关系式出发。按这个关系式所求得的控制，往往是不等式。在选取时，可充分考虑滑动模态的进入条件。对于滑动模态的稳定性问题，由于在选择切换面时已经考虑过，因此不需要再进行讨论。

3. 系统建模及模型验证

在 2.5.2 节中，已经讨论了吊车系统的模型建立和模型验证问题，这里不再赘述，下面将着重讨论吊车系统滑模变结构控制问题。

4. 基于滑模变结构控制的吊车重物防摆控制策略

这里我们主要研究变绳长条件下的吊车重物防摆控制，在 2.5.2 节的式(2-44)中，给出了变绳长吊车系统的数学模型（如下式）：

$$\begin{cases}
(m_0+m)\ddot{x}_1 - m\ddot{x}_2\sin x_3 - mx_2\ddot{x}_3\cos x_3 - 2m\dot{x}_2\dot{x}_3\cos x_3 \\
\qquad + mx_2\dot{x}_3^2\sin x_3 + D\dot{x}_1 = f_1 \\
m\ddot{x}_2 - m\ddot{x}_1\sin x_3 - mx_2\dot{x}_3^2 - mg\cos x_3 = f_2 \\
mx_2^2\ddot{x}_3 + 2mx_2\dot{x}_2\dot{x}_3 - m\ddot{x}_1 x_2\cos x_3 + mgx_2\sin x_3 + \eta\dot{x}_3 = 0
\end{cases}$$

忽略空气阻尼的影响 $\eta = 0$,可将上面的方程组转换成如下形式,以便于滑模变结构控制器的设计:

$$\begin{cases} \ddot{x}_1 = \dfrac{1}{m_0}(f_1 - D\dot{x}_1 + f_2 \sin x_3) \\[2mm] \ddot{x}_2 = g\cos x_3 + x_2 \dot{x}_3^2 + \dfrac{f_1 - D\dot{x}_1}{m_0}\sin x_3 + \dfrac{m_0 + m\sin^2 x_3}{m_0 m}f_2 \\[2mm] \ddot{x}_3 = -\dfrac{g}{x_2}\sin x_3 - 2\dfrac{\dot{x}_2}{x_2}\dot{x}_3 + \dfrac{\cos x_3}{x_2 m_0}(f_1 - D\dot{x}_1 + f_2 \sin x_3) \end{cases}$$

其中,m_0 和 m 分别是小车和重物的质量,x_1、x_2 和 x_3 为系统的状态,分别代表小车的位置、绳长和摆角,f_1 和 f_2 是系统的输入,分别是小车受到的水平方向的拖动力和绳长方向受到的拉力,D 为轮轨摩擦系数,g 为重力加速度(取 9.8m/s^2)。

设 $x_1 = x_1, x_2 = x_2, x_3 = x_3, x_4 = \dot{x}_1, x_5 = \dot{x}_2, x_6 = \dot{x}_3$,则可得系统状态方程为

$$\begin{cases} \dot{x}_1 = x_4 \\ \dot{x}_2 = x_5 \\ \dot{x}_3 = x_6 \\ \dot{x}_4 = (f_1 - Dx_4 + f_2 \sin x_3)/m_0 \\ \dot{x}_5 = g\cos x_3 + x_2(x_6)^2 + \sin x_3(f_1 - Dx_4)/m_0 + f_2(m_0 + m\sin^2 x_3)/m_0 m \\ \dot{x}_6 = -g\sin x_3/x_2 - 2x_5 x_6/x_2 + (f_1 - Dx_4 + f_2 \sin x_3)\cos x_3/m_0 x_2 \end{cases}$$

在此数学模型的基础上,将设计一个多输入向量滑模变结构控制器,使吊车既可实现精确定位,又能实现绳长达到期望值,同时保证摆角最小。

(1) 定义两个滑模面:

$$\begin{cases} s_1 = \dot{x}_1 + \alpha_1(x_1 - P) + \alpha_3 x_3 + \alpha_4 \dot{x}_3 = x_4 + \alpha_1(x_1 - P) + \alpha_3 x_3 + \alpha_4 x_6 \\ s_2 = \dot{x}_2 + \alpha_2(x_2 - L) = x_5 + \alpha_2(x_2 - L) \end{cases}$$

其中,α_1, α_2 均是正实数。

(2) 采用等速趋近率:

$$\frac{\mathrm{d}s}{\mathrm{d}t} = -\rho\,\mathrm{sgn}(s)$$

则可保证 $s\dot{s} < 0$,满足广义滑模条件:

$$\begin{cases} \dot{s}_1 = -W_1 \mathrm{sgn}(s_1) \\ \dot{s}_2 = -W_2 \mathrm{sgn}(s_2) \end{cases} \qquad W_1 > 0, W_2 > 0$$

经过计算整理,可以得到

$$\dot{x}_4 = -\alpha_4 \dot{x}_6 - \alpha_1 x_4 - \alpha_3 x_6 - W_1 \mathrm{sgn}(s_1)$$

$$\dot{x}_5 = -\alpha_2 x_5 - W_2 \mathrm{sgn}(s_2)$$

$$\dot{x}_6 = \frac{-2x_5 x_6 - g\sin x_3 - \alpha_1 x_4 \cos x_3 - \alpha_3 x_6 \cos x_3 - W_1 \cos x_3 \mathrm{sgn}(s_1)}{x_2 + \alpha_4 \cos x_3}$$

(3) 求控制力：

吊车系统的电机水平拉力 f_1 为

$$f_1 = m_0 \dot{x}_4 + D x_4 - (\sin x_3) f_2$$

电机提升力 f_2 为

$$f_2 = -m(\sin x_3)\dot{x}_4 + m\dot{x}_5 - m x_2 (x_6)^2 - mg\cos x_3$$

由此可知,水平拉力 f_1 和电机提升力 f_2 均为系统的全状态反馈,需要控制系统的各个状态向量,则由系统状态方程式以及控制力 f_1 和 f_2 即可构成变绳长吊车防摆定位滑模变结构控制器。

5. 仿真实验

(1) 具有"不连续控制率"的系统仿真方法研究[10,11]

上面所求出的控制力的表达式中存在不连续性函数 $\mathrm{sgn}(s)$,这给系统仿真带来了特殊问题。

为了分析说明的简便,下面以固定绳长防摆的滑模变结构控制为例,介绍"不连续控制率"的系统仿真方法。这时,控制方式为只调节内环摆角,令 $x_1=\theta$, $x_2=\dot{\theta}$, $l=1\mathrm{m}$, $a=\ddot{x}$,这里 x、l 和 θ 分别代表小车的位置、绳长和摆角,则在线性区附近,系统方程可简化为如下二阶状态方程：

$$\begin{cases} \dot{x}_1 = x_2 \\ \dot{x}_2 = -9.8 x_1 + a \end{cases}$$

按照前面介绍的滑模变结构控制系统的设计方法,可以得到具有防摆功能的二维滑模变结构控制器为 $a = 9.8 x_1 - c_1 x_2 - \rho \mathrm{sgn}(c_1 x_1 + x_2)$。

这里我们全部采用 Simulink 工具箱中的模块搭建系统的仿真模型,如图 3-80 所示。

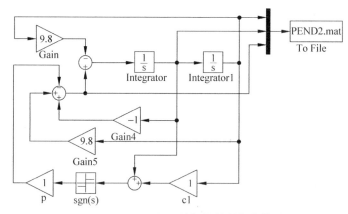

图 3-80　二维滑模变结构控制器仿真模型

取 $c_1=1$, $\rho=1$, $x_1(0)=1$, $x_2(0)=0$,仿真时间 $T=10\mathrm{s}$,采用 Variable-step 的 ODE45 算法。仿真结果如图 3-81 所示。

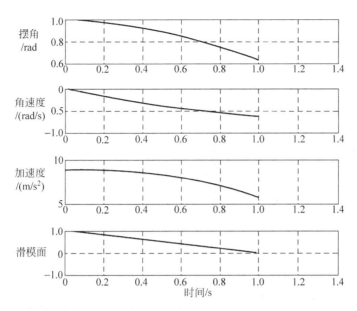

图 3-81　系统时域仿真结果

由图 3-81 可以看出,当系统仿真到 1s 左右时,速度非常慢,仿真停滞不前。

结果分析:这是由于系统存在不连续模块 sgn,当系统于 1s 左右到达滑模面 ($s=0$) 时,sgn 模块向系统发出过零通知。而当采用变步长求解器时,Simulink 能够检测到过零。所以,当 Simulink 检测到过零时,便自动缩小步长,可是在下一仿真步长里,系统继续过零。因为滑模面在 1s 处不能正常归零,所以 sgn 模块就反复过零,同时一直向求解器发出过零通知。求解器便相应地一直不停地缩小步长,这样由于仿真步长太小,系统便在不连续处形成了过多的点,超出了系统可用的内存和资源,使得系统进展缓慢,仿真停滞不前。

基于以上原因,我们提出了以下 4 种解决策略:

① 取消 Zero crossing detection 功能;

② 采用 fixed-step 求解器;

③ 采用不能够产生过零通知的 Fcn 函数模块;

④ 柔化 sgn(s) 函数,使其连续化。

以上所提出的 4 种解决策略中,采用单独任何一种或几种都可行。这里我们采用第三种方法,使用 Fcn 函数模块来解决仿真停滞问题,图 3-82 为按照这种方法搭建的仿真模型。

图中,Fcn 的表达式为:$-9.8*u[2]+u[3]$;

Fcn1 的表达式为:$9.8*u[2]-u[3]*u[1]-u[4]*sgn(u[3]*u[2]+u[1])$。

取 $c_1=1,\rho=1$,系统仿真结果如图 3-83 所示。

由于 Fcn 函数模块不支持过零检测,所以系统在不连续的情况下仍然能迅速完成仿真。除此之外,采用 fixed-step 求解器和变步长下置 Zero crossing detection 为

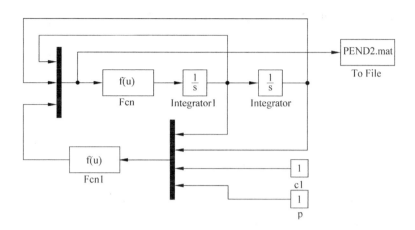

图 3-82　采用 Fcn 函数模块后的系统仿真模型

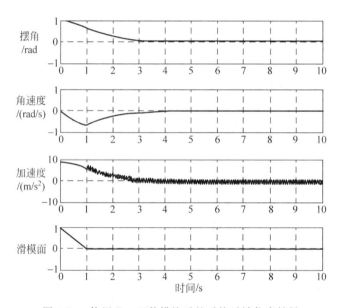

图 3-83　使用 Fcn 函数模块后的系统时域仿真结果

off 的仿真方法,其仿真结果亦如图 3-83 所示。其实这三种方法的本质相同,都是取消了过零检测。由上面的仿真结果可以看出:

① 取消系统的过零检测功能之后,仿真速度快;

② 但是,由于仍然存在不连续模块 sgn,所以加速度存在较大的抖振。

对于第四种方法:柔化 sgn(s) 函数策略,既可以解决仿真停滞问题,又可消除加速度的抖振,是解决这一问题的最佳方法,在下文中我们将对此详细阐述。

在解决了仿真停滞问题的基础上,下面讨论更符合吊车实际运行情况的变绳长防摆定位控制系统的仿真。

（2）变绳长吊车防摆滑模变结构控制系统的仿真

根据前面设计的控制器表达式，在 MATLAB/Simulink 环境下，建立变绳长吊车防摆的滑模变结构控制系统仿真模型，如图 3-84 所示，这里采用 Fcn 函数模块来解决上面提出的仿真停滞问题。

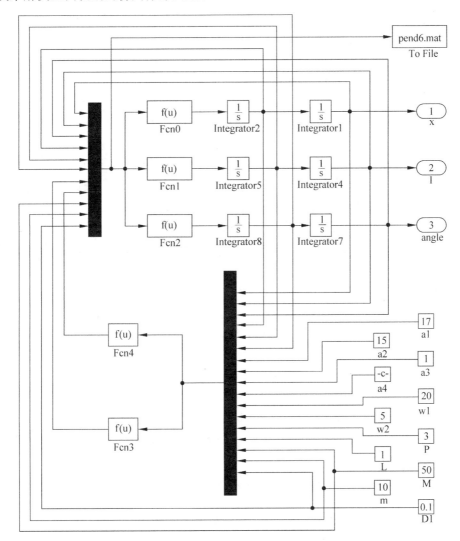

图 3-84　变绳长情况下吊车防摆定位滑模变结构控制系统模型

取 $x_1 \sim x_6, f_1, f_2, m_0, m, D$ 分别作为输入 $u[1] \sim u[11]$。则根据吊车系统的数学模型，可得 Fcn0，Fcn1 和 Fcn2 的函数形式分别为

Fcn0：$(u[7]-u[11]*u[4]+u[8]*\sin(u[3]))/u[9]$

Fcn1：$9.8*\cos(u[3])+u[2]*u[6]*u[6]+(u[7]-u[11]*u[4])*\sin(u[3])/$
$\quad u[9]+u[8]*(u[9]+u[10]*\sin(u[3])*\sin(u[3]))/(u[9]*u[10])$

Fcn2：$-9.8 * \sin(u[3])/u[2] - 2 * u[5] * u[6]/u[2] + (u[7] + u[8] *$
$\sin(u[3]) - u[11] * u[4]) * \cos(u[3])/(u[9] * u[2])$

取 $x_1 \sim x_6, \alpha_1 \sim \alpha_4, W_1, W_2, P, l, m_0, m, D$ 分别作为输入 $u[1] \sim u[17]$。则根据控制力 f_1 和 f_2 的表达式，即可得 Fcn3 和 Fcn4 的函数形式为

Fcn3：$u[17] * u[4] + u[15] * (-u[7] * u[4] - u[9] * u[6] - u[11] *$
$\text{sgn}(u[4] + u[7] * (u[1] - u[13]) + u[9] * u[3] + u[10] * u[6])$
$-u[10] * ((-2 * u[5] * u[6] - 9.8 * \sin(u[3]) - u[7] * u[4] *$
$\cos(u[3]) - u[9] * u[6] * \cos(u[3]) - u[11] * \cos(u[3]) * \text{sgn}(u[4]$
$+u[7] * (u[1] - u[13]) + u[9] * u[3] + u[10] * u[6]))/(u[2] + u[10]$
$* \cos(u[3])))) - \sin(u[3]) * (-u[16] * u[2] * u[6] * u[6] - 9.8 *$
$u[16] * \cos(u[3]) - u[16] * \sin(u[3]) * (-u[7] * u[4] - u[9] * u[6]$
$-u[11] * \text{sgn}(u[4] + u[7] * (u[1] - u[13]) + u[9] * u[3] + u[10] *$
$u[6]) - u[10] * ((-2 * u[5] * u[6] - 9.8 * \sin(u[3]) - u[7] * u[4] *$
$\cos(u[3]) - u[9] * u[6] * \cos(u[3]) - u[11] * \cos(u[3]) * \text{sgn}(u[4]$
$+u[7] * (u[1] - u[13]) + u[9] * u[3] + u[10] * u[6]))/(u[2] +$
$u[10] * \cos(u[3])))) + u[16] * (-u[8] * u[5] - u[12] * \text{sgn}(u[5]$
$+u[8] * (u[2] - u[14]))))$

Fcn4：$-u[16] * u[2] * u[6] * u[6] - 9.8 * u[16] * \cos(u[3]) - u[16] *$
$\sin(u[3]) * (-u[7] * u[4] - u[9] * u[6] - u[11] * \text{sgn}(u[4] + u[7] *$
$(u[1] - u[13]) + u[9] * u[3] + u[10] * u[6]) - u[10] * ((-2 * u[5] *$
$u[6] - 9.8 * \sin(u[3]) - u[7] * u[4] * \cos(u[3]) - u[9] * u[6] *$
$\cos(u[3]) - u[11] * \cos(u[3]) * \text{sgn}(u[4] + u[7] * (u[1] - u[13]) +$
$u[9] * u[3] + u[10] * u[6]))/(u[2] + u[10] * \cos(u[3]))) + u[16] *$
$(-u[8] * u[5] - u[12] * \text{sgn}(u[5] + u[8] * (u[2] - u[14])))$

为使仿真模型更加简洁清晰，可以使用 Simulink 封装子系统功能，对吊车模型进行封装，得到模型如图 3-85 所示。

图 3-85 模型中的 crane system 模块为封装后的吊车系统模型。打开 crane system 模块，可得吊车系统模型如图 3-86 所示。其输入为电机水平拉力 f_1 和电机提升力 f_2，输出为吊车的位置、绳长和摆角。

对于滑模变结构控制器，取 $\alpha_1 = 17, \alpha_2 = 15, \alpha_3 = 1, \alpha_4 = -0.45, W_1 = 20, W_2 = 5,$ $P = 3\text{m}, l = 1\text{m}, m_0 = 50\text{kg}, m = 10\text{kg}, D = 0.1$；对于初始状态，取 $x_2(0) = 2\text{m},$ $x_1(0) = x_3(0) = x_4(0) = x_5(0) = x_6(0) = 0$。仿真结果如图 3-87 所示，这里分别绘制了小车位置、绳长变化、摆角大小、水平拉力和电机提升力运行轨迹曲线。从图中可以看出，小车位置、绳长在 2.5s 内迅速归于期望值，与此同时，摆角也归于零点，并稳定下来。但是，水平拉力 f_1 和提升力 f_2 出现了高频抖振现象，使得系统难以工程实现。因此，希望通过改进算法来降低系统抖振。

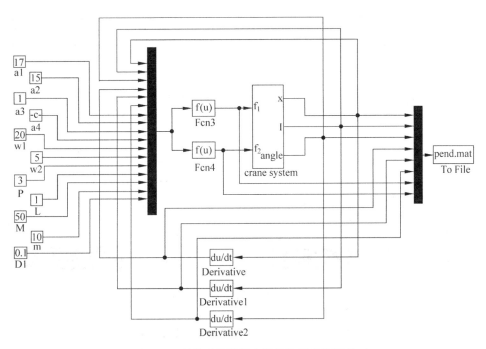

图 3-85 封装后的滑模变结构控制系统模型

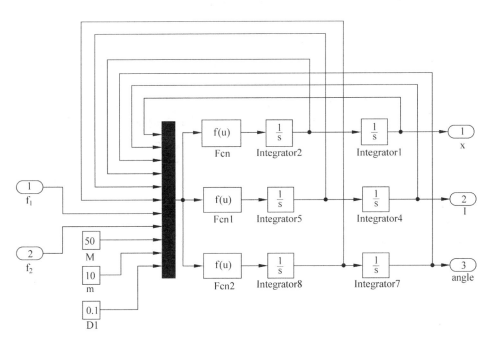

图 3-86 吊车系统模型

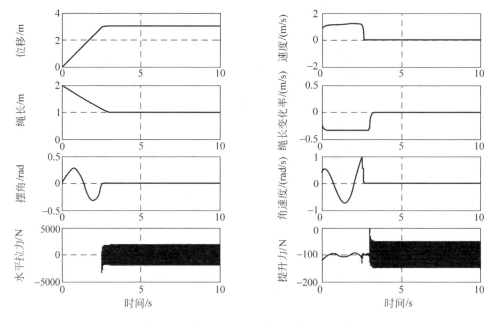

图 3-87　滑模变结构控制系统的仿真曲线

(3) 准滑模伪变结构控制系统的仿真研究

① 抖振的产生

当具体实现理想变结构系统时,理想的开关特性 $u(x)=u^*(x)\mathrm{sgn}[s(x)]$ 是不可能实现的。时间延迟和空间滞后等因素将使得滑动模态表现为抖动形式,在光滑的滑动上叠加了自振。这种现象称为抖振。

抖振问题是变结构控制广泛应用的突出障碍,是影响变结构技术发展的重要原因。这是因为:有的系统元件不能承受高频切换;有的系统性能上不允许存在抖振;抖振的存在还可能激发系统未建模部分的强迫振荡。于是在实践中,人们尝试采用各种具有准滑动模态的控制系统。所谓"准滑动模态"(或近似滑动模态、伪滑动模态),是指系统的运动轨迹被限制在理想滑动模态的某一 Δ 邻域内的模态。

② 抖振的抑制

抖振发生的本质原因是由于开关的切换动作造成控制的不连续性。因此,对一个现实的滑模变结构控制系统,抖振必定存在。我们可以努力去削弱抖振的幅度,使它减少到工程允许的范围内,而无法完全消除它,消除了抖振,也就消除了滑模变结构控制系统的抗干扰能力。由于抖振问题是滑模变结构控制的突出障碍,许多学者提出了消抖措施,其中有代表性的有前面介绍的柔化 $\mathrm{sgn}(s)$ 函数法、边界层法和趋近率法等。这里采用"柔化 $\mathrm{sgn}(s)$ 函数法",即用一连续函数 $U(s)$

$$U(s)=\frac{s}{|s|+\delta}\approx\frac{s}{|s|}=\mathrm{sgn}(s)$$

来代替不连续函数 sgn(s),如图 3-88 所示。这种降低抖振的方法,也被称为"继电函数连续化的准滑模伪变结构控制"。由于将继电函数连续化,所以系统不再存在结构变化,故称之"伪变结构"。

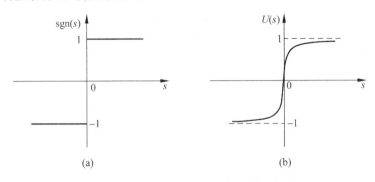

图 3-88　继电函数及继电函数连续化曲线

③ 准滑模伪变结构控制

采用"柔化 sgn(s)函数法"的准滑模伪变结构控制算法来降低抖振后,系统不再存在抖振,且各状态变量效果良好。但是,系统控制力仍然较大,远远超出了实验系统所能承受的范围(大于 1000N),究其原因,乃滑行速度过大所致。所以,进一步将原滑行速度降低至 $W_1 = 1.5$,$W_2 = 0.5$。系统的仿真结果如图 3-89 所示(取 $\delta = 0.1$),可见使用柔化 sgn(s)函数法既解决了仿真停滞问题,又消除了抖振,是解决不连续控制率系统仿真问题的最佳方法。

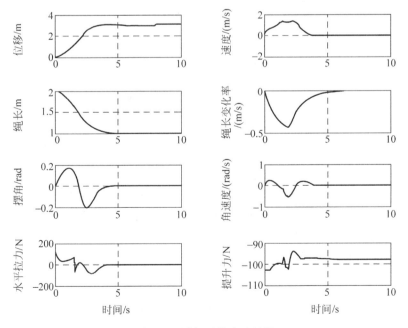

图 3-89　消振后的实验结果

（4）准滑模伪变结构控制系统的鲁棒性研究

从理论角度讲,滑动模态是降维光滑运动,且渐近趋向原点,而且系统的滑模运动与控制对象的参数变化、系统的外部扰动及内部的摄动无关,因此滑模变结构控制系统的"鲁棒性"要比一般常规的连续控制系统强得多。

下面,研究继电函数连续化的变绳长吊车防摆定位准滑模伪变结构控制器的鲁棒性能。如图 3-90 至图 3-93 所示,它们分别为在不同的载荷质量、不同的吊车自重、不同的摩擦系数以及外部扰动情况下的系统响应曲线。

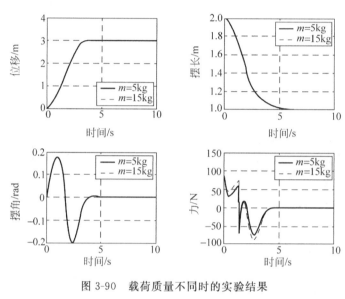

图 3-90　载荷质量不同时的实验结果

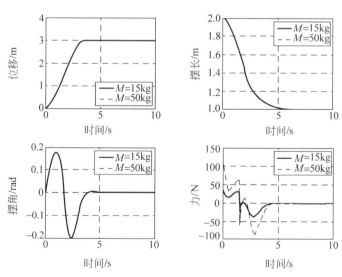

图 3-91　吊车自重不同时的实验结果

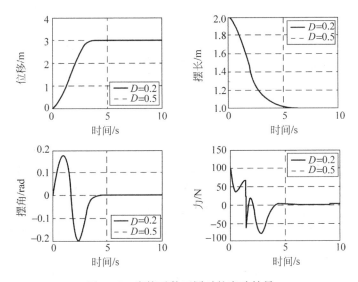

图 3-92　摩擦系数不同时的实验结果

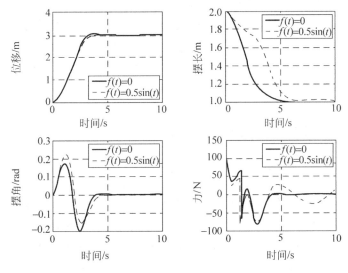

图 3-93　正弦函数扰动前后的实验结果

通过上面的仿真实验结果可以看出:

① 系统在内部参数(载荷质量、吊车自重、摩擦系数)变化时,位移、绳长以及摆角都能保持原运动轨迹不变;

② 系统在外部扰动下,位移、绳长以及摆角都能在有限的时间内归于期望值,且无较大的波动。

6. 结论

(1) 本节设计了基于滑模变结构控制的变绳长吊车防摆控制器,较为系统地介绍了滑模变结构控制理论,总结归纳了滑模变结构控制系统的设计方法。它可概括为:首先,选择适当的滑模面参数,构成希望的滑动模态;其次,求取不连续控制 $u^{\pm}$,保证在切换平面 $s=0$ 上的每一点存在滑动模态,并使系统状态进入滑动平面。

(2) 本节探讨了具有"不连续控制率"的系统仿真方法,解决了仿真的停滞问题。在 MATLAB/Simulink 仿真时,由于控制力中存在不连续性函数 $\text{sgn}(s)$,如果直接使用 Simulink 工具箱中的 sgn 模块,当发生过零检测时仿真将会停滞。为此我们提出了四种解决这一问题的方案,其中使用继电函数连续化的准滑模伪变结构控制,既解决了仿真停滞问题,又消除了抖振现象,是解决不连续控制率系统仿真问题的最佳方法。

这也提示我们,在使用 MATLAB/Simulink 进行系统仿真时,对于工具箱中的一些模块,常常需要根据实际情况进行合理选择和设计,以使得仿真更符合系统实际情况,且在保持仿真精度的前提下提高仿真速度。

(3) 仿真结果表明,所设计的滑模变结构控制系统具有很强的鲁棒性。通过在不同载荷质量、不同吊车自重、不同摩擦系数以及外部扰动情况下的系统鲁棒性仿真实验,可以得出滑模变结构控制在内部参数变化和外部扰动下,具有比其他一般控制方法更强的鲁棒性,便于实际应用。

3.6　一阶直线双倒立摆系统的可控性研究[12、13]

1. 引言

在许多工程控制问题的分析中,需要应用已有的控制理论与方法。系统的可控性是现代控制理论中的一个重要概念。从直观上讲,如果系统的每一个状态变量的运动都可以由输入来影响和控制,而由任意的始点到达原点,那么系统就是可控的,否则系统不完全可控。它的严格的数学定义可以参见相关的专著,这里不展开论述了。可控性分析是很多控制策略应用的前提和基础,事先确定所研究问题的可控性,有助于避免对一些不可控制问题进行徒劳的工作。

一阶直线双倒立摆系统是一种欠驱动机械系统,我们所要研究的问题是:能否在保持两个摆杆不倒的前提下,实现小车的位置伺服控制。对于该问题,根据经验和直觉是难以判断出来的。因此,需要对该系统建模,而后再利用现代控制理论的方法进行系统"可控性"的研究。

通过本节内容,可以了解到一阶直线双倒立摆系统的建模及其验证的方法,掌握 MATLAB 仿真实践中的一些技巧(如:Fcn 函数的使用、代数环的消除、封

装技术的应用以及如何用 MATLAB 语句判断系统的可控性等),更重要的是体会
到可控性这一概念在实际控制问题研究中的重要意义。

2. 系统建模

(1) 一阶直线双倒立摆系统数学模型的
建立

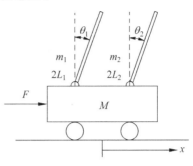

图 3-94　一阶直线双倒立摆系统

为了简化系统分析,在模型的建立过程
中,忽略空气阻力以及摩擦力。这样,可将一阶
直线双倒立摆系统抽象成小车和两个匀质刚性
杆组成的系统,如图 3-94 所示。

系统内部各相关参数定义如下:

M——小车的质量;

x——小车的位置;

F——拖动力;

m_1,m_2——两个摆杆的质量;

$2L_1,2L_2$——两个摆杆的长度;

J_1,J_2——两个摆杆的转动惯量;

θ_1,θ_2——两个摆杆与竖直向上方向的夹角。

对小车和摆杆分别进行受力分析,应用牛顿定律建立系统的动力学方程。小
车的受力情况见图 3-95。其中,F_{x1} 和 F_{x2} 分别为左右两个摆杆对小车作用力的水
平分量。

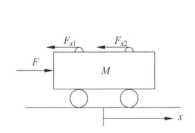

图 3-95　小车的受力情况

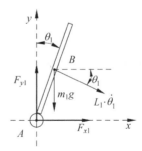

图 3-96　摆杆的受力情况(以左杆为例)

根据牛顿第二定律有

$$F - F_{x1} - F_{x2} = M\ddot{x} \tag{3-89}$$

左右两个摆杆的受力情况大致相同。下面以左边的摆杆为例进行分析(用下
标 1、2 来区分左、右摆杆),其受力情况如图 3-96 所示。其中,F_{x1}、F_{y1} 分别是小车
对摆杆作用力在 x 轴方向的分量和 y 轴方向的分量。摆杆的质心 B 点相对于 A
点转动,相对线速度的大小为 $L_1\dot{\theta}_1$,而 A 点本身随小车以速度 $\dot{x}$ 运动,所以 B 点相

对于地面的速度在 x 轴方向的分量为 $v_{x1} = \dot{x} + L_1 \dot{\theta}_1 \cos\theta_1$，由此可得 B 点在 x 轴方向的加速度为 $\dfrac{\mathrm{d}v_{x_1}}{\mathrm{d}t} = \ddot{x} + L_1 \ddot{\theta}_1 \cos\theta_1 - L_1 \sin\theta_1 \dot{\theta}_1^2$，因此有方程：

$$F_{x1} = m_1(\ddot{x} + L_1 \ddot{\theta}_1 \cos\theta_1 - L_1 \sin\theta_1 \dot{\theta}_1^2) \tag{3-90}$$

B 点相对于地面的速度在 y 轴方向的分量为 $v_{y1} = L_1 \dot{\theta}_1 \sin\theta_1$，所以 B 点在 y 轴方向的加速度为 $\dfrac{\mathrm{d}v_{y1}}{\mathrm{d}t} = L_1 \ddot{\theta}_1 \sin\theta_1 + L_1 \cos\theta_1 \dot{\theta}_1^2$，因此有方程：

$$m_1 g - F_{y1} = m_1(L_1 \ddot{\theta}_1 \sin\theta_1 + L_1 \cos\theta_1 \dot{\theta}_1^2) \tag{3-91}$$

摆杆的惯量 $J_1 = \dfrac{1}{3} m_1 L_1^2$。在 F_{x1}、F_{y1} 的作用下摆杆绕 B 点转动，有方程：

$$F_{y1} L_1 \sin\theta_1 - F_{x1} L_1 \cos\theta_1 = \frac{1}{3} m_1 L_1^2 \ddot{\theta}_1 \tag{3-92}$$

同理，对于右边的摆杆可得方程组：

$$F_{x2} = m_2(\ddot{x} + L_2 \ddot{\theta}_2 \cos\theta_2 - L_2 \sin\theta_2 \dot{\theta}_2^2) \tag{3-93}$$

$$m_2 g - F_{y2} = m_2(L_2 \ddot{\theta}_2 \sin\theta_2 + L_2 \cos\theta_2 \dot{\theta}_2^2) \tag{3-94}$$

$$F_{y2} L_2 \sin\theta_2 - F_{x2} L_2 \cos\theta_2 = \frac{1}{3} m_2 L_2^2 \ddot{\theta}_2 \tag{3-95}$$

对上述 7 个方程进行整理，消去中间变量，整理成只含有 F 以及 θ_1、θ_2、x 及其导数的形式。把式(3-90)和式(3-93)带入式(3-89)得

$$F = (M + m_1 + m_2)\ddot{x} + m_1 L_1(\ddot{\theta}_1 \cos\theta_1 - \sin\theta_1 \dot{\theta}_1^2)$$
$$+ m_2 L_2(\ddot{\theta}_2 \cos\theta_2 - \sin\theta_2 \dot{\theta}_2^2) \tag{3-96}$$

把式(3-90)代入式(3-92)解出 F_{y1}，再代入式(3-91)得

$$g\sin\theta_1 = \frac{4}{3} \ddot{\theta}_1 L_1 + \ddot{x}\cos\theta_1 \tag{3-97}$$

把式(3-93)代入式(3-95)解出 F_{y2}，再代入式(3-94)得

$$g\sin\theta_2 = \frac{4}{3} \ddot{\theta}_2 L_2 + \ddot{x}\cos\theta_2 \tag{3-98}$$

以上式(3-96)、式(3-97)、式(3-98)便是一阶直线双倒立摆系统在忽略空气阻力以及摩擦力的条件下的精确数学模型表达式。

(2) 系统数学模型的线性化

为了便于分析和计算，当 $|\theta_1|$、$|\theta_2| < 10°$ 时，可以作近似处理：$\cos\theta_1 \approx 1$，$\cos\theta_2 \approx 1$，$\sin\theta_1 \approx \theta_1$，$\sin\theta_2 \approx \theta_2$，$\left(\dfrac{\mathrm{d}\theta_1}{\mathrm{d}t}\right)^2 \approx 0$，$\left(\dfrac{\mathrm{d}\theta_2}{\mathrm{d}t}\right)^2 \approx 0$。将上述条件代入式(3-96)、式(3-97)、式(3-98)，进行线性化处理之后的微分方程为

$$F = (M + m_1 + m_2)\ddot{x} + m_1 L_1 \ddot{\theta}_1 + m_2 L_2 \ddot{\theta}_2 \qquad (3\text{-}99)$$

$$g\theta_1 = \frac{4}{3} \ddot{\theta}_1 L_1 + \ddot{x} \qquad (3\text{-}100)$$

$$g\theta_2 = \frac{4}{3} \ddot{\theta}_2 L_2 + \ddot{x} \qquad (3\text{-}101)$$

由式(3-100)和式(3-101)分别解出 $\ddot{\theta}_1$ 和 $\ddot{\theta}_2$ 代入式(3-99)得

$$F = \left(M + \frac{1}{4} m_1 + \frac{1}{4} m_2\right)\ddot{x} + \frac{3}{4} m_1 g\theta_1 + \frac{3}{4} m_2 g\theta_2 \qquad (3\text{-}102)$$

解得

$$\ddot{x} = F \frac{4}{4M + m_1 + m_2} - \frac{3 m_1 g\theta_1}{4M + m_1 + m_2} - \frac{3 m_2 g\theta_2}{4M + m_1 + m_2} \qquad (3\text{-}103)$$

分别代入式(3-100)和式(3-101)得

$$\ddot{\theta}_1 = \theta_1 \frac{3g(4M + 4m_1 + m_2)}{4L_1(4M + m_1 + m_2)} + \theta_2 \frac{9 m_2 g}{4L_1(4M + m_1 + m_2)}$$
$$\quad - F \frac{3}{L_1(4M + m_1 + m_2)} \qquad (3\text{-}104)$$

$$\ddot{\theta}_2 = \theta_2 \frac{3g(4M + 4m_2 + m_1)}{4L_2(4M + m_1 + m_2)} + \theta_1 \frac{9 m_1 g}{4L_2(4M + m_1 + m_2)}$$
$$\quad - F \frac{3}{L_2(4M + m_1 + m_2)} \qquad (3\text{-}105)$$

可以设状态变量为 x、$\dot{x}$、θ_1、θ_2、$\dot{\theta}_1$、$\dot{\theta}_2$，由式(3-103)、式(3-104)、式(3-105)得状态空间表达式为

$$
\begin{bmatrix} \dot{x} \\ \ddot{x} \\ \dot{\theta}_1 \\ \ddot{\theta}_1 \\ \dot{\theta}_2 \\ \ddot{\theta}_2 \end{bmatrix} =
\begin{bmatrix}
0 & 1 & 0 & 0 & 0 & 0 \\
0 & 0 & \dfrac{-3m_1 g}{q} & 0 & \dfrac{-3m_2 g}{q} & 0 \\
0 & 0 & 0 & 1 & 0 & 0 \\
0 & 0 & \dfrac{3g(4M + 4m_1 + m_2)}{4L_1 q} & 0 & \dfrac{9m_2 g}{4L_1 q} & 0 \\
0 & 0 & 0 & 0 & 0 & 1 \\
0 & 0 & \dfrac{9m_1 g}{4L_2 q} & 0 & \dfrac{3g(4M + 4m_2 + m_1)}{4L_2 q} & 0
\end{bmatrix}
\begin{bmatrix} x \\ \dot{x} \\ \theta_1 \\ \dot{\theta}_1 \\ \theta_2 \\ \dot{\theta}_2 \end{bmatrix}
$$

$$
+ \begin{bmatrix} 0 \\ \dfrac{4}{q} \\ 0 \\ \dfrac{-3}{L_1 q} \\ 0 \\ \dfrac{-3}{L_2 q} \end{bmatrix} F
\begin{bmatrix} x \\ \theta_1 \\ \theta_2 \end{bmatrix}
$$

$$= \begin{bmatrix} 1 & 0 & 0 & 0 & 0 & 0 \\ 0 & 0 & 1 & 0 & 0 & 0 \\ 0 & 0 & 0 & 0 & 1 & 0 \end{bmatrix} \begin{bmatrix} x \\ \dot{x} \\ \theta_1 \\ \dot{\theta}_1 \\ \theta_2 \\ \dot{\theta}_2 \end{bmatrix} \qquad (3\text{-}106)$$

式中,$q = 4M + m_1 + m_2$。

3. 模型验证

以上推导过程中,用了很多近似条件,因此所建立的模型是否可信需要进行验证。这里应用"必要条件法",采用 MATLAB 进行仿真验证,看它是否具备"正确模型"所应该具备的"必要性质"。

(1) 精确模型的验证

首先对线性化之前的模型即式(3-96)、式(3-97)、式(3-98)进行验证。我们仅忽略了空气阻力和摩擦力,即使在外力作用下摆角变化很大,该模型也应该较精确。

首先,我们采用 MATLAB 中的 Simulink 工具箱以及模块封装技术对其进行仿真,步骤如下。

① 在命令窗口中输入 Simulink 后回车,或单击 MATLAB 工具栏中的 Simulink 图标则可打开 Simulink 模型库窗口。在 File 菜单中选择 new/model,打开一个新的空白窗口,命名为"shuangbai. mdl"。

② 按图 3-97 编辑双摆系统的模型。图中,Integrator 是积分器模块。双击该模块,可以在弹出的对话框中对积分的初始值进行修改,默认值为 0。

设第一行最左边的节点表示的变量为 $\ddot{x}$,则经过积分后变为 $\dot{x}$ 和 x,同理可以得到 $\ddot{\theta}_1$、$\dot{\theta}_1$、θ_1 以及 $\ddot{\theta}_2$、$\dot{\theta}_2$ 和 θ_2。

用输入点模块(In)表示该系统的输入变量 F,用 3 个输出点模块(Out)表示输出变量 θ_1、θ_2 和 x。

Fcn 是函数计算模块,能够实现大部分初等函数运算。但它只有一个输入端和一个输出端,若要实现形如 $y = F(x_1, x_2, \cdots, x_n)$ 的运算,必须和聚合模块(mux)配合使用,聚合模块包含在 signal Routing 模块库中,可以把多路信号按照向量的形式混合成一路信号。

例如,Fcn1 描述的是式(4-33)的函数关系,它的输入端就接有一个聚合模块,双击它之后弹出一个对话框,可以设置输入变量的个数。由式(3-97)易得

$$\ddot{\theta}_1 = (g\sin\theta_1 - \ddot{x}\cos\theta_1)/(4L_1/3) \qquad (3\text{-}107)$$

把 $\ddot{x}$ 和 θ_1 作为聚合模块的输入,Fcn1 的输出接 $\ddot{\theta}_1$,双击 Fcn1 模块,弹出对话

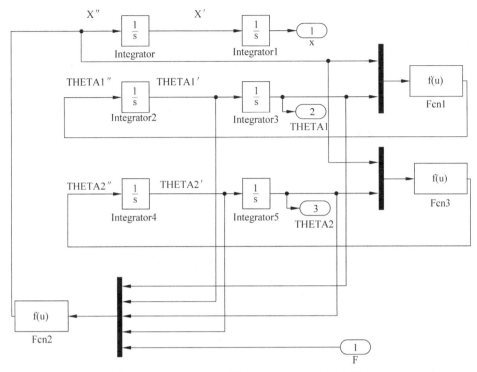

图 3-97　在 Simulink 下编辑的双摆系统的精确模型

框,见图 3-98。Fcn 栏提示了输入表达式的格式。可见,只能用 u 来表示输入的变量,例如 u[1] 表示输入向量的第一个分量,即聚合模块上数第一个输入量 $\ddot{x}$,而 u[2] 表示 θ_1,所以在 Parameters 的 Expression 中输入的表达式应为 $(g * \sin(u[2]) - \cos(u[2]) * u[1])/(l1 * 4/3)$。同理,用 Fcn3 描述式(3-98)的函数关系,但输入的表达式同上。

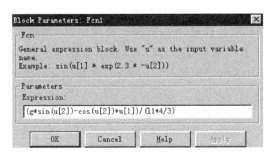

图 3-98　双击 Fcn 模块后弹出对话框

用 Fcn2 描述式(3-96)的函数关系,由式(3-96)易得

$$\ddot{x} = [F - m_1 L_1(\ddot{\theta}_1\cos\theta_1 - \dot{\theta}_1^2\sin\theta_1) - m_2 L_2(\ddot{\theta}_2\cos\theta_2 - \dot{\theta}_2^2\sin\theta_2)]/(M + m_1 + m_2)$$

$$(3-108)$$

　　那么，能否按上述方法，把 $\ddot{\theta}_1$、$\dot{\theta}_1$、θ_1、$\ddot{\theta}_2$、$\dot{\theta}_2$、θ_2、F 作为输入量，$\ddot{x}$ 作为输出量，再把式(4-44)按照所要求的格式输入到 Fcn2 中呢？

　　注意：对于式（4-44），这样做可能导致仿真时出错。若单击菜单栏 simulation/parameters，在出现的对话框中把代数环（Algebraic loop）作为错误检查的内容，见图 3-99，那么在启动仿真时就会提示出现代数环错误[11]。

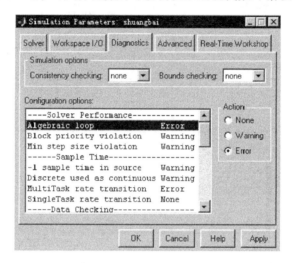

图 3-99　Simulation Parameters 对话框中设置错误检查的内容

　　所谓**代数环**，是一种特殊的反馈回路，它的特殊之处就在于除了输入直接决定于输出外，输出还直接决定于输入。在这里，"直接"二字很重要，它体现了代数环的实质，仿真计算中的死锁就是由此产生的。代数环存在的充分必要条件是：存在一个闭合路径，该闭合路径中的每一个模块都是直通模块。所谓直通，指的是模块输入中的一部分直接到达输出。常见的直通模块有 Fcn 模块，加减法模块，乘积运算模块等，而积分器模块只有当初始条件作为输入端时，才和输出构成直通模块，在本例中不是直通模块。当表达式简单时，系统采取默认的迭代算法可以正确处理代数环。代数环越长，其中的模块功能越复杂，精度要求越高，则迭代计算量就越大，仿真速度降低得就越厉害，有时甚至会得到错误的仿真结果。

　　本系统的模型式(3-108)中，$\ddot{x}$ 决定于 $\ddot{\theta}_1$，而由式(4-43)，求 $\ddot{\theta}_1$ 必须已知 $\ddot{x}$，因此 $\ddot{x}$ 和 $\ddot{\theta}_1$ 构成了代数环，同理，$\ddot{x}$ 和 $\ddot{\theta}_2$ 也构成了代数环。又由于式(3-108)包含了大量非线性运算，使得代数环难以求解，因此仿真就会提示出错。

　　消除代数环的方法之一是对式(3-108)进行恒等变形，使表达式只含有一个最高阶导数项 $\ddot{x}$，并且放到等号左面，右面不再含 $\ddot{\theta}_1$ 和 $\ddot{\theta}_2$。例如，把式(3-107)代入式(3-108)就可消去 $\ddot{\theta}_1$，同理消去 $\ddot{\theta}_2$，解出 $\ddot{x}$ 得

$$\ddot{x} = \frac{4F - 3g(m_1\sin\theta_1\cos\theta_1 + m_2\sin\theta_2\cos\theta_2) + 4(m_1 L_1\dot{\theta}_1^2\sin\theta_1 + m_2 L_2\dot{\theta}_2^2\sin\theta_2)}{4(M + m_1 + m_2) - 3(m_1\cos^2\theta_1 + m_2\cos^2\theta_2)}$$

$$(3\text{-}109)$$

输入变量为 $\dot{\theta}_1$、θ_1、$\dot{\theta}_2$、θ_2、F，再把式(3-109)按照所要求的格式输入到 Fcn2 中即可避免代数环出错。

③ 采用模块封装技术把精确模型封装成一个标准模块

模块封装是复杂系统建模和仿真时常用的方法之一。这样做有很多好处：首先，它使系统的结构更加清晰、简洁。其次，模型的通用性提高了。它可以存入自己的模块库里，使用时和 Simulink 中其他的标准模块一样，只需双击，并在弹出的对话框中输入具体的参数值即可，而不必考虑它是如何实现的。由于内部结构被封装了起来，可以避免一些误操作，使用起来更方便。我们把双摆系统封装起来作为一个整体，在设计控制器时就可以作为自动控制系统的被控对象而直接调用。

选中图 3-97 所示系统的所有模块，在菜单栏选择 Edit/Create Subsystem，即可建立一个子系统。用鼠标选中该子系统，再选择 Edit/Mask Subsystem，弹出如图 3-100、图 3-101 所示的模块封装设计界面。

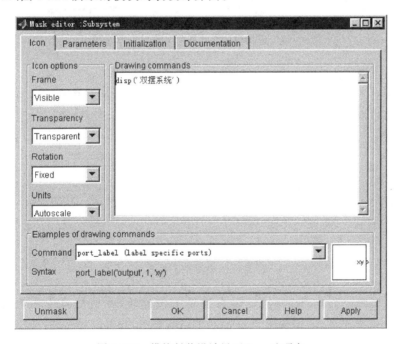

图 3-100　模块封装设计界面 Icon 选项卡

Icon 选项卡按图 4-69 设置，Parameters 选项卡按图 3-101 设置，表 Dialog parameters 中填入需要外部输入的参数名（Variable）、参数描述（Prompt）、类型（Type）等。其他选项按默认值设置。

注意：这里的参数名必须和步骤②中表达式里的参数名相同，另外，Simulink

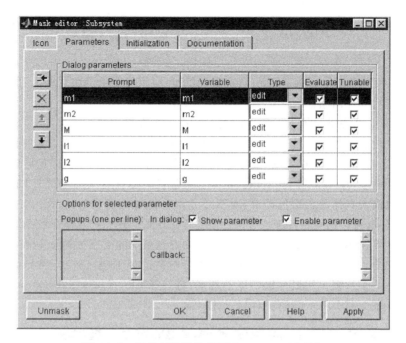

图 3-101　模块封装设计界面 Parameters 选项卡

对参数名不区分大小写。

　　封装好之后的模块见图 3-102。此时,双击该模块,显示参数输入对话框,见图 3-103,可以输入所有参数值。

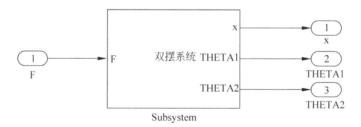

图 3-102　封装好后的模块

　　如果要修改其内部结构,可以右键单击该模块,在快捷菜单中选择 Look under mask 菜单项,便出现图 3-97 所示的结构框图,并可以对其进行修改。

　　④ 仿真验证

　　按照图 3-104,添加阶跃信号作为输入(正负两个方向的阶跃信号叠加还可以构成脉冲信号),添加示波器,利用聚合模块可以同时观测几路信号的仿真结果。这里又利用了输出点模块(Out),它把仿真结果通过矩阵 tout 传递到工作空间(workspace),再利用 plot 等绘图命令就可以方便的做出曲线。通过 MATLAB 绘图窗口上的菜单和工具按钮可以方便地改变曲线的显示方式,并且进行标注。

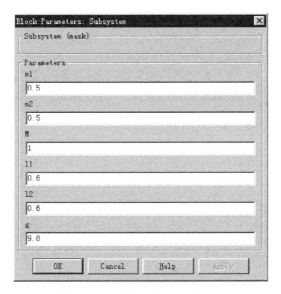

图 3-103　模块参数输入对话框

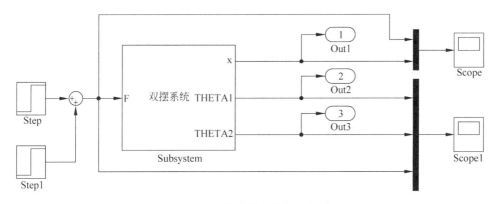

图 3-104　精确模型的仿真框图

在模块参数输入对话框中输入参数：$M=1, m_1=m_2=0.5, L_1=L_2=0.6, g=9.8, F=5$（阶跃信号），两个摆角的初始值为 $180°(3.14\text{rad})$，即竖直向下，位移 x 的初始值设为 0。仿真的结果见图 3-105。

可见，位移曲线加速增长，而两个摆角的响应曲线重合，在某个大于 $180°$ 的角度附近作等幅振荡。这是两个摆杆的参数相同，而又不计空气阻力所造成的结果（相当于两个相同的一阶倒立摆）。在考虑空气阻力的情况下，摆角应该做减幅振荡，最终稳定在某个大于 $180°$ 的角度。从图中可以读出摆角的最大值和最小值分别为约 3.64rad 和 3.14rad，平均值为 3.39rad，而利用牛顿定律可以求出在这一特殊条件下，稳态时摆杆的摆角约为 $3.391\,367\text{rad}$，这说明前面所建立的精确模型是可信的。

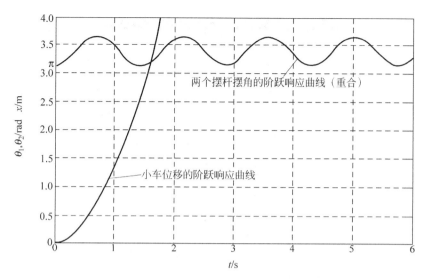

图 3-105　精确模型的阶跃响应曲线(初始摆角为180°)

(2) 线性化之后的模型验证

下面分别用精确模型和线性化之后的模型分别求系统的阶跃响应(摆角的初始值为0°(竖直向上),见图 3-106、图 3-107。其中,$M=1$,$m_1=m_2=0.5$,$L_1=L_2=0.6$,$F=0.2$(阶跃信号)。

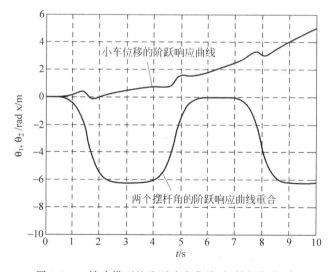

图 3-106　精确模型的阶跃响应曲线(初始摆角为0°)

从中可知在摆角变化不大(摆角<10°时),精确模型和线性化之后模型的阶跃响应基本相同,但角度越大,后者的误差就越大。但是,两者都反映出当初始摆角为0°时,该系统是不稳定的。

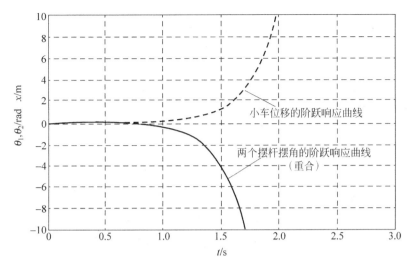

图 3-107　线性化之后模型的阶跃响应曲线(初始摆角为 0°)

　　线性化之后模型的仿真结果是通过建立 M 文件(state.m)求得的,程序如下:

```
% ————state.m————
% 双摆系统状态方程及开环阶跃响应
% 输入相关参数
M = 1；ml = 0.5；m2 = 0.5；g = 9.8；ll = 0.6；l2 = 0.6；
q = 4 * M + ml + m2；
% 输入状态方程并显示
A =
[0  1              0                0              0                     0；
 0  0          - 3 * ml * g/q       0         - 3 * m2 * g/q            0；
 0  0              0                1              0                     0；
 0  0  3 * g/(4 * ll) + 9 * ml * g/(4 * ll * q)  0    9 * m2 * g/(4 * ll * q)    0；
 0  0              0                0              0                     1；
 0  0      9 * ml * g/(4 * l2 * q)  0  3 * g/(4 * l2) + 9 * m2 * g/(4 * l2 * q)  0]

B = [ 0；4/q；0；- 3/(ll * q)；0；- 3/(l2 * q) ]
C = [ 1 0 0 0 0 0；0 0 1 0 0 0；0 0 0 0 1 0 ]
D = [0；0；0]
p = eig(A)                                    % 求开环系统的极点
f = rank([B A * B A^2 * B A^3 * B A^4 * B A^5 * B])    % 求系统的可控矩阵的秩

% 求开环系统的阶跃响应并显示
T = 0:0.005:5；
U = 0.2 * ones(size(T))；
```

```
[Y,X] = lsim(A,B,C,D,U,T);
plot(T,Y(:,1),':',T,Y(:,2),'-')  %用虚线绘制小车的位移曲线,用细实线绘制左边摆
                                 %杆的摆角曲线
hold on
h = plot(T,Y(:,3),'-');
set(h,'linewidth',4 * get(h,'linewidth')); %用粗实线绘制右边摆杆的摆角曲线
axis([0 3 - 10 10])
%————end————
```

上述仿真图形的文字标注不是通过语句来完成的,而是通过 MATLAB 绘图窗口上的工具按钮 ![tools] 来实现的,这样标注较方便、灵活些。

当然,这完全可以用 Simulink 仿真,但是利用该程序还可以精确地求出系统的极点和系统的可控矩阵的秩,从而分析系统的可控性。程序的执行结果如下:

$$
A = \begin{bmatrix} 0 & 1 & 0 & 0 & 0 & 0 \\ 0 & 0 & -2.94 & 0 & -2.94 & 0 \\ 0 & 0 & 0 & 1 & 0 & 0 \\ 0 & 0 & 15.93 & 0 & 3.68 & 0 \\ 0 & 0 & 0 & 0 & 0 & 1 \\ 0 & 0 & 3.68 & 0 & 15.93 & 0 \end{bmatrix}, \quad B = \begin{bmatrix} 0 \\ 0.8 \\ 0 \\ -1 \\ 0 \\ -1 \end{bmatrix}
$$

$$
C = \begin{bmatrix} 1 & 0 & 0 & 0 & 0 & 0 \\ 0 & 0 & 1 & 0 & 0 & 0 \\ 0 & 0 & 0 & 0 & 1 & 0 \end{bmatrix}, \quad D = \begin{bmatrix} 0 \\ 0 \\ 0 \end{bmatrix}
$$

系统的极点为 $p=0,0,4.4272,3.5000,-4.4272,-3.5000$,可见有两个不稳定的极点。

系统的能控矩阵的秩 $f=4<6$,说明此系统状态不完全能控。

利用该程序还可以方便地修改参数并求取线性化之后系统的阶跃响应曲线。

4. 仿真实验

当 $M=1,m_1=m_2=0.5,L_1=0.7,L_2=0.6,F=0.2$(阶跃信号)时,执行 M 文件(state.m),对线性化之后的模型的仿真结果如下。图 3-108 为阶跃响应曲线。

系统的极点 $p=0,0,4.2866,3.3466,-4.2866,-3.3466$。

系统的能控矩阵的秩 $f=6$,说明此系统状态完全能控。

改变 L_1 和 L_2 的值,通过大量仿真试验,发现只要 $L_1 \neq L_2$,系统能控矩阵的秩 $f=6$,系统状态完全能控;而 $L_1=L_2$ 时,$f<6$,系统状态不完全能控,改变其他参数时不影响这一结论。虽然这只是有限次的仿真结果,但该结论在理论上是可以证明的,由于篇幅所限,这里就不进一步探讨了。

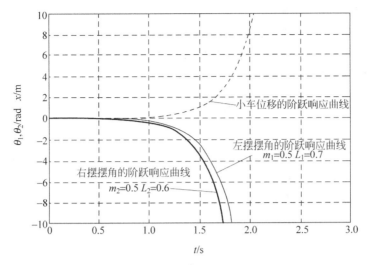

图 3-108　$L_1 \neq L_2$ 时的仿真结果

5. 结论

通过本节的讨论可以有以下几点结论：

（1）本节所建立的模型在一定的条件下可以较精确地描述一阶直线双倒立摆系统。其中，线性化之前的模型精度较高些，它仅忽略了空气阻力和摩擦力，对于大范围的摆角变化都适用，和实际情况更接近些。但是，它是非线性的，分析起来不太方便。线性化之后的模型仅在摆角变化不大时才适用，通过它可以近似的分析系统的性能（如稳定性、可控性），便于利用较成熟的线性系统理论设计控制器。设计好的控制律可以再用精确模型进行仿真（已经封装成模块，便于随时调用），进一步调整。

（2）一阶直线双倒立摆系统显然是自不稳定的，从线性化之后的模型得到的仿真结果看，它有两个不稳定的极点。

（3）系统的可控性只与两个摆的摆长有关，只要 $L_1 \neq L_2$，系统能控矩阵的秩 $f = 6$，系统状态完全能控；而 $L_1 = L_2$ 时，$f < 6$，系统状态不完全能控。虽然这是用软件仿真得到的结果，而不是严格的证明，但它比理论上的推导更方便，可以快速得到结论，因此对于系统设计仍然具有很大的指导意义。

（4）对于形状不规则的"摆杆"而言，L_1、L_2 应理解为"摆杆"的质心到转动轴的距离，则上述可控性的结论仍是适用的。

3.7　基于经典频域法的 DC/DC 变换器控制方案

电力电子变换器是实现电能变换与控制的电力自动化装置，包括 DC/DC、AC/DC、DC/AC 和 AC/AC 四种电能变换形式。本节将以 Buck 变换器为例，讨论基于经典频域法的 DC/DC 变换器控制系统设计问题。在后续电力电子系统控制问题的讨论中,我们将沿循控制对象从简单的 DC/DC 变换器到相对复杂的三相电压型 PWM 整流器,模型特征从单输入单输出系统到多输入多输出系统,控制方法从经典频域法到非线性控制方法的思路展开论述。

1. DC/DC 变换器的数学建模

DC/DC 变换器可将直流电转换为另一固定电压或可调电压的直流电,有时也称为直流斩波电路,其可应用于开关电源、直流传动系统、电动车能量变换存储等领域。DC/DC 变换器包括 Buck、Boost、Buck/Boost、Cuk、Sepic 和 Zeta 这 6 种基本直流斩波电路,以及正激、反激、半桥、全桥和推挽等间接直流变换电路[14-19]。本小节将以最常用的 Buck 型电路为例(如图 3-109 所示),讨论 DC/DC 变换器的控制系统设计问题。

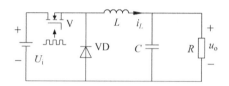

图 3-109　Buck 变换器的拓扑结构

图 3-109 中,U_i 表示直流输入电压,u_o 为直流输出电压,i_L 为电感电流,R 为负载电阻,L 和 C 分别为滤波电感和滤波电容,VD 为二极管,V 为功率开关器件,s 为开关函数,$s=1$ 表示功率开关器件开通,$s=0$ 表示功率开关器件关断。进而,在连续导电模式(Continuous Conduction Mode,CCM)下,由基尔霍夫电压和电流定律,可建立 Buck 变换器的数学模型如式(3-110)所示。

$$\begin{cases} i_L = C\dfrac{\mathrm{d}u_o}{\mathrm{d}t} + \dfrac{u_o}{R} \\[2mm] u_o = sU_i - L\dfrac{\mathrm{d}i_L}{\mathrm{d}t} \end{cases} \tag{3-110}$$

为便于利用经典控制理论对该系统进行设计,需对式(3-110)进行小信号线性化处理。将方程中各变量等效为稳态直流分量和交流小信号扰动值之和的形式,即令 $u_o = U_o + \hat{u}_o$,$i_L = I_L + \hat{i}_L$,$s = D + \hat{d}$。其中,U_o,I_L,D 为稳态值,$\hat{u}_o$,$\hat{i}_L$,$\hat{d}$ 为小信号扰动值。将这些变量代入到式(3-110)中,并由稳态时各变量的关系,可得微分方程形式描述的系统小信号模型如式(3-111)所示,此步骤为"分离扰动"过程。

$$\begin{cases} \hat{i}_L = C\dfrac{\mathrm{d}\hat{u}_o}{\mathrm{d}t} + \dfrac{\hat{u}_o}{R} \\[2mm] \hat{u}_o = \hat{d}U_i - L\dfrac{\mathrm{d}\hat{i}_L}{\mathrm{d}t} \end{cases} \tag{3-111}$$

对式(3-111)进行拉氏变换,整理后可得 Buck 变换器的控制输入(占空比)与

直流电压输出间的传递函数关系为

$$G_o(s) = \frac{U_o(s)}{D(s)} = \frac{U_i}{LCs^2 + \dfrac{L}{R}s + 1} \tag{3-112}$$

由式(3-112)可知,该模型为一双重极点型控制对象,可利用经典控制理论的频域分析方法,设计相应控制器,实现 Buck 变换器的直流输出电压控制。

2. DC/DC 变换器的控制系统设计

(1) Buck 变换器被控对象的频率特性

对于某一 Buck 型 DC/DC 变换器,其系统参数为:直流输入电压 $U_i = 28V$,直流输出电压为 15V,直流负载电阻 $R = 3\Omega$,滤波电感 $L = 50\mu H$,滤波电容 $C = 500\mu F$。直流输出电压给定值 $U_{ref} = 1.5V$,即电压采样网络 $H(s) = 1/10$。对于 PWM 调制环节 $G_m(s) = 1/U_m$,其载波信号幅值为 $U_m = 1V$,开关频率 $f_s = 100kHz$。在此条件下,基于经典频域法设计该 Buck 变换器的直流电压控制系统,如图 3-110 所示,其中 $G_c(s)$ 为待设计的控制器。

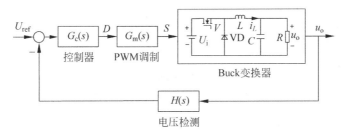

图 3-110 Buck 变换器控制系统结构

将系统参数代入式(3-112)中,利用 MATLAB 控制系统设计工具箱及相应指令函数,可绘制出被控对象的幅频和相频特性,如图 3-111 所示。

系统的开环传递函数为

$$G(s) = G_c(s)G_m(s)G_o(s)H(s) \tag{3-113}$$

当控制器 $G_c(s) = 1$ 时,利用 MATLAB 命令可绘制系统开环传递函数的幅频特性和相频特性如图 3-112 所示。由该频率特性曲线,可分析 Buck 变换器的稳定性、稳态性能和动态性能。

首先,由图 3-112 可知,系统的剪切频率为 $\omega_c = 12.3krad/s$,相角裕度为 $\varphi_m = 4.2°$。相角裕度较低(接近于零),使得系统虽然理论上是稳定的,但当 Buck 变换器受到一定的参数摄动或外部扰动时,系统将会变得不稳定;其次,系统的直流增益 $G_{u0} = HU_i/U_m = 2.8$,据此可计算出稳态误差为 $1/(1+G_{u0}) = 26.3\%$,如此大的稳态误差是不能满足实际应用要求的;最后,系统的剪切频率为 $\omega_c = 12.3krad/s$,对应 $f_c = 1.96kHz$,剪切频率过小,使得系统的动态响应速度很慢。综上所述,未施加有效控制时,Buck 变换器不能满足实际应用中"稳、准、快"的需求,需要设计

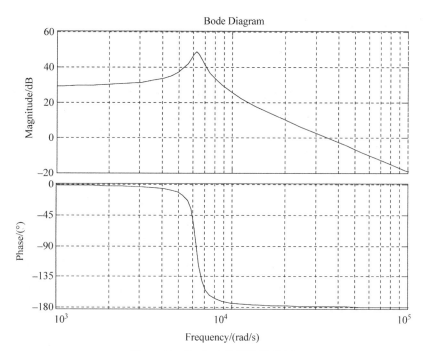

图 3-111   Buck 变换器的波特图

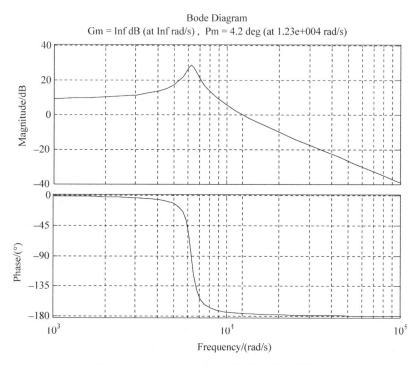

图 3-112 $G_c(s)=1$ 时开环传递函数的波特图

合理的控制器,提高系统的综合性能。

(2) 电力电子变换器频域法设计的原理与步骤

在利用经典频域法设计电力电子变换器控制系统时,主要用波特图来表示被控对象、控制器以及开环传递函数的频率特性。系统开环传递函数的波特图可以反映出闭环系统的稳定性、稳定裕度、稳态和动态性能。理想的开环传递函数频率特性在低频段、中频段和高频段应该分别满足如下要求[19-21]:

① 低频段:开环传递函数频率特性的低频段反映了系统包含积分环节的个数和直流增益的大小,主要影响系统的稳态性能。对于 DC/DC 变换器等电力电子系统,理想的低频特性是直流增益无限大,低频段以$-20\mathrm{dB/dec}$的斜率下降。

② 中频段:开环传递函数频率特性的中频段需以$-20\mathrm{dB/dec}$斜率下降并穿越 0dB 线,剪切频率(或称穿越频率)与系统的稳定性、调节时间和超调量等动态性能密切相关。

③ 高频段:高频段与系统的稳态和动态性能关系不大,但其反映了系统对高频干扰信号的抑制能力。高频段幅频特性衰减越快,系统的抗干扰能力就越强,一般要求以$-40\mathrm{dB/dec}$斜率下降。

电力电子变换器频域法设计的一般步骤可概括为:把系统的性能指标和技术要求转化为开环传递函数的伯德图,即期望特性;根据被控对象的伯德图和开环传递函数的伯德图确定控制器的伯德图;基于控制器的伯德图,选择合适的控制器并完成参数设计。

下面,基于电力电子变换器频域法设计的原理与步骤,给出 Buck 型 DC/DC 变换器控制系统的设计过程。

(3) Buck 变换器的 PD 控制器设计

针对前述 Buck 变换器在控制性能方面的不足,这里设计合理的控制器进行改进。提高系统相角裕度的一个有效办法是采取 PD 控制器(超前校正装置)。此时,在小于系统剪切频率处,给控制器增加一个零点,使开环传递函数产生足够的超前相移,可保证系统获得较大的相角裕度。另一方面,在大于剪切频率处,给控制器增加一个极点,提高开环传递函数高频段的下降斜率,可更好地抑制高频噪声,同时这种控制器也便于工程实现。

PD 控制器的传递函数如下式(3-114)所示

$$G_{\mathrm{c}}(s) = G_{\mathrm{c0}} \frac{1+s/\omega_{\mathrm{z}}}{1+s/\omega_{\mathrm{p}}} \tag{3-114}$$

式中,$\omega_{\mathrm{z}} < \omega_{\mathrm{c}} < \omega_{\mathrm{p}}$。

需要说明的是,式(3-114)所示的 PD 控制器在文献[19-21]中也称为 PD 补偿网络或超前校正装置;本节所说的"控制器"与"补偿网络/校正装置"具有同一含义。实际上,由于理想微分环节不可物理实现,式(3-114)所示的 PD 控制器与传统意义上的理想比例微分控制器稍有差别;再者,由于$\omega_{\mathrm{z}} < \omega_{\mathrm{p}}$,系统仅在中低频段才具有理想的比例微分特性。

为了提高剪切频率,设加入 PD 控制器后,开环传递函数新的剪切频率f_{c}'为开

关频率 f_s 的 $1/20$，即 $f'_c=f_s/20=5\text{kHz}$。设补偿后新的相角裕度 $\varphi'_m=52°$，则 PD 控制器的零点、极点以及直流增益计算公式为[19-21]

$$\omega_z = \omega'_c\sqrt{\frac{1-\sin\varphi'_m}{1+\sin\varphi'_m}} = 2\pi\times5\times\sqrt{\frac{1-\sin52°}{1+\sin52°}} = 10.8\text{k rad/s} \tag{3-115}$$

$$\omega_p = \omega'_c\sqrt{\frac{1+\sin\varphi'_m}{1-\sin\varphi'_m}} = 2\pi\times5\times\sqrt{\frac{1+\sin52}{1-\sin52}} = 91.2\text{k rad/s} \tag{3-116}$$

$$G_{c0} = \sqrt{\frac{\omega_z}{\omega_p}}LC(\omega'_c)^2/G_{u0}$$

$$= \sqrt{\frac{10.8}{91.2}}\times50\times10^{-6}\times500\times10^{-6}\times(2\pi\times5\times10^3)^2/2.8 = 3 \tag{3-117}$$

此时系统的开环传递函数为

$$G(s) = G_c(s)\left(\frac{1}{U_M}\right)G_o(s)H(s)$$

$$= \frac{G_{c0}U_iH}{U_M}\frac{1+\dfrac{s}{\omega_z}}{\left(1+\dfrac{s}{\omega_p}\right)\left(LCs^2+\dfrac{L}{R}s+1\right)} \tag{3-118}$$

利用 MATLAB 命令可分别绘制 PD 控制器和系统开环传递函数的频率特性曲线如图 3-113 和图 3-114 所示。

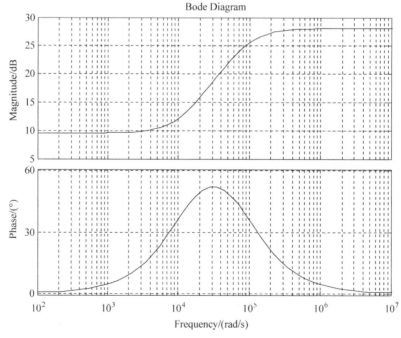

图 3-113　PD 控制器的波特图

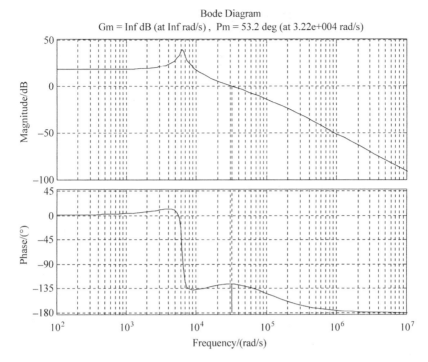

图 3-114 采用 PD 控制器后系统开环传递函数的波特图

由图 3-113 和图 3-114 可知,采用 PD 控制器后,实际系统的相角裕度为 $\varphi'_m = 53.2°$,剪切频率为 $\omega'_c = 32.2\text{k rad/s}$,即 $f'_c = 5.12\text{kHz}$。同时对于中频段的 10k rad/s 至 100k rad/s 较大范围,相角裕度均维持在 40°以上,可保证系统受到较大参数摄动和外部扰动时,仍然具有较好的稳定性和动态性能。

然而,系统幅频特性曲线在低频段较为平直,会存在较大的稳态误差,有必要进一步对 PD 控制器进行改进。

(4) Buck 变换器的 PID 控制器设计

为了解决 PD 控制器存在的系统稳态误差较大的问题,可在其传递函数基础上,通过加入倒置零点,改善开环传递函数的低频特性,构成如式(3-119)所示的 PID 控制器。

$$G_c(s) = G_{c1} \frac{(1 + s/\omega_z)(1 + \omega_m/s)}{1 + s/\omega_p} \tag{3-119}$$

与前述 PD 控制器相比,PID 控制器仅在低频段有所改变,而在中高频段特性不变,因此所设计的倒置零点的频率应远离系统的剪切频率,这样系统的相角裕度和剪切频率可基本维持原值,不受其影响;控制器的零点 ω_z、极点 ω_p 以及直流增益 G_{c1} 也可沿用原有值。倒置零点的频率一般取为

$$\omega_m = \omega'_c/10 = 3.22\text{k rad/s} \tag{3-120}$$

此时系统的开环传递函数为

$$G(s) = G_c(s)\left(\frac{1}{U_M}\right)G_o(s)H(s)$$

$$= \frac{G_{c0}U_i H}{U_M} \frac{\left(1+\frac{s}{\omega_z}\right)\left(1+\frac{\omega_m}{s}\right)}{\left(1+\frac{s}{\omega_p}\right)\left(LCs^2+\frac{L}{R}s+1\right)} \tag{3-121}$$

利用 MATLAB 命令可分别绘制 PID 控制器和系统开环传递函数的频率特性曲线如图 3-115 和图 3-116 所示。

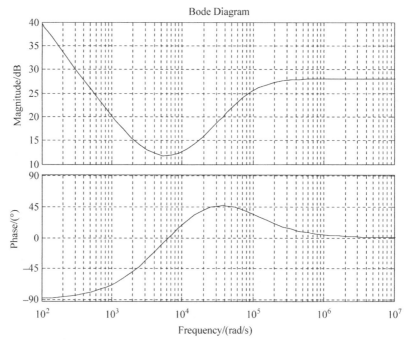

图 3-115　PID 控制器的波特图

由图 3-115 和图 3-116 可知,采用 PID 控制器后,系统的中高频特性基本保持不变,系统的相角裕度为 $\varphi'_m = 47.5°$,剪切频率为 $\omega'_c = 32.3\text{k rad/s}$,即 $f'_c = 5.14\text{kHz}$。在低频段,系统开环传递函数可近似为式(3-122)所示的积分环节,其幅频特性曲线以 -20dB/dec 的斜率下降,保证了系统的稳态性能。至此完成了 Buck 变换器控制系统的设计。

$$G(s) \approx \frac{G_{c0}U_i H\omega_m}{U_M}\frac{1}{s} \tag{3-122}$$

3. 仿真实验

根据 Buck 变换器系统参数及前述设计的控制器传递函数,可在 MATLAB/Simulink 环境下,建立 Buck 变换器控制系统仿真模型,如图 3-117 所示。该仿真模型包括利用 SimPowerSystems 仿真工具箱搭建的 Buck 变换器主电路部分,以

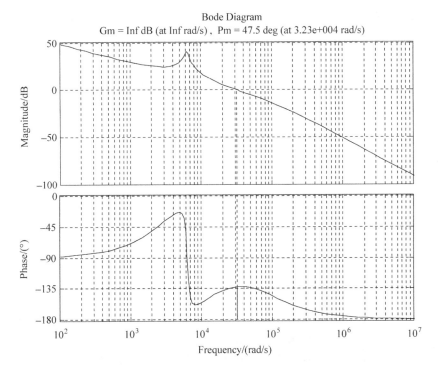

图 3-116　采用 PID 控制器后系统开环传递函数的波特图

及由电压给定环节、控制器、PWM 调制环节和检测环节组成的控制电路部分。利用该仿真模型,可对所设计的 Buck 变换器控制系统进行仿真实验验证。实际上,本节第二部分所绘制的系统波特图即是利用 MATLAB 指令来获取的,但其侧重于系统的频域分析,本部分将给出系统时域下的仿真结果,其与频域分析存在着一定的对应关系。

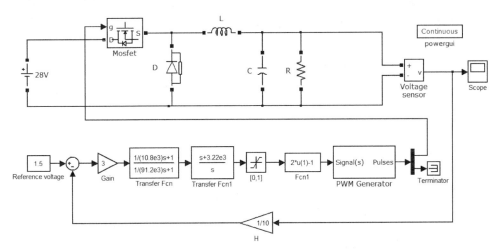

图 3-117　基于 PID 控制器的 Buck 变换器控制系统仿真模型

仿真模型中,由于反馈电压采样网络 $H(s)=1/10$,因此 Buck 变换器的输出侧若期望获得 15V 的直流电压,则控制系统给定值 $U_{\mathrm{ref}}=1.5\mathrm{V}$,图 3-118 为采用 PID 控制器和 PD 控制器的直流输出电压响应曲线。

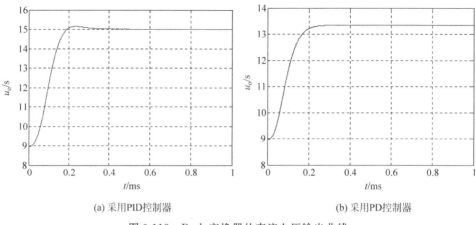

(a) 采用PID控制器   (b) 采用PD控制器

图 3-118　Buck 变换器的直流电压输出曲线

由仿真结果可以看出,采用 PID 控制器后,Buck 变换器的直流输出电压在 $t=0.3\mathrm{ms}$ 即达到期望值,具有较快的响应速度,同时无稳态静差。然而,采用 PD 控制器,虽然 Buck 变换器可实现稳定控制,并具有较好的快速性,但稳态时直流输出电压仅为 13.34V,存在着 1.66V 的稳态静差。这一实验结果与此前的频域分析是相符的。

需补充说明的是,仿真模型中滤波电容的电压初始值设为 9V,以防止初始上电状态下,由于电容电压不能突变而导致的直流输出电压较大过冲,这与实际装置中一般需配置的电容预充电环节是相符的。

为了更好地验证所设计的基于 PID 控制器的 Buck 变换器控制系统性能,这里考虑系统受到直流负载扰动和直流输入电压扰动两种情况,相关仿真实验结果如图 3-119 所示。

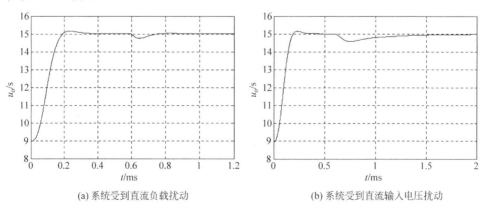

(a) 系统受到直流负载扰动   (b) 系统受到直流输入电压扰动

图 3-119　Buck 变换器控制系统的抗扰性能

由仿真结果可见,$t=0.6\text{ms}$ 时,直流负载从 $R=3\Omega$ 变化为 $R=1.5\Omega$,此时仿真实验结果如图 3-119(a)所示。$t=0.6\text{ms}$ 时,直流负载保持 $R=3\Omega$ 不变,直流输入电压从 $U_i=28\text{V}$ 变化为 $U_i=21\text{V}$,此时仿真实验结果如图 3-119(b)所示。可见,对于直流负载和直流输入电压大范围的扰动,Buck 变换器都能较为快速地回到稳定状态,系统具有较好的抗扰能力。

4. 小结

本节以 Buck 变换器为例,给出了基于经典频域法的 DC/DC 变换器控制系统设计过程,综合起来有以下几点结论:

(1) 本节给出了基于经典频域分析理论的电力电子变换器控制系统设计过程,总结了理想开环传递函数的频率特性(低频段、中频段和高频段)与控制系统稳定性、相对稳定性(相角裕度)、稳态性能(稳态误差)和动态性能(快速性等)间的关系,为电力电子变换器控制系统的频域分析与综合提供了理论指导。

(2) 以伯德图为工具,对 Buck 型 DC/DC 变换器这类单输入单输出系统,利用经典频域法设计其控制器,并进行了仿真实验验证。仿真结果表明,一方面,系统的频域分析与时域响应可互为验证;另一方面,所设计的 Buck 变换器控制系统具有较好的稳态、动态和抗扰性能。

(3) 本小节设计了 Buck 变换器的电压单环控制系统,单环系统的优点在于结构简单、设计方便,但也存在扰动下系统响应速度慢等问题(例如图 3-119(b)所示直流输入电压扰动后的输出电压曲线)。实际上,为了追求更好的控制性能,在直流输出电压环基础上,可引入电感电流进行内环控制(包括峰值电流控制、平均电流控制和滞环电流控制等),构成双环控制系统。此时,控制系统的设计要更复杂些。

(4) 在进行 DC/DC 变换器控制系统实物设计时,还需考虑控制器的硬件实现问题,因其不属于本书的讨论范围,此方面未过多展开论述,这里只简要给出其两种实现途径:一种方法是"模拟实现",即采用有源校正装置,利用运算放大器和电阻、电容来实现;另一种方法是"数字实现",近年来随着高性能处理器的飞速发展,这种方法已成为技术主流。

需要说明的是,本节所阐述的 Buck 变换器控制系统设计并未考虑滤波电容的串联等效电阻,以及不连续导电模式(discontinuous conduction mode,DCM)工况,对此感兴趣的读者可基于本节内容进一步自行设计完成。

3.8　三相电压型 PWM 整流器的高功率因数控制方案

整流器作为电力电子设备的前端电路,应用极其广泛。传统的整流装置采用二极管不控整流或晶闸管相控整流方式,具有网侧电流谐波大、功率因数低等缺点,给电网带来了严重的谐波和无功功率"污染"问题。三相电压型PWM整流器(简称"PWM整流器")采用全控型电力电子器件,利用PWM斩波控制方式,能够实现交流侧高功率因数运行,具有交流电流畸变小、输出直流电压可调以及能量可双向流动等优点,越来越受到人们的广泛关注[22-26]。

PWM整流器稳态和动态控制性能的优劣依赖于控制系统的合理设计,PWM整流器控制系统设计包括"控制系统结构设计"和"控制器/策略设计"两部分;在控制系统结构设计方面,本节基于欠驱动系统理论,给出了PWM整流器"有功/无功电流内环、直流电压外环"的双闭环控制系统结构,并阐述了该结构设计的理论成因;在控制器/策略设计方面,由于PWM整流器是非线性系统,采用线性系统理论设计的控制策略存在着"控制器参数整定困难、大范围扰动不稳定"等问题,故本节将采用非线性控制方法——"滑模变结构控制方案",以实现PWM整流器的高功率因数控制。

1. 系统建模与模型验证

在第2章2.5.6节"PWM整流器控制问题"中,我们给出了三相静止坐标系下PWM整流器的数学模型,这里我们用"必要条件法"对所建模型进行验证。所谓必要条件法,就是所进行的模型验证实验的结果是依据经验可以判定的,其正确性的结果是正确的模型所应具备的必要性质。

在MATLAB/Simulink环境下,按照PWM整流器数学模型,搭建其仿真模型如图3-120所示,这里函数Fcn,Fun1,Fcn2,Fcn3和Fcn4的表达式分别为

Fcn:(u[4]−u[11]*u[1]−u[10]*u[7]+u[10]*(u[7]+u[8]+u[9])/3)/u[12]

Fcn1:(u[5]−u[11]*u[2]−u[10]*u[8]+u[10]*(u[7]+u[8]+u[9])/3)/u[12]

Fcn2:(u[6]−u[11]*u[3]−u[10]*u[9]+u[10]*(u[7]+u[8]+u[9])/3)/u[12]

Fcn3:(u[1]*u[7]+u[2]*u[8]+u[3]*u[9]−u[10]/u[14])/u[13]

Fcn4:u[1]*u[7]+u[2]*u[8]+u[3]*u[9]

系统模型方程中的常量R,L,C,R_L是可变参数,其可在模型外部进行灵活设置,这里取$R=0.3\Omega,L=20\text{mH},C=990\mu\text{F},R_L=200\Omega$。由$i_{dc}=i_as_a+i_bs_b+i_cs_c$,可得不同开关模式时的$i_{dc}$值(如表3-4所示)。

表3-4   PWM整流器不同开关模式时的i_{dc}取值

$s_cs_bs_a$	001	010	011	100	101	110	111	000
i_{dc}	i_a	i_b	$-i_c$	i_c	$-i_b$	$-i_a$	0	0

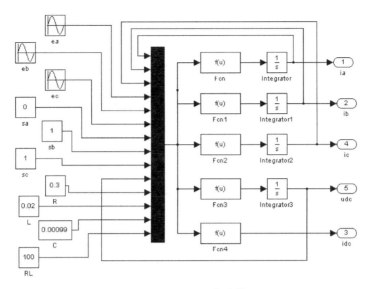

图 3-120　模型验证仿真模型

为了检验 PWM 整流器数学模型是否与实际系统相符,下面设计了三个仿真实验,如表 3-5 所示。

表 3-5　模型验证仿真实验

序号	实验条件	判定依据
实验一	$s_a = s_b = s_c = 0$	$i_{dc} = 0$
实验二	$s_a = 1, s_b = s_c = 0$	$i_{dc} = i_a$
实验三	$s_a = 0, s_b = s_c = 1$	$i_{dc} = -i_a$

模型验证的仿真实验结果如图 3-121 所示。由实验结果可以看出,该模型行为与理论分析完全符合,因而可在一定程度上证明所建模型的正确性。

2. PWM 整流器的双闭环控制系统构成

(1) PWM 整流器的欠驱动特性

在第 2 章 2.5.6 节"PWM 整流器控制问题"中,给出了 dq 同步旋转坐标系下 PWM 整流器的数学模型,如下式所示:

$$
\begin{cases}
L\,\dfrac{\mathrm{d}i_d}{\mathrm{d}t} = -Ri_d + \omega L i_q - s_d u_o + e_d \\[2mm]
L\,\dfrac{\mathrm{d}i_q}{\mathrm{d}t} = -\omega L i_d - Ri_q - s_q u_o + e_q \\[2mm]
C\,\dfrac{\mathrm{d}u_o}{\mathrm{d}t} = s_d i_d + s_q i_q - \dfrac{u_o}{R_L}
\end{cases}
\tag{3-123}
$$

由该模型可知,描述其位形空间内运动的独立变量为有功电流 i_d、无功电流 i_q 和直

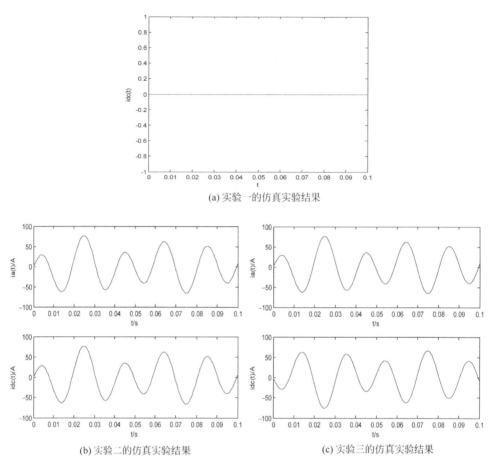

(a) 实验一的仿真实验结果

(b) 实验二的仿真实验结果　　　　　　　(c) 实验三的仿真实验结果

图 3-121　模型验证的仿真实验结果

流电压 u_o,因此系统的自由度为 3。另一方面,PWM 整流器的控制输入有 s_d 和 s_q 2 个。由于其控制输入个数小于系统自由度,因此 PWM 整流器是一个"欠驱动电力电子系统",这样可在欠驱动系统的理论体系下,对 PWM 整流器进行重新审视与讨论。

　　"欠驱动"这一概念最早用于描述机械系统的运动控制问题,所谓"欠驱动系统"指的是系统控制输入数目小于自由度的系统;例如,对于一阶直线倒立摆系统,其控制输入只有 1 个,即小车水平方向控制力,但系统的自由度为 2(小车位移和摆杆摆角);实际上,龙门吊车、自平衡两轮电动车、水面舰船等系统都具有同类性质;这种控制输入的缺失,给"欠驱动系统"的有效控制带来困难。

　　(2) 双闭环控制系统结构设计与分析

　　对于欠驱动机械系统,驱动变量与欠驱动变量的选择可根据系统运动方式直接判断得出。例如,对于一阶倒立摆系统,小车位移为驱动变量,摆杆摆角为欠驱动变量。此处,"驱动变量"指的是在控制输入激励下,可以直接实现稳定控制的状态变量；所谓"欠驱动变量"指的是控制输入并不直接激励，而仅由系统内部动态(零动态)影响的状态变量。

然而，欠驱动电力电子系统的驱动变量与欠驱动变量的选择则需要对系统稳定性进行分析后方能确定。亦即，对于 PWM 整流器，由于其仅有 2 个控制输入，因此状态变量包括 2 个驱动变量(与 s_d、s_q 这 2 个控制输入对应)和 1 个欠驱动变量(无控制输入直接激励)。

选取 i_d、i_q、u_o 中哪 2 个状态变量作为驱动变量需进行理论分析，这里有 3 种选择方案：

① 选择 u_o、i_q 为驱动变量，i_d 为欠驱动变量。

由于采用了等功率坐标变换，因此 PWM 整流器的交直流侧瞬时功率平衡关系式为

$$e_d i_d = L\left(i_d \frac{\mathrm{d}i_d}{\mathrm{d}t} + i_q \frac{\mathrm{d}i_q}{\mathrm{d}t}\right) + R(i_d^2 + i_q^2) + Cu_o \frac{\mathrm{d}u_o}{\mathrm{d}t} + \frac{u_o^2}{R_L} \tag{3-124}$$

式(3-124)实际上反映了 PWM 整流器能量变换的本质特征。由该式可分别获得 i_d、i_q、u_o 的内部动态(零动态)方程，进一步可判断出欠驱动零动态子系统，乃至整个 PWM 整流器控制系统的稳定性[27-28]。

PWM 整流器的控制目标，一是实现 u_o 收敛于给定值 u_o^*(即直流电压稳定并可调)，二是实现 i_q 收敛于给定值 $i_q^* = 0$(即实现网侧单位功率因数控制)。显然，选择 u_o、i_q 作为驱动变量，可直接实现这 2 个目标，从而欠驱动变量 i_d 的稳定性就直接决定 PWM 整流器控制系统的稳定性。

在式(3-124)中，令 $i_q=0$，$u_o = u_o^*$，可得以 i_d 为欠驱动变量的系统零动态方程为

$$\frac{\mathrm{d}i_d}{\mathrm{d}t} = -\frac{Ri_d}{L} - \frac{(u_o^*)^2}{Li_d R_L} + \frac{e_d}{L} \tag{3-125}$$

此时，可得如图 3-122 所示的 i_d 零动态相平面图。

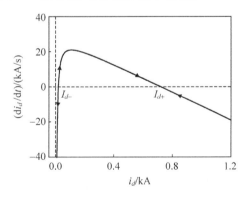

图 3-122 欠驱动变量 i_d 的相平面图

此时，系统有 I_{d+} 和 I_{d-} 两个平衡点，其中 I_{d+} 是稳定的平衡点，I_{d-} 是不稳定的平衡点。I_{d+} 的表达式为

$$I_{d+} = \frac{1}{2}\left(\frac{e_d}{R} + \sqrt{\frac{e_d^2}{R^2} - \frac{4\,(u_o^*)^2}{RR_{\rm L}}} \right) \tag{3-126}$$

由式(3-126)可见,I_{d+} 远远超出了 PWM 整流器的运行范围,物理上不可实现,因此欠驱动变量 i_d 只存在唯一的不稳定平衡点 I_{d-}。由于 i_d 零动态不稳定,故选取 i_d 作为欠驱动变量是不可行的。

② 选择 u_o、i_d 为驱动变量,i_q 为欠驱动变量。

在该方案中,施加有效控制后,u_o 和 i_d 将分别达到给定值 u_o^* 和 i_d^*,从而欠驱动变量 i_q 的稳定性就直接决定 PWM 整流器控制系统的稳定性。

在式(3-124)中,令 $u_o = u_o^*$,$i_d = i_d^*$,则可得以 i_q 为欠驱动变量的系统零动态方程:

$$e_d i_d^* = L i_q \frac{{\rm d}i_q}{{\rm d}t} + R((i_d^*)^2 + i_q^2) + \frac{(u_o^*)^2}{R_{\rm L}} \tag{3-127}$$

由稳态时功率平衡关系

$$e_d i_d^* = R\,(i_d^*)^2 + \frac{(u_o^*)^2}{R_{\rm L}} \tag{3-128}$$

可得以 i_q 为欠驱动变量的系统零动态方程为

$$\frac{{\rm d}i_q}{{\rm d}t} = -\frac{R}{L} i_q \tag{3-129}$$

此时,i_q 的零动态相平面图如图 3-123 所示。图中,$I_q = 0$ 是无功电流 i_q 的稳定平衡点,因此理论上只对 i_d、u_o 进行直接控制,间接使得系统内部动态 i_q 收敛到零。然而实际系统往往存在参数不确定性、未知扰动和未建模动态,使得 i_q 自身归于零的收敛过程存在稳态误差,难以获得较高的功率因数。因此对于我们更加关注的无功电流 i_q 的控制问题,采用直接控制更为合适。

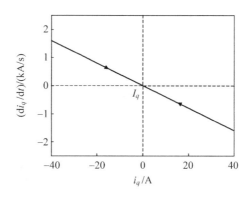

图 3-123　欠驱动变量 i_q 的相平面图

另一方面,即使想将 i_q 置于外环,通过 i_d^* 或 u_o^* 进行间接控制,但由式(3-130)所示的 i_d 和 i_q 间传递函数关系式可知,由于 $i_q^* = 0$,即式(3-130)分母为零,故无法通过调节 i_d^* 来确保 i_q 得到有效控制。因此,选取 i_q 作为欠驱动变量也是不可行的。

$$I_q(s) = \frac{e_d - 2Ri_d^* - sLi_d^*}{(2R + sL)i_q^*} I_d(s) \quad (3\text{-}130)$$

③ 选择 i_d、i_q 为驱动变量，u_o 为欠驱动变量。

在该方案中，s_d、s_q 施加有效控制后，i_d 和 i_q 将分别收敛于给定值 i_d^* 和 $i_q^* = 0$。进而欠驱动变量 u_o 的稳定性就直接决定 PWM 整流器系统的稳定性。

在式(3-124)中，令 $i_d = i_d^*$，$i_q = 0$，则可得以 u_o 为欠驱动变量的系统零动态方程为

$$\frac{\mathrm{d}u_o}{\mathrm{d}t} = \frac{1}{Cu_o}\left(e_d i_d^* - R\,(i_d^*)^2 - \frac{u_o^2}{R_L}\right) = \frac{1}{R_L Cu_o}((u_o^*)^2 - u_o^2) \quad (3\text{-}131)$$

其相平面图如图 3-124 所示。由该图可看出，U_o 是直流侧电压的稳定平衡点（由于 $-U_o < 0$，直流电压不可能为负，故这里不必考虑 $-U_o$）。因此，理论上可只对 i_d、i_q 进行直接控制，间接使得 u_o 收敛到稳态值 u_o^*。同样，为了解决实际系统 u_o 存在稳态误差及收敛速度不可控的问题，需要引入直流电压 u_o 的外环控制器，通过对该控制器输出 i_d^* 的调节，间接实现 u_o 迅速收敛到 u_o^*。

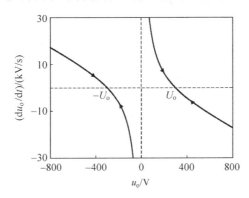

图 3-124　欠驱动变量 u_o 的相平面图

对 PWM 整流器模型进行小信号处理，可得 i_d 和 u_o 间传递函数关系式如式(3-132)所示。由此可见，通过设计电压外环控制器，并将其输出作为 i_d 的给定值 i_d^*，进而通过内环 i_d^* 的调节，间接实现 u_o 的有效控制是可行的。

$$U_o(s) = \frac{R_L(e_d - 2Ri_d^* - sLi_d^*)}{(2 + sR_L C)u_o^*} I_d(s) \quad (3\text{-}132)$$

由以上分析可知，所确定的 PWM 整流器双闭环控制系统结构为：选择 i_d、i_q 作为驱动变量，利用 s_d、s_q 进行内环直接控制；选择 u_o 作为欠驱动变量，设计外环控制器，利用 i_d^* 对其进行间接控制（如图 3-125 所示）。

3. PWM 整流器的滑模变结构控制器设计

在已确定的 PWM 整流器控制系统结构基础上，这里进一步讨论 PWM 整流器的滑模变结构控制器设计。由于在"龙门吊车重物防摆的滑模变结构控制方

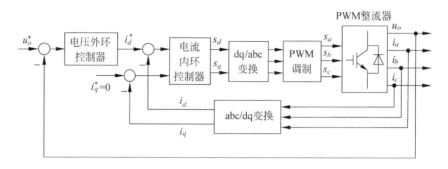

图 3-125   PWM 整流器的双闭环控制系统结构

案"一节中,已对滑模变结构控制的相关概念和理论进行了介绍,因此本节不再对此赘述,而是重点探讨滑模变结构控制在电力电子系统中的应用与实现问题。

（1）电流内环控制器的设计

在电流内环控制器设计时,暂不考虑式(3-123)中的直流电压方程,即此时PWM 整流器的电流环数学模型为

$$\begin{cases} \dfrac{\mathrm{d}i_d}{\mathrm{d}t} = \dfrac{1}{L}e_d - \dfrac{1}{L}s_d u_o + \omega i_q - \dfrac{R}{L}i_d \\[2mm] \dfrac{\mathrm{d}i_q}{\mathrm{d}t} = \dfrac{1}{L}e_q - \dfrac{1}{L}s_q u_o - \omega i_d - \dfrac{R}{L}i_q \end{cases} \tag{3-133}$$

在此数学模型基础上,我们将设计滑模变结构控制器,使 i_d 和 i_q 都能快速达到给定值。

① 定义两个滑模面:

$$\begin{cases} s_1 = \alpha_1(i_d - i_d^*) \\[2mm] s_2 = \alpha_2(i_q - i_q^*) \end{cases} \tag{3-134}$$

其中,α_1,α_2 均是正实数,i_d^*,i_q^* 分别是 i_d,i_q 的给定值。

② 采用等速趋近率:

$$\frac{\mathrm{d}s}{\mathrm{d}t} = -\varepsilon \mathrm{sgn}(s) \tag{3-135}$$

其中,ε 为正实数,则可保证 $s \cdot \dot{s} < 0$,满足广义滑模条件:

$$\begin{cases} \dot{s}_1 = -W_1 \mathrm{sgn}(s_1) \\[2mm] \dot{s}_2 = -W_2 \mathrm{sgn}(s_2) \end{cases} \quad W_1 > 0, W_2 > 0 \tag{3-136}$$

③ 求出控制率:

因为

$$\begin{cases} \dot{s}_1 = \alpha_1 \dot{i}_d = \alpha_1 \left(\dfrac{1}{L}e_d - \dfrac{1}{L}u_o s_d + \omega i_q - \dfrac{R}{L}i_d \right) \\[3mm] \dot{s}_2 = \alpha_2 \dot{i}_q = \alpha_2 \left(\dfrac{1}{L}e_q - \dfrac{1}{L}u_o s_q - \omega i_d - \dfrac{R}{L}i_q \right) \end{cases} \tag{3-137}$$

所以由式(3-136)和式(3-137),可得电流内环控制器的控制律如下:

$$\begin{cases} s_d = \dfrac{L}{u_o}\left[\dfrac{1}{L}e_d - \dfrac{R}{L}i_d + \omega i_q + \dfrac{W_1}{\alpha_1}\mathrm{sgn}(s_1)\right] \\ s_q = \dfrac{L}{u_o}\left[\dfrac{1}{L}e_q - \dfrac{R}{L}i_q - \omega i_d + \dfrac{W_2}{\alpha_2}\mathrm{sgn}(s_2)\right] \end{cases} \tag{3-138}$$

(2) 电流内环控制器的改进

由式(3-138)可以看出,电流内环控制器的控制律存在不连续符号函数 $\mathrm{sgn}(s)$,与龙门吊车系统的滑模变结构控制一样,$\mathrm{sgn}(s)$ 的存在将带来滑模变结构控制所特有的"抖振"问题。

这里,我们采用"边界层法",即用连续的饱和函数 $\mathrm{sat}(s)$ 来代替不连续函数 $\mathrm{sgn}(s)$。饱和函数 $\mathrm{sat}(s)$ 可写为如下形式:

$$\mathrm{sat}(s) = \begin{cases} +1 & s > \Delta \\ ks & |s| \leqslant \Delta \\ -1 & s < -\Delta \end{cases} \tag{3-139}$$

式中,Δ 被称为"边界层",且 $\Delta \cdot k = 1$。$\mathrm{sgn}(s)$ 和 $\mathrm{sat}(s)$ 可用图 3-126 所示曲线表示。

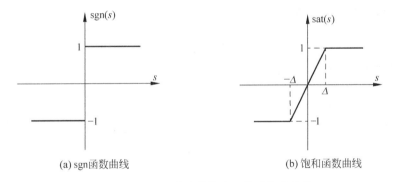

(a) sgn函数曲线　　　　　　　　　(b) 饱和函数曲线

图 3-126　sgn 函数及其饱和函数连续化曲线

因此,改进后的电流内环控制器如下所示:

$$s_d = \dfrac{L}{u_o}\left[\dfrac{1}{L}e_d - \dfrac{R}{L}i_d + \omega i_q + \dfrac{W_1}{\alpha_1}\mathrm{sat}(s_1)\right] \tag{3-140}$$

$$s_q = \dfrac{L}{u_o}\left[\dfrac{1}{L}e_q - \dfrac{R}{L}i_q - \omega i_d + \dfrac{W_2}{\alpha_2}\mathrm{sat}(s_2)\right] \tag{3-141}$$

(3) 电压外环控制器的设计

PWM 整流器控制系统的电压外环通常采用 PI 控制算法,使得输出直流电压无稳态误差。由于控制系统采用双闭环结构,因此根据电流内环的闭环传递函数,即可设计电压外环 PI 控制器。可将电流内环和 PWM 调制环节等效为一个一阶惯性环节[29]:

$$W_{ci}(s) = \frac{0.75}{3T_s s + 1} \tag{3-142}$$

其中，T_s 为电流内环采样周期，也就是 PWM 开关周期。电压外环控制系统结构如图 3-127 所示。

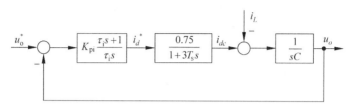

图 3-127　电压外环控制系统结构

这里，电压外环控制器为

$$W_{pi}(s) = K_{pi} \frac{\tau_i s + 1}{\tau_i s} \tag{3-143}$$

则系统开环传递函数为

$$G(s) = \frac{0.75 K_{pi}(\tau_i s + 1)}{C\tau_i s^2 (3T_s s + 1)} \tag{3-144}$$

由此，得电压环中频宽 h 为

$$h = \frac{\tau_i}{3T_s} \tag{3-145}$$

按照"典型 Ⅱ 型系统"控制器参数整定方法[1]，可得

$$\frac{0.75 K_{pi}}{C\tau_i} = \frac{h+1}{2h^2 (3T_s)^2} \tag{3-146}$$

选择 $h=5$，可以得到电压外环的 PI 调节器系统参数如下：

$$\tau_i = 5 \times 3T_s \tag{3-147}$$

$$K_{pi} = \frac{4C}{3T_s} \tag{3-148}$$

　　在实际工程应用中，需根据上述工程化设计方法，确定电压外环 PI 调节器的基本参数；在此基础上通过适当的参数调整，就可以找到一组系统稳态/动态性能指标兼顾的 PI 参数，这就减少了实际工程中 PI 调节器参数整定的盲目性。

　　综上，我们得到如图 3-128 所示的 PWM 整流器滑模变结构控制系统结构，下面对其进行仿真实验。

4. 仿真实验

（1）PWM 整流器滑模变结构控制系统的仿真

根据 SimPowerSystems 仿真工具箱，可在 Simulink 环境下建立 PWM 整流器的仿真模型如图 3-129 所示。这一模型将作为被控对象，在控制系统仿真时被使用。

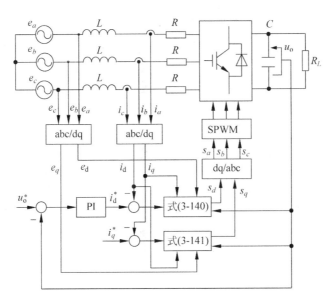

图 3-128　PWM 整流器滑模变结构控制系统结构图

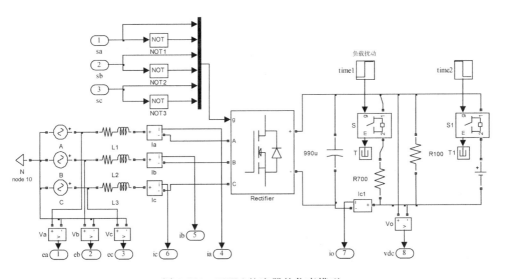

图 3-129　PWM 整流器的仿真模型

　　根据前面设计的控制器表达式,在 MATLAB/Simulink 环境下,建立 PWM 整流器滑模变结构控制系统的仿真模型,如图 3-130 所示。

　　该仿真模型中,PI controller 为电压外环 PI 控制器,为保证系统稳定运行,对其输出进行了饱和限幅处理。dq_to_abc Transformation 为控制信号从同步旋转坐标系到三相静止坐标系的"等功率"坐标变换矩阵。abc_to_dq Transformation1 和 abc_to_dq Transformation2 分别为三相电流和三相电压从三相静止坐标系到

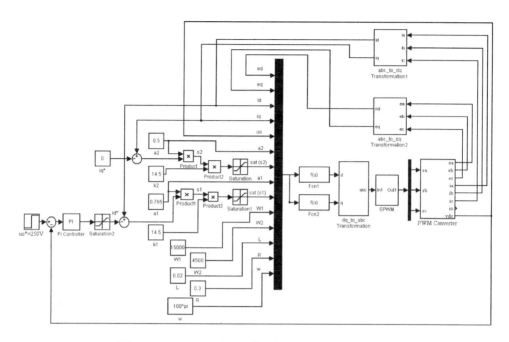

图 3-130　PWM 整流器滑模变结构控制系统仿真模型

同步旋转坐标系的"等功率"坐标变换矩阵。SPWM 为 PWM 调制模块,PWM Converter 为被控对象(PWM 整流器)的仿真模型,是将图 3-129 所示模型进一步封装得到的。Fcn1 和 Fcn2 为式(3-140)和式(3-141)所示的电流内环控制器,其值分别为:

Fcn1:u[12] * (u[1]/u[12]－u[13]/u[12] * u[3]＋u[14] * u[4]＋u[10] * u[9]/u[8])/u[5]

Fcn2:u[12] * (u[2]/u[12]－u[13] * u[4]/u[12]－u[14] * u[3]＋u[11] * u[7]/u[6])/u[5]

PWM 整流器参数为 $R=0.3\Omega, L=0.02H, C=990\mu F, e_a=78\cos\omega t, e_b=78\cos(\omega t-120°), e_c=78\cos(\omega t+120°)$,负载电阻 $R_L=100\Omega$。对于滑模变结构控制器,其参数 $\alpha_1=0.765, \alpha_2=0.5, W_1=15\,000, W_2=4500, k_1=k_2=14.5$。对于 PI 控制器,给定电压 $u_o^*=250V$,控制器参数 $K_{pi}=0.188, \tau_i=0.0687$,饱和限幅值 $V_{sat}=\pm10V$。需要注意的是,这里的 PI 参数是在式(3-147)、式(3-148)的理论计算基础上,进一步通过仿真实验试凑得到的最佳参数。控制系统仿真实验结果如图 3-131 所示。

从上述仿真结果可以看出:(1)系统具有较快的动态响应速度,有功、无功电流和直流侧输出电压于 $t=0.08s$ 时达到稳态期望值;(2)从直流侧输出电压波形可以看出,稳态时输出直流电压无静差;(3)从功率因数波形可以看出,在 $t=0.01s$ 之前,由于此时存在电流波形畸变,导致功率因数较低(在 0.966 左右),达

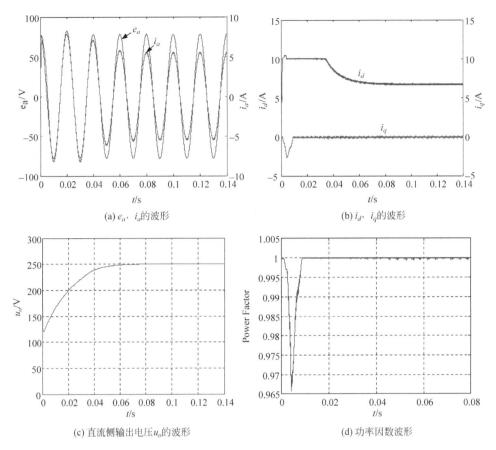

(a) e_a，i_a的波形　　　　　　　　　(b) i_d，i_q的波形

(c) 直流侧输出电压u_o的波形　　　　　(d) 功率因数波形

图 3-131　PWM 整流器滑模变结构控制系统的仿真曲线

到稳态之后，功率因数为 0.9994，实现了单位功率因数控制。

　　为更好地验证 PWM 整流器控制系统性能，这里进一步进行负载扰动实验和给定电压突变实验。在 $t=0.15\text{s}$ 时，负载由 $R_L=100\Omega$ 突变为 $R_L=87.5\Omega$（即再并联一个 700Ω 的电阻）；在 $t=0.45\text{s}$ 时，直流给定电压由 $u_o^*=250\text{V}$ 突变为 $u_o^*=280\text{V}$，仿真实验结果如图 3-132 所示。从仿真实验结果可看出，所设计的 PWM 整流器滑模变结构控制系统对于负载变化具有很好的抗扰性能，同时对于给定直流输出电压的变化表现出了很快的动态响应速度。

　　（2）控制方案比较分析

　　对于上述实验结果，我们与传统的"双闭环 PID 控制方案"[30-32] 相比较，可以得出以下几点结论：

　　① 滑模变结构控制系统的稳态/动态性能指标要优于传统 PID 控制。

　　由于滑模变结构控制的滑动模态可以自行设计，并且对于系统参数及扰动具有不变性，这就使得滑模变结构控制具有快速动态响应、物理实现简单、对参数变

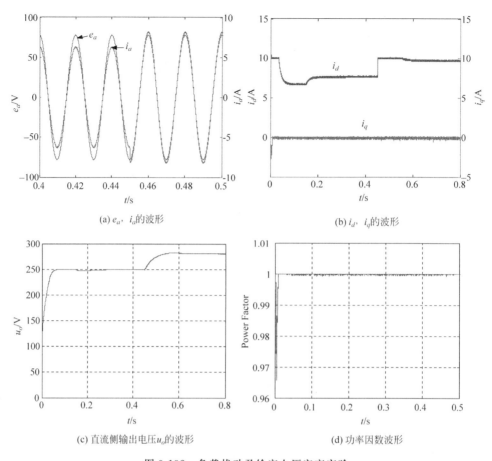

(a) e_a, i_a的波形　　　　　(b) i_d, i_q的波形

(c) 直流侧输出电压u_o的波形　　　　(d) 功率因数波形

图 3-132　负载扰动及给定电压突变实验

化及扰动不灵敏、鲁棒性强等优点。对于 PWM 整流器,这种强鲁棒性表现为对于负载扰动和电网电压扰动具有很强的抗扰性能。

②　与传统 PID 控制相比,滑模变结构控制器的参数整定更易于实现。

滑模变结构控制属于非线性控制策略,可实现 PWM 整流器系统大范围工作稳定,因此其参数整定较为容易。而传统 PID 控制一般基于系统小信号线性化模型进行设计,PID 控制器参数仅仅局限于稳态工作点。

当然,滑模变结构控制也存在一些缺点,最突出的问题就是控制力的"抖振"现象。在滑模变结构控制的具体工程应用中,我们可以采用如前所述的一些"消抖"方法,使抖振幅度限定到工程允许范围内。然而,"抖振"现象只能在一定程度上抑制,而无法从根本上消除;消除了抖振,也就消除了滑模变结构控制所特有的强鲁棒性。

5. 小结

本节针对 PWM 整流器的高功率因数控制系统进行了设计与仿真实验,综合起来有以下几点结论:

(1) 以三相电压型 PWM 整流器为例,探讨了电力电子系统的建模、模型验证、控制器设计及控制系统仿真等问题;应用"SimPowerSystems 仿真工具箱"可以较为方便地完成电力电子变换器控制系统仿真,加快电力电子系统研究/开发进度。

(2) 讨论了 PWM 整流器的"欠驱动特性",并借助欠驱动系统的概念与分析方法,结合零动态稳定性分析基本原理,对 PWM 整流器双闭环控制系统结构的设计成因进行了阐述与诠释。

(3) 设计了基于滑模变结构控制的 PWM 整流器控制系统,并进行了仿真实验研究。仿真结果表明,相比于传统 PID 控制方法,本节所设计的滑模变结构控制系统具有较快的动态响应速度、较强的抗负载扰动能力和给定电压突变跟随性能,可实现高功率因数运行。同时,该滑模变结构控制系统易于控制器参数整定,便于工程实现。

需要说明的是,本节所阐述的 PWM 整流器控制系统设计是在假定电网电压平衡的条件下完成的。然而,实际工况中三相电网电压在幅值和相位上往往是不平衡的。因而,研究"电网不平衡条件下"PWM 整流器的高功率因数控制问题具有重要的实际意义,同时也具有很大的挑战性。感兴趣的读者可参阅文献[33-37]对此问题展开研究。

3.9　问题与探究——灵长类仿生机器人运动控制研究

1. 问题提出

人类文明的历史也就是人类认识、利用和改造包括自身在内的自然的历史。在这个过程中,由于自身能力的局限性,人类首先间接地延长了个人的肢体,制造了从石器到青铜器、铁器等各种末端执行工具;其次间接地延长了人类的感觉器官,制造出了具有视觉、听觉、触觉、味觉、嗅觉等更加强大的各种感知工具;又进一步间接地延长了人类的大脑,制造出了以电子计算机为代表的各种信息处理和计算工具。人类能力的这种间接延长在 20 世纪最有说服力的成就也就是当代最高意义上的自动化的产物——机器人。而人类能力的间接延长的最高产物或者说 21 世纪的机器人的发展阶段就是"仿生机器人"。

仿生机器人是仿生学的各种先进技术与机器人领域的各种应用目的的最佳结合。从机器人的角度来看,仿生机器人是机器人发展的最高阶段;从仿生学的角度来看,仿生机器人是仿生学技术的完美综合与全面应用。仿生机器人既是机器人研究的最初目的,也是机器人发展的最终目标之一。

仿生机器人技术是当今机器人与运动控制的前沿课题,而灵长类(如图3-133所示)仿生机器人的运动控制(如图3-134所示)又是这一课题中的难点。

目前,在灵长类仿生机器人的研究领域,日本名古屋大学的福田敏男教授及其课题组处于领先位置。图3-135~图3-137所示为其研制的双摆式仿生长臂猿仿生机器人。图3-135所示机器人具有两个自由度、一个驱动关节,并在每杆前段带有由电机驱动的手爪和夹子。

图3-133　长臂猿Ⅰ

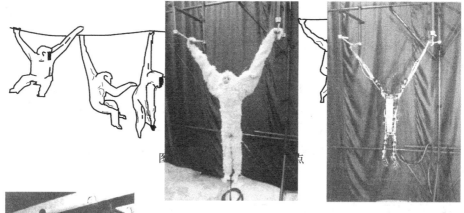

图3-136　有毛皮的长臂猿Ⅲ　图3-137　脱去毛皮的长臂猿Ⅳ

图3-135　长臂猿Ⅱ

通过对长臂猿生理特性的研究,可以发现,其运动方式主要是以双臂悬垂于树枝上通过自身的荡跃而前进。基于此可以将其简化为一两杆相连的机器人模型(如图3-138所示)。

通过简化后的机构模型可以看出,该仿生机器人系统具有两个自由度但只有

一个驱动关节。因此,这也是一种典型的
"欠驱动机械系统"。

2. 系统建模

基于图 3-138 所示的机构原理,可有图
3-139 所示的系统动力学原理,利用分析力
学中的拉格朗日方程,可推导出系统的运动
方程。

根据拉格朗日方程,可以求得机器人系
统的动力学方程为

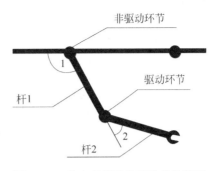

图 3-138　仿生长臂猿的简化机构模型

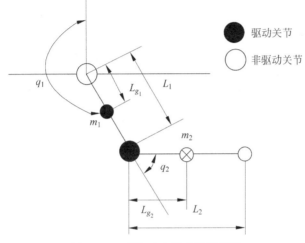

图 3-139　系统动力学建模原理图

$$\boldsymbol{M}(\boldsymbol{q})\,\ddot{\boldsymbol{q}} + \boldsymbol{C}(\dot{\boldsymbol{q}},\boldsymbol{q})\,\dot{\boldsymbol{q}} + \boldsymbol{g}(\boldsymbol{q}) = \boldsymbol{S}\boldsymbol{\tau}_\lambda \tag{3-149}$$

式中,$\boldsymbol{q},\dot{\boldsymbol{q}},\ddot{\boldsymbol{q}} \in R^n$ 分别是关节点的位移、速度和加速度;$\boldsymbol{M}(\boldsymbol{q})$ 是 $n \times n$ 惯性矩阵;
$\boldsymbol{C}(\dot{\boldsymbol{q}},\boldsymbol{q})$ 表示哥氏力和离心力项;$\boldsymbol{g}(\boldsymbol{q})$ 表示重力项;$\boldsymbol{\tau}_\lambda \in R^n$ 表示作用于系统关节
的力矩,即系统控制输入。$\boldsymbol{S}$ 为输入矩阵,若 $\boldsymbol{S}$ 可逆,则系统是全驱动的,反之是欠
驱动的。在欠驱动情况下,矢量 $\boldsymbol{q}$ 可分割为 $\boldsymbol{q} = (q_1,q_2)$,其中 $q_1 \in R^{n-m},q_2 \in R^m$ 分
别表示被驱动状态和驱动状态。对 $\boldsymbol{M}(\boldsymbol{q}),\boldsymbol{C}(\dot{\boldsymbol{q}},\boldsymbol{q}),\boldsymbol{g}(\boldsymbol{q})$ 进行相应的分割,可得如
下运动方程:

$$\begin{cases} \boldsymbol{M}_{11}\,\ddot{q}_1 + \boldsymbol{M}_{12}\,\ddot{q}_2 + h_1 + \phi_1 = 0 \\ \boldsymbol{M}_{21}\,\ddot{q}_1 + \boldsymbol{M}_{22}\,\ddot{q}_2 + h_2 + \phi_2 = \tau_\lambda \end{cases} \tag{3-150}$$

在忽略系统的关节摩擦力和随机干扰时,其动力学方程可表示为

$$\begin{cases} m_{11}(q)\,\ddot{q}_1 + m_{12}(q)\,\ddot{q}_2 + h_1(q,\dot{q}) + g_1(q) = 0 \\ m_{21}(q)\,\ddot{q}_1 + m_{22}(q)\,\ddot{q}_2 + h_2(q,\dot{q}) + g_2(q) = \tau \end{cases} \tag{3-151}$$

其中

$$m_{11}(q) = m_1 L_{g_1}^2 + m_2 L_1^2 + m_2 L_{g_2}^2 - 2m_2 L_{g_2} L_1 \cos q_2 + I_1 + I_2 \tag{a}$$

$$m_{22}(q) = m_2 L_{g_2}^2 + I_1 \tag{b}$$

$$m_{12}(q) = m_{21}(q) = (m_2 L_{g_2}^2 - m_2 L_{g_2} L_1 \cos q_2) + I_2 \tag{c}$$

$$h_1(q, \dot{q}) = m_2 L_{g_2} L_1 \dot{q}_2 (2\dot{q}_1 + \dot{q}_2) \sin q_2 \tag{d}$$

$$h_2(q, \dot{q}) = -m_2 (\dot{q}_1)^2 L_{g_2} L_1 \sin q_2 \tag{e}$$

$$g_1(q) = (m_1 g L_{g_1} - m_2 g L_1) \cos q_1 - m_2 g L_{g_2} \cos(q_1 + q_2) \tag{f}$$

$$g_2(q) = -m_2 g L_{g_2} \cos(q_1 + q_2) \tag{g}$$

3. 问题探究

(1) 建模问题

式(3-151)给出的是系统模型的微分方程形式,为了便于人们运用已有的控制理论与方法来进行控制系统的设计,往往还需要通过简化与近似,建立起系统的状态方程模型(如式(3-152))与传递函数模型(如图3-140所示)。

$$\begin{cases} \dot{x} = Ax + Bu \\ Y = Cx + Du \end{cases} \tag{3-152}$$

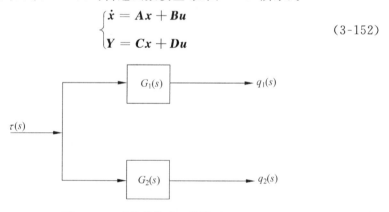

图 3-140　系统的传递函数模型

式(3-152)中 A、B、C、D 矩阵为何? 图 3-140 中方框内的 $G_1(s)$ 与 $G_2(s)$ 又为何? 请读者来回答一下。

(2) 控制问题

系统的控制问题可由图3-141所示的机理来描述,为分析方便将图3-139中的 q_1, q_2 重新定义为 $\theta_1 = 360° - q_1$, $\theta_2 = q_2$。这里有如下两个问题:

Acrobot 问题　当系统通过适当的控制,使系统状态满足 $\begin{cases} \theta_1 \in (0-\delta, 0+\delta) \\ \theta_2 \in (0-\delta, 0+\delta) \end{cases}$,

$\delta \rightarrow 0$ 时,该系统属于一类"Acrobot 问题"的控制问题。

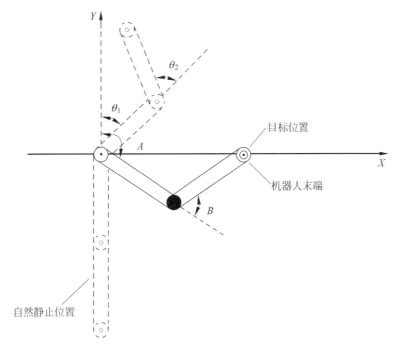

图 3-141　控制问题的机理

运动控制问题　当系统通过适当的控制,使系统状态满足 $\begin{cases} \theta_1 \in (A-\delta, A+\delta) \\ \theta_2 \in (B-\delta, B+\delta) \end{cases}$,

$\delta \to 0$ 且 $\begin{cases} \dot{\theta}_1 \to 0 \\ \dot{\theta}_2 \to 0 \end{cases}$ 时,我们认为该仿生机器人的末端可有效抵达"预置目标",即,该问题属于一类"可达目标"的运动控制问题。

针对上述问题,读者不妨应用(或自学)"人工智能控制"与"非线性控制"等理论与方法进行探究。

本章小结

本章在前述内容的基础上,应用 MATLAB/Simulink 软件及其工具箱,在如下几方面开展了数字仿真技术的应用研究:

(1) 针对电气传动控制系统中的直流电动机转速控制问题,应用"转速电流双闭环控制方案"解决了直流电动机的"稳速运行与最佳启动"的控制问题;仿真实验结果证明了该方案的有效性。

(2) 将"双闭环控制策略"与"PID 控制器的工程设计方法"应用于一阶直线倒立摆的控制系统设计中,仿真实验表明:控制系统具有良好的动态性能与鲁棒性。

(3) 针对"吊车重物防摆控制"问题,应用"鲁棒 PID 控制器设计"技术,有效地提高了控制系统在"摆长与质量"变化条件下的鲁棒性。

（4）针对"摆长时变条件下的吊车重物防摆控制"问题,应用滑模变结构控制理论,在保证系统鲁棒性的前提下,有效地提高了重物定位的效率。

（5）针对以经验难于判断的一阶双摆系统的控制问题,依据现代控制理论的"可控性原理",应用仿真技术给出了"系统位置伺服"的可实现条件。

（6）自平衡式两轮电动车是一个典型的"机电一体化系统",对其进行的系统建模与控制系统设计,有助于我们研究更有效的系统控制问题。

（7）灵长类仿生机器人是一个典型的"欠驱动机械系统",对其深入的探究有助于我们提高分析问题与解决问题的能力。

（8）本章所涉及的电力电子、运动控制等内容,参考了相关领域的经典著作[38-43],建议读者尽可能阅读这些原著,以便于对内容的理解与深入。

需要说明的是,本章各节内容中的具体技术路线与结果,不一定是最佳(或者说是正确)的。但是,其工程背景与所归结的问题应该说都是值得我们深入探讨与研究的。因此,笔者希望通过本章的内容,能够起到一个抛砖引玉的作用,为读者提供一个畅想的空间,以达到能力培养的目的。

习题

3-1　如图 3-142 所示一带有库仑摩擦的二阶随动系统,试优化设计 K_1 参数,并分析非线性环节对系统动态性能的影响。

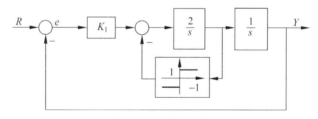

图 3-142　题 3-1 图

3-2　试分析图 3-143 所示系统中死区非线性对系统动态性能的影响。

图 3-143　题 3-2 图

3-3　如图 3-144 所示计算机控制系统,试设计一最小拍控制器 $D(z)$,并用仿真的方法分析最小拍控制器对系统输入信号和对象参数变化的适应性。

3-4　为使图 3-145 所示系统不产生自激振荡,试分析 a、b 取值。

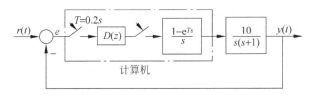

图 3-144　题 3-3 图

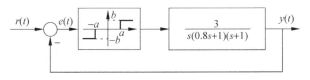

图 3-145　题 3-4 图

3-5　已知某一地区在有病菌传染下的描述三种类型人数变化的动态模型为

$$\begin{cases} \dot{X}_1 = -\alpha X_1 X_2 & X_1(0) = 620 \\ \dot{X}_2 = \alpha X_1 X_2 - \beta X_2 & X_2(0) = 10 \\ \dot{X}_3 = \beta X_2 & X_3(0) = 70 \end{cases}$$

式中，X_1 表示可能传染的人数；X_2 表示已经得病的人数；X_3 表示已经治愈的人数；$\alpha = 0.001;\beta = 0.072$。试用仿真方法求未来 20 年内三种人人数的动态变化情况。

3-6　如图 3-146 所示旋转倒立摆系统，试讨论如下问题：

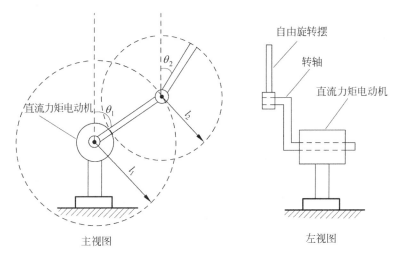

图 3-146　题 4-6 旋转倒立摆系统原理图

（1）能否通过控制直流力矩电动机的输出转矩来实现"自由旋转摆"的垂直倒立（即 $\theta_1 = \theta_2 \approx 0$）？

(2) 能否实现"自由旋转摆"在平面的适当移动(即 $\theta_1 \approx c$(常数)，$\theta_2 \approx 0$)?

(3) 试给出你的具体实现方案。

3-7　在如图 3-147 所示的某高精度齿轮测量机系统中，为保证主轴系统的回转精度，采用了"过盈量轴承"的装配技术，从而使主轴控制电动机在低速下的机械特性呈现图(b)所示的情况(带有随机因素影响的非线性库仑摩擦特性)。若电动机选用低速大惯量永磁力矩电动机(基本参数：额定电压 36V，额定转速 30r/min，瞬时最大转矩 50N·m)，回转角度检测选用分辨率为 0.25″(角度)的高精度圆光栅，试分析回答如下问题：(1)若系统要求控制电动机达到(1r/10h～1r/min)的调速范围，试设计电控系统的主回路(即电动机的驱动器)、数字式给定电路以及数字控制器；(2)若测量工艺要求伺服系统定位精度达到 ±1 个脉冲 (0.25″)，定位步长为 0.1°，试利用数字仿真技术设计该伺服系统，使得其动态性能具有"快速-无超调"的特点。

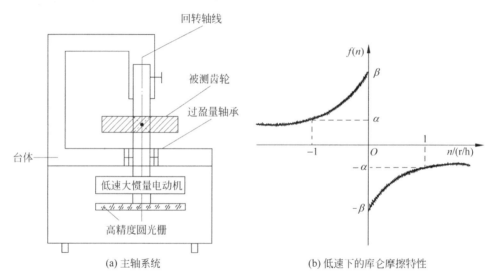

(a) 主轴系统　　　　　　　　　(b) 低速下的库仑摩擦特性

图 3-147　题 3-7 高精度齿轮测量机主轴系统结构图

3-8　在大型立体化仓库中经常采用如图 3-148 所示的搬运机器人，由于 H 值较高，水平方向位置检测码盘又装在顶部，所以在定位过程中往往会产生"位置抖动"(用 θ 来描述)现象，从而影响定位的精度，降低了定位过程的效率。试针对这一问题研究如何建立最佳控制规律 $u(t)$(运行速度)，以使机器人从 A 点运行定位到 B 点所用的时间最短，同时又满足一定的定位精度要求。

(提示：本问题所讨论的问题可抽象为图 3-149 所示的物理模型——具有弹性立杆的移动小车问题)

3-9　如今，在没有深水港口的情况下，船载吊车广泛地用于大型集装箱运输船只的装卸以及军事舰艇的物料补给等方面(如图 3-150 所示)。但是，由于吊运

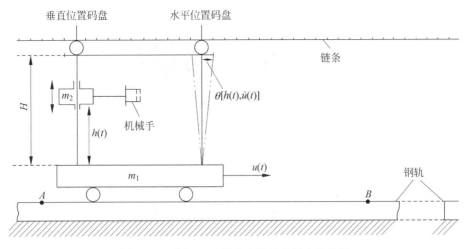

图 3-148 题 3-8 立体仓库搬运机器人结构图

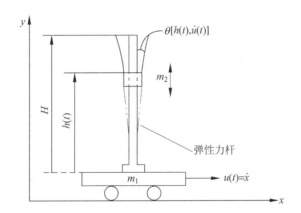

图 3-149 具有弹性立杆的移动小车问题示意图

过程中随机海浪引起的负载摆动不但影响吊装工作的效率与准确性,而且还可能损坏货物,甚至引起人员伤亡。因此,负载防摆控制工作就显得尤为重要。

试根据这一问题,给出一种简单易行的负载消摆控制方案,使其可有效地抑制在下放货物时海浪对船体扰动所引起的货物摆动,并利用仿真技术加以验证。

3-10 三相四开关 PWM 整流器作为三相六开关 PWM 整流器的容错拓扑,近年来成为学术研究热点问题,其拓扑结构如图 3-151 所示。图中,e_a,e_b,e_c 为三相交流电压;i_a,i_b,i_c 为交流侧电流;S_a,S_b,及 S_a',S_b' 为 ab 两相上下桥臂的功率开关管 L;L 为网侧滤波电感;R 为交流侧等效电阻;C_1,C_2 为直流侧两个滤波电容;R_L 为负载电阻;u_o 为直流侧电压。

试以系统高功率因数运行为控制目标,设计三相四开关 PWM 整流器的控制系统,并比较其与三相六开关 PWM 整流器控制系统设计的异同。

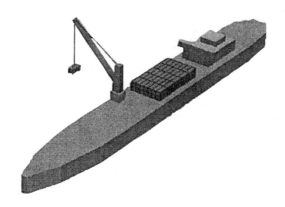

图 3-150　题 3-9 船载吊车工作示意图

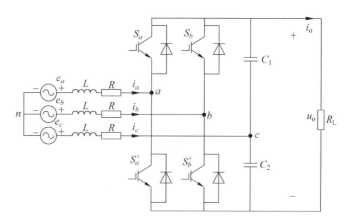

图 3-151　三相四开关 PWM 整流器拓扑结构

参考文献

[1]　阮毅,陈伯时. 电力拖动自动控制系统——运动控制系统(第4版)[M]. 北京:机械工业出版社,2010

[2]　Felix Grasser. A Mobile, Inverted pendulum. IEEE Transactions on industrial electronics. 2002,49(1):107-114

[3]　屠运武,徐俊艳,张培仁,等.自平衡控制系统的建模与仿真[J].系统仿真学报,2004,16(4):839-841.

[4]　阮晓钢,蔡建羡,李欣源,等.两轮自平衡两轮车的研究与设计[M].北京:科学出版社,2012:110-146.

[5]　张晓华,张志军.自平衡式两轮电动车耦合控制研究[J].控制工程,2013,20(1):26-29.

[6]　夏德黔,翁贻方.自动控制理论[M].北京:机械工业出版社,2004.

[7]　M. J. Er,M. Zribi and K. L. Lee. Variable Structure Control of Overhead Crane. Proceedings of the 1998 IEEE International Conference on Control Applications Trieste,

Ital 1-4 September 1998

[8]　向博,高丙团,张晓华.桥式吊车的滑模变结构控制.控制工程,2006,6(23)

[9]　高为炳,程勉.变结构控制的品质控制.控制与决策,1989,4(4)

[10]　向博,高丙团,张晓华,胡广大.非连续系统的 Simulink 仿真方法研究.系统仿真学报,2006,5(32)

[11]　邱杰,原渭兰.数字计算机仿真中消除代数环问题的研究.计算机仿真,2003,20(7)

[12]　Kent H. Lundberg, James K. Roberge. Classical Dual-Inverted-Pendulum Control Proceedings of the IEEE CDC. 2003：4399~4404

[13]　Jianqiang Yia, Naoyoshi Yubazakib, Kaoru Hirotac. A new fuzzy controller for stabilization of parallel-type double inverted pendulum system. Fuzzy Sets and Systems, 126 (2002)：105~119

[14]　周国华,许建平.开关变换器调制与控制技术综述[J].中国电机工程学报,2014,34(6)：815-831.

[15]　陆益民,张波,尹丽云.DC/DC 变换器的切换仿射线性系统模型及控制[J].中国电机工程学报,2008,28(15)：16-22.

[16]　卢伟国,赵乃宽,郎爽,等.Lyapunov 模式控制 Buck 变换器[J].电工技术学报,2014,29(10)：98-105.

[17]　Theunisse T，Chai J，Sanfelice R G，et al. Robust Global Stabilization of the DC-DC Boost Converter via Hybrid Control[J]. IEEE Transactions on Circuits and Systems I：Regular Papers，2015，62(4)：1052-1061.

[18]　Singh S，Fulwani D，Kumar V. Robust Sliding-mode Control of DC/DC Boost Converter Feeding a Constant Power Load[J]. IET Power Electronics，2015，8(7)：1230-1237.

[19]　Erickson R W，Maksimovic D. Fundamentals of Power Electronics[M]. Springer Science & Business Media，2001.

[20]　徐德鸿.电力电子系统建模及控制[M].机械工业出版社,2006.

[21]　张卫平.开关变换器的建模与控制[M].中国电力出版社,2005.

[22]　Bing Z，Du X，Sun J. Control of Three-phase PWM Rectifiers Using a Single DC Current Sensor[J]. IEEE Transactions on Power Electronics，2011，26(6)：1800-1808.

[23]　Ge J，Zhao Z，Yuan L，et al. Direct Power Control Based on Natural Switching Surface for Three-phase PWM Rectifiers[J]. IEEE Transactions on Power Electronics，2015，30(6)：2918-2922.

[24]　Hemdani A，Dagbagi M，Naouar W M，et al. Indirect Sliding Mode Power Control for Three Phase Grid Connected Power Converter[J]. IET Power Electronics，2015，8(6)：977-985.

[25]　Aguilera R P，Quevedo D E. Predictive Control of Power Converters：Designs with Guaranteed Performance[J]. IEEE Transactions on Industrial Informatics，2015，11(1)：53-63.

[26]　Ketzer M B，Jacobina C B. Sensorless Control Technique for PWM Rectifiers with Voltage Disturbance Rejection and Adaptive Power Factor[J]. IEEE Transactions on Industrial Electronics，2015，62(2)：1140-1151.

[27]　Lee Tzann Shin. Input-output Linearization and Zero-dynamics Control of Three-phase AC/DC Voltage-source Converters[J]. IEEE Transactions on Power Electronics，2003，

18(1)：11-22.

[28]　Yin B，Oruganti R，Panda S K，et al. A Simple Single-input—single-output（SISO）Model for a Three-phase PWM Rectifier[J]. IEEE Transactions on Power Electronics，2009，24(3)：620-631.

[29]　张兴，张崇巍. PWM 整流器及其控制（第 2 版）[M]. 机械工业出版社，2012.

[30]　杨德刚，赵良炳，刘润生. 三相高功率因数整流器的建模及闭环控制[J]. 电力电子技术，1999，33(5)：49-51.

[31]　朱永亮，马惠，张宗濂. 三相高功率因数 PWM 整流器双闭环控制系统设计[J]. 电力自动化设备，2006，26(11)：87-91.

[32]　Dannehl J，Wessels C，Fuchs F W. Limitations of Voltage-oriented PI Current Control of Grid-connected PWM Rectifiers with Filters[J]. IEEE Transactions on Industrial Electronics，2009，56(2)：380-388.

[33]　H. Song，K. Nam. Dual Current Control Scheme for PWM Converter under Unbalanced Input Voltage Conditions[J]. IEEE Transactions on Industrial Electronics，1999，46(5)：953-959

[34]　Zhang Y，Qu C. Model Predictive Direct Power Control of PWM Rectifier under Unbalanced Network Conditions[J]. IEEE Transactions on Industrial Electronics，2015，62(7)：4011-4022.

[35]　Roiu D，Bojoi R I，Limongi L R，et al. New Stationary Frame Control Scheme for Three-phase PWM Rectifiers under Unbalanced Voltage Dips Conditions[J]. IEEE Transactions on Industry Applications，2010，46(1)：268-277.

[36]　Valouch V，Bejvl M，Simek P，et al. Power Control of Grid Connected Converters under Unbalanced Voltage Conditions[J]. IEEE Transactions on Industrial Electronics，2015，62(7)：4241-4248.

[37]　郭小强，李建，张学，等. 电网电压畸变不平衡情况下三相 PWM 整流器无锁相环直流母线恒压控制策略[J]. 中国电机工程学报，2015，35(8)：2002-2008.

[38]　Bimal K Bose. Modern Power Electronics and AC Drives[M]. Prentice Hall，2001

[39]　王兆安，刘进军. 电力电子技术（第 5 版）[M]. 北京：机械工业出版社，2009

[40]　（美）Richard C. Dorf，Robert H. Bishop. 现代控制系统. 第九版，北京：科学出版社，2002

[41]　（法）Mohand Mokhtari，Michel Marie. MATLAB 与 Simulink 工程应用. 赵彦玲，等. 北京：电子工业出版社，2002

[42]　（日）细江繁幸. 系统与控制. 北京：科学出版社，2001

[43]　（日）末松良一. 机械控制入门. 北京：科学出版社，2000

第4章 虚拟样机技术与应用

4.1 概述

1. 工程案例

1997年7月4日,美国航空航天局(NASA)的喷气推进实验室(JPL)成功地实现了火星探测器(Mars Pathfinder)"探路者"在火星上的软着陆,成为轰动一时的新闻。但人们并不知道,如果不是采用了一项新技术,这个计划可能要失败。在探测器发射以前,JPL的工程师们运用这项技术预测到在登录舱降落过程中,受火星风和登录舱制动火箭的综合作用,登录舱将剧烈摇摆,从而改变设计的着陆冲击角度,原计划令登录舱以与垂直方向呈30°的倾角着陆,但仿真实验表明着陆角是60°,这就意味着登录舱有可能倒置落下,在这样的大角度冲击下,登录舱的缓冲气囊不能提供足够的保护作用,有可能彻底损坏登录舱,工程师们针对这个问题修改了技术方案,保证了火星登录计划的成功。

2004年1月4日,美国航空航天局再次发射的"流浪者号"火星车探测器登上火星,并成功将"勇气号"火星车送上火星(参见图4-1和图4-2)。

图 4-1 "勇气号"虚拟样机

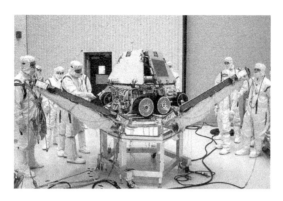

图 4-2 "勇气号"物理样机

福特汽车公司在一个新车型的开发中也采用了这项技术,其设计周期缩短了70天。全公司范围内,由于采用了这项技术,设计费用减少了4000万美元,制造费用节省了10亿美元。由于设计制造周期的缩短,新车上市早,额外赢利达到其成本的数倍(参见图4-3)。

图 4-3 基于虚拟样机的汽车试验

世界上最大的工程机械制造商 Caterpillar 公司的工程师们采用这项技术进行工程机械开发,在切削任何一片金属之前就可快速试验数千种设计方案。因此,他们不但降低了产品设计成本,缩短了开发周期,而且还制造出性能更为优异的产品(参见图4-4)。

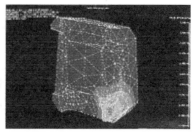

图 4-4 铣刀片的应力场分析

上面三个工程案例中所采用的新技术就是虚拟样机技术（Virtual Prototyping Technology）。虚拟样机技术是当前设计制造领域的一项新技术。它利用软件建立机械系统的三维实体模型和动力学模型，分析和评估系统的性能，从而为物理样机的设计和制造提供依据。

虚拟样机技术是一种基于虚拟现实技术的数字化设计方法，是各领域 CAX/DFX 技术的发展和延伸。虚拟样机技术进一步融合先进的建模与仿真技术、现代信息技术、先进设计制造技术和现代管理技术，将这些技术应用于复杂产品全生命周期、全系统，并对它们进行综合管理。与传统产品设计技术相比，虚拟样机技术强调系统的观点、涉及产品全生命周期、支持对产品的全方位测试、分析与评估，强调不同领域的虚拟化的协同设计。

2. 虚拟样机中的关键技术

虚拟样机技术的实施是一个渐进的过程，其中涉及到许多相关技术，如总体技术、多领域协同建模/仿真/评估技术、数据/过程管理技术、支撑框架技术等等。下面主要提及三个关键技术。

虚拟样机管理技术：虚拟样机开发过程中涉及到大量的人员、工具、数据/模型、项目/流程，对这些元素进行合理的组织和管理，使其构成一个高效的系统，实现整个开发过程中的信息集成和过程集成，是优质成功地进行虚拟样机开发的必要条件。

协同仿真技术：协同仿真技术将面向不同学科的仿真工具结合起来构成统一的仿真系统，可以充分发挥仿真工具各自的优势，同时还可以加强不同领域开发人员之间的协调与合作。目前 HLA 规范已经成为协同仿真的重要国际标准。基于 HLA 的协同仿真技术也将会成为虚拟样机技术的研究热点之一。

多学科设计优化技术（MDO）：复杂产品的设计优化问题可能包括多个优化目标和分属不同学科的约束条件。现代的 MDO 技术为解决学科间的冲突，寻求系统的全局最优解提供了可行的技术途径。目前 MDO 技术在国外已经有了许多成功的案例，并出现了相关的商用软件，典型的如 Engineous 公司的 iSIGHT。国内关于 MDO 技术的研究和应用也已经展开。

纵观数字化设计技术的发展历程可以看出，虽然几十年来各种技术思想层出不穷，但时空两个方向上的协同始终是发展的主流。宏观上看，数字化设计的发展历程正相当于现代信息技术在产品设计领域中的应用由点发展为线，再由线发展为面的过程。

仿真技术的广泛应用正在成为当前数字化设计技术发展的主要趋势，随着虚拟样机概念的提出、应用与发展，仿真技术的应用将更加趋于协同化和系统化。开展关于虚拟样机及其关键技术的研究，必将提高企业的自主创新设计与开发能力，推动企业的信息化进程与快速发展。

3. 虚拟样机技术的重要性

(1) 虚拟样机技术是一种数字仿真技术,它能有效降低研发成本。

虚拟样机技术是指在产品设计开发过程中,将分散的零部件设计和分析技术(指在菜单系统中零部件的 CAD 和 FEA 技术)整合在一起,在计算机上建造出产品的整体模型,并针对产品在投入使用后的各种工况进行仿真分析,预测产品的整体性能,进而改进产品设计、提高产品性能的一种新技术。

随着经济贸易的全球化,要想在竞争日趋激烈的市场上取胜,缩短开发周期,提高产品质量,降低成本以及对市场的灵活反应成为竞争对手所追求的目标。谁更早推出产品,谁就占有市场。然而,传统的设计与制造方式无法满足这些要求。在传统的设计与制造过程中,首先是概念设计和方案论证,然后进行产品设计。在设计完成后,为了验证设计,通常要制造样机进行试验,有时这些试验甚至是破坏性的。当通过试验发现缺陷时,又要回头修改设计并再用样机验证。只有通过周而复始的"设计—试验—设计"过程,产品才能达到要求的性能。这一过程是冗长的,尤其对于结构复杂的系统,设计周期无法缩短,更不用谈对市场的灵活反应了。在大多数情况下,工程师为了保证产品按时投放市场而切断这一过程,使产品在上市时便有先天不足的毛病,在充满竞争的市场背景下逐渐丧失竞争力,最终被无情淘汰。但样机的单机制造增加了成本,基于物理样机的设计验证过程严重地制约了产品质量的提高、成本的降低和对市场的占有。

(2) 虚拟样机技术从分析解决产品整体性能及其相关问题的角度出发,可以有效地解决传统的设计与制造过程中存在的弊端。

在该技术中,工程设计人员可以直接利用 CAD 系统所提供的各零部件的物理信息及其几何信息,在计算机上定义零部件间的连接关系并对机械系统进行虚拟装配,从而获得机械系统的虚拟样机,使用系统仿真软件在各种虚拟环境中真实地模拟系统的运动,并对其在各种工况下的运动和受力情况进行仿真分析,观察并试验各组成部件的相互运动情况,它可以在计算机上方便地修改设计缺陷,仿真试验不同的设计方案,对整个系统进行不断改进,直至获得最优设计方案以后,再做出物理样机。

(3) 虚拟样机技术的广泛应用是现代工业产品设计的重要工具。

虚拟样机技术可使产品设计人员在各种虚拟环境中真实地模拟产品整体的运动及受力情况,快速分析多种设计方案,进行对物理样机而言难以进行或根本无法进行的试验,直到获得系统级的优化设计方案。虚拟样机技术的应用贯穿在整个设计议程当中,它可以用在概念设计和方案论证中。设计师可以把自己的经验与想象结合在计算机内的虚拟样机里,让想象力和创造力充分发挥。当虚拟样机用来代替物理样机验证设计时,不但可以缩短开发周期,而且设计质量和效率得到了提高。

4. 虚拟样机中的相关技术

图 4-5 给出了虚拟样机中的相关技术。一个优秀的虚拟样机分析与设计软件,除了可以进行机械系统运动学和动力学分析,还应该包含以下相关技术:

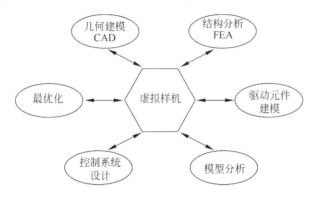

图 4-5　虚拟样机的相关技术

(1) **几何建模**　几何形体的计算机辅助设计(CAD)软件和技术。用于机械系统的几何建模,或者用来展现机械系统的仿真分析结果。

(2) **结构分析**　有限元分析(FEA)软件和技术。可以利用机械系统的运动学和动力学分析结果,确定进行机械系统有限元分析所需的外力和边界条件。或者利用有限元分析对构件应力、应变和强度进行进一步的分析。

(3) **驱动元件建模**　模拟各种各样作用力的软件编程技术。虚拟样机软件运用开放式的软件编程技术来模拟各种力和动力,例如:电动力、液压气动力、风力等等,以适应各种机械系统的要求。

(4) **模型分析**　利用实验装置的实验结果进行某些构件的建模。实验结果经过线性化处理输入机械系统,成为机械系统模型的一个组成部分。

(5) **控制系统设计**　控制系统设计与分析软件和技术。虚拟样机软件可以运用传统的和现代的控制理论,进行机械系统的运动仿真分析。或者可以应用其他专用的控制系统分析软件,进行机械系统和控制系统的联合分析。

(6) **最优化**　优化分析软件和技术。运用虚拟样机分析技术进行机械系统的优化设计和分析,是一个重要应用领域,通过优化分析,确定最佳设计结构和参数值,使机械系统获得最佳的综合性能。

5. 本章内容

本章将为读者介绍虚拟样机技术的基本概念、发展过程及其在工程技术方面的应用情况;还将介绍一种典型的虚拟样机应用软件——ADAMS;并引入两个案例,说明虚拟样机技术的具体应用。

4.2　虚拟样机技术的形成、发展和应用

1. 虚拟样机技术的形成与发展

（1）虚拟样机技术的形成

虚拟样机技术源于对多体系统动力学的研究,图4-6为一虚拟样机软件环境的情况。工程中的对象是由大量零部件构成的系统,对它们进行设计优化与性态分析时可以分为两大类。一类称为结构,它们的特征是在正常的工况下构件间没有相对运动,如房屋建筑、桥梁、航空航天器与各种车辆的壳体以及各种零部件的本身。人们关心的是这些结构在受到载荷时的强度、刚度与稳定性。另一类称为机构,其特征是系统在运行过程中这些部件间存在相对运动。例如,航空航天器、机车与汽车、操作机械臂、机器人等复杂机械系统。

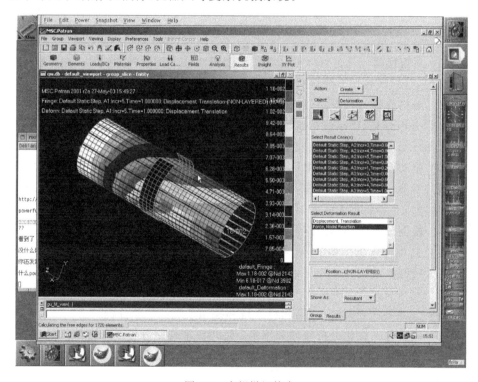

图 4-6　虚拟样机技术

在研究宇航员的空间运动、在车辆的事故中考虑乘员的运动以及运动员的动作分析时,人体也可认为是躯干与各肢体间存在相对运动的系统。上述复杂系统的力学模型为多个物体通过运动副连接的系统,称为多体系统。

对于复杂机械系统人们关心的问题大致有三类：一是在不考虑系统运动起因

的情况下研究各部件的位置与姿态及它们变化的速度与加速度的关系,称为系统的运动学分析;二是当系统受到静载荷时,确定在运动副制约下的系统平衡位置以及运动副静反力,这类问题称为系统的静力学分析;三是讨论载荷与系统运动的关系,即动力学问题。

　　研究复杂机械系统在载荷作用下各部件的动力学响应是产品设计中的重要问题。已知外力求系统运动的问题归结为求非线性微分方程的积分,称为动力学正问题;已知系统的运动确定运动副的动反力的问题是系统各部件强度分析的基础,这类问题称为动力学的逆问题。现代机械系统离不开控制技术,产品设计中经常遇到这样的问题,即系统的部分构件受控,当它们按某已知规律运动时,讨论在外载荷作用下系统其他构件如何运动。这类问题称为动力学正逆混合问题。

　　随着国民经济的发展与国防技术的需要,机械系统的构型越来越复杂,表现为这些系统在构型上向多回路与带控制系统方向发展。如航天器正由单个主体加若干鞭状天线的卫星走向由庞大的多个部件在轨拼装或展开的空间站。这些系统或携带有巨型的操作机械臂,或者装有大面积的作步进运动的太阳能电池阵与天线阵(如图 4-7 所示)。高速车辆对操纵系统与悬架系统的构型提出更高的要求,有的已采用自动控制环节。机器人与操作机械臂在工业与生活中将普遍采用,要求高速与准确的操作以及能在恶劣的环境下工作,这些对系统的构型也提出新的要求。不仅如此,机械系统的大型化与高速运行的工况使机械系统的动力学性态变得越来越复杂。如大型的高速机械系统各部件的大范围运动与构件本身振动的符合,振动非线性性态的表现等。复杂机械系统的运动学、静力学与动力学的性态分析、设计与优化向科技工作者提出了新的挑战。

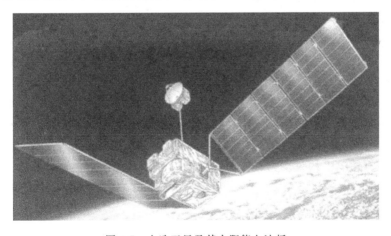

图 4-7　人造卫星及其太阳能电池板

　　(2) 虚拟样机技术的发展过程

　　20 世纪 60 年代,古典的刚体力学、分析力学与计算机相结合的力学分支——多体系统动力学在社会生产实际需要的推动下产生了。其主要任务是:①建立复杂机械系统运动学和动力学程式化的数学模型,开发实现这个数学模型的软件系统,用户只需输入描述系统的最基本数据,借助计算机就能自动进行程式化的处理;②开发和实现有效的处理数学模型的计算方法与数值积分方法,自动得到运动学规律和动力学响应;③实现有效的数据后处理,采用动画显示、图表或其他方式提供数据处理结果。

目前多体系统动力学已形成了比较系统的研究方法,其中主要有工程中常用的以拉格朗日方程为代表的分析力学方法、以牛顿-欧拉方程为代表的矢量学方法、图论方法、凯恩方法和变分方法等。

由于多体系统的复杂性,在建立系统的动力学方程时,采用系统独立的拉格朗日坐标将非常困难,而采用不独立的笛卡儿广义坐标比较方便;对于具有多余坐标的完整或非完整约束系统,用带乘子的拉格朗日方程处理是十分规格化的方法。导出的以笛卡儿广义坐标为变量的动力学方程是与广义坐标数目相同的带乘子的微分方程,还需要补充广义坐标的代数约束方程才能封闭。Chace 等人应用吉尔(Gear)的刚性积分算法并采用稀疏矩阵技术提高了计算效率,编制了 ADAMS (Automatic Dynamic Analysis of Mechanical System)程序;Haug 等人研究了广义坐标分类、奇异值分解等算法,编制了 DADS(Dynamic Analysis and Design System)程序。

Roberson 和 Wittenburg 等人创造性地将图论引入多体系统动力学,利用图论的一些基本概念和数学工具描述机械系统各物体之间的结构特征。借助图论工具可使各种不同结构的系统能用统一的数学模型来描述,以相邻物体之间的相对位移作广义坐标导出多体系统一般形式的动力学方程。相应的程序为 MESA VERDE。

Schiehlen 等人采用牛顿-欧拉方法对多体系统进行建模。由于随着组成多体系统物体数目的增多,物体之间的连接情况和约束方式会变得非常复杂,当对作为隔离体的单个物体列出牛顿-欧拉方程时,铰约束力的出现使未知变量的数目明显增多,因此牛顿-欧拉方法必须加以发展,制定出便于计算机识别的刚体联系情况和铰约束形式的程式化,并自动消除铰的约束能力。Schiehlen 等人在列出牛顿-欧拉方程后,将不独立的笛卡儿广义坐标变换成独立变量,对完整约束系统用达伦贝尔原理消去约束反力,对于非完整约束,则运用约当远离消除约束反力后得到与系统自由度数目相同的动力学方程,并编制了计算机程序 NEWEUL。

尽管虚拟样机技术的核心是机械系统运动学、动力学和控制理论,但没有成熟的三维计算机图形技术和基于图形的用户界面技术(如图 4-8 所示),虚拟样机技术也不会成熟。虚拟样机技术在技术与市场两个方面的成熟与计算机辅助设计(CAD)技术的成熟及大规模推广应用分不开(如图 4-9 所示)。首先,CAD 中的三维几何造型技术能够使设计师们的精力集中在创造性设计上,把绘图等繁琐的工作交给计算机去做。这样,设计师就有额外的精力关注设计的正确和优化问题。其次,三维造型技术使虚拟样机技术中的机械系统描述问题变得简单。第三,由于 CAD 强大的三维几何编辑修改技术,使机械系统设计的快速修改变为可能,在这基础上,在计算机上的设计、试验、设计的反复过程才有时间上的意义。

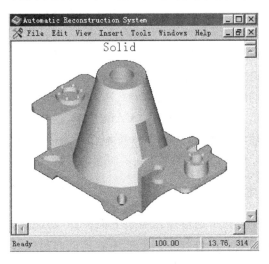

图 4-8　计算机图形学

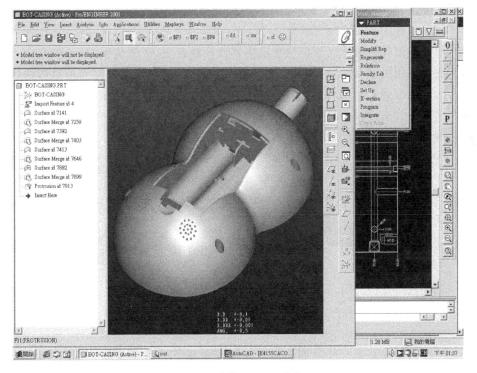

图 4-9　计算机 CAD 技术

虚拟样机技术的发展也直接受其构成技术的制约。一个明显的例子是它对于计算机硬件的依赖。这种依赖在处理复杂系统时尤其明显。例如火星探测器的动力学及控制系统模拟是在惠普700工作站上进行的,CPU时间用了750h。另一个例子,数值方法上的进步发展也会对基于虚拟样机的仿真的速度及精度有积极的影响。

综上所述,虚拟样机技术是许多技术的综合。它的核心部分是多体系统运动学与动力学建模理论及其技术实现。作为应用数学的一个分支的数值算法及时地提供了求解这种问题的有效的快速算法。计算机可视化技术及动画技术的发展为这项技术提供了友好的用户界面。CAD/FEA技术的发展为虚拟样机技术的应用提供了技术环境。目前,虚拟样机技术已成为一项相对独立的产业技术,它改变了传统的设计思想,对制造业产生了深远的影响。

2. 虚拟样机技术的工程应用

虚拟样机技术在工程中的应用是通过界面友好、功能强大、性能稳定的商品化虚拟样机软件实现的。国外虚拟样机技术软件的商品化过程早已完成。目前有二十多家公司在这个日益增长的市场上竞争。比较有影响的产品包括美国机械动力学公司MDI(Mechanical Dynamics Inc.)的ADAMS,比利时LMS公司的DADS以及德国航天局的SIMPACK。其中美国机械动力学公司的ADAMS占据了市场份额的50%以上。

目前虚拟样机技术已经广泛地应用到汽车制造业、工程机械、航天航空业、国防工业及通用机械制造业等领域。所涉及的产品从庞大的卡车到照相机的快门,从上天的火箭到轮船的锚链。在各个领域里,针对各种产品,虚拟样机技术都为用户节省了开支、时间并提供了满意的设计方案。

实例一 工程机械领域的应用(如图4-10所示)

图4-10 几种工程机械

工程机械在高速行驶时的蛇行现象及在重载下的自激振动一直困扰着设计师及其用户。由于工程机械系统非常复杂,传统的分析方法对此无能为力,找不出原因。约翰·迪尔(John Deere)公司的工程师利用虚拟样机技术对其工程机械

产品进行分析,不仅找到了原因,而且提出了改进方案并且在虚拟样机上验证了
方案的有效性。通过实际改进,该公司产品的高速行驶性能与重载作业性能大为
提高。

实例二 产品研发中的应用(如图 4-11 所示)

图 4-11　保龄球

保龄球的形状通常是圆形对称的。近年来,人们发现非圆非对称形状的保龄
球更容易控制,对地板的适应性更好。尽管保龄球的造价不高,但对千变万化的
各种形状进行试验也是非常费时费钱的。为此,一家保龄球制造商采用虚拟样机
技术,在计算机上不断地改变球的几何形状及指孔分布并进行动力学仿真。其结
果不仅缩短了设计周期,而且较精确地达到了使用者的要求。

实例三 产品的动力学分析(如图 4-12 所示)

图 4-12　柴油发动机的虚拟样机模型

一家卡车制造公司在研制新型柴油机时,发现点火控制系统的链条在转速达
到 6000r/min 时运动失稳并发生振动。常规的测量技术在这样的高温高速的环
境下失灵,工程师不得不借助于虚拟样机技术。根据对虚拟样机的动力学及控制
系统的分析结果,发现了不稳定因素,改进了控制系统,使系统的稳定范围达到
10 000r/min以上。

实例四　车辆肇事仿真(如图 4-13 所示)

图 4-13　车辆事故仿真

　　虚拟样机技术还用到了法庭上。福特公司专门雇佣一家咨询公司用虚拟样机技术为它进行车辆事故仿真,在法庭上用其仿真结果为自己辩护。在意大利,一位名赛车手在赛车中因事故丧生,其家属起诉赛车制造商,认为事故的原因是赛车的设计缺陷,要求巨额赔偿。制造商借助于虚拟样机技术,说明赛车设计合理,事故原因是赛车手操纵不当。法庭根据虚拟样机技术所提供的证据,做出了客观的判决。

实例五　机械系统的参数优化设计(如图 4-14 所示)

图 4-14　洗衣机

　　为了减少大型洗衣机的振动,需要采用类似于汽车的悬架系统。显然,手工计算无法求解、优化这类机械系统的动力学问题,而利用物理样机解决振动问题则具有成本高、周期长的缺点。Pellerin Milnor Corporation(洗衣机设备制造商)向虚拟样机寻找解决方案,工程师首先在 ADAMS 中建立了三种洗衣机的虚拟样机,然后修改设计方案,改变弹簧的刚度和阻尼,选用不同类型减振器,变换衬套的尺寸和刚度,进行计算机仿真试验。每种设计方案的仿真只需要一小时。随后的物理样机试验结果表明,物理样机试验结果与 ADAMS 虚拟样机的仿真结果吻合程度超过 95%,利用 ADAMS 检验不同的设计方案,既降低了成本,又快速优化了产品的性能。在此基础上,Pellerin Milnor 开发的新型洗衣机工作平稳,寿命长,振动噪声小。

实例六　飞行器设计(如图 4-15 所示)

图 4-15　飞行模拟

飞机制造业对虚拟样机的需求最为迫切。飞机成本高,系统复杂,因此不可能制造多台物理样机,或多台飞机子系统物理样机。此外,实地试验耗资巨大,危险性高,且受到安全法规的严格限制,还必须满足产品安全性、性能和可靠性的标准。目前美国大幅度削减军事预算,民用航空业举步维艰,二者共同作用引起飞机订单急剧下降,飞机制造商的唯一出路就是降低生产成本。虚拟样机是飞机及零部件制造商应付这场危机的主要手段。

此外,现在世界上主要汽车制造商都在应用 ADAMS 数字化虚拟样机软件,而且从用户名单中还可发现汽车主要零部件供应商和轮胎制造商的名字。这些用户利用虚拟样机技术可模拟任何运动零部件,即修改验证悬架、轮胎、转向系、车窗机构、门锁机构、刮雨器等方案设计。用户在计算机上还可进行整车测试,并进行不同工况的操纵稳定性试验,他们甚至利用计算机模拟驾驶员在各种工况下的响应。

3. ADAMS 工具软件简介

ADAMS 软件是美国 MDI 公司开发的机械系统动力学仿真分析软件(如图 4-16 所示),它使用交互式图形环境和零件库、约束库、力库,创建完全参数化的机械系统几何模型,其求解器采用多刚体系统动力学理论中的拉格朗日方程方法,建立系统动力学方程,对虚拟机械系统进行静力学、运动学和动力学分析,输出位移、速度、加速度和反作用力曲线。ADAMS 软件的仿真可用于预测机械系统的性能、运动范围、碰撞检测、峰值载荷以及计算有限元的输入载荷等。现在该软件已被 MSC(Master of Simulation Course Software Corporation)公司收购,成为 MSC 旗下著名机械动力学仿真分析软件之一。

ADAMS 是世界上应用最广泛且最具有权威性的机械系统动力学仿真分析软件。工程师、设计人员利用 ADAMS 软件能够建立和测试虚拟样机,实现在计算机上仿真分析复杂机械系统的运动学和动力学性能。利用 ADAMS 软件,用户可以快速、方便地创建完全参数化的机械系统几何模型。该模型既可以是在

 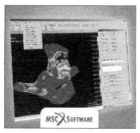

图 4-16　ADAMS工具软件

ADAMS 软件中直接建造的几何模型,也可以是从其他 CAD 软件中导入的造型逼真的几何模型。然后,在几何模型上施加力矩和运动激励,最后执行一组与实际状况十分接近的运动仿真测试,所得的测试结果就是机械系统工作过程的实际运动情况。过去需要数星期、数月才能完成的建造和测试物理样机的工作,现在利用 ADAMS 软件仅需几个小时就可以完成,并能远在物理样机建造前,就可以知道各种设计方案的样机是如何工作的。

(1) ADAMS 软件的特点

ADAMS 软件能够帮助工程师更好地理解系统的运动、解释其子系统或整个系统即产品的设计特性,比较多个设计方案之间的工作性能、预测精确的载荷变化过程,计算其运动路径以及速度和加速度分布图等。

ADAMS 将强大的分析求解功能与使用方便的用户界面相结合,使该软件使用起来既直观又方便,还可用户专门化。

ADAMS 软件的特点如下:

- 利用交互式图形环境和零件、约束、力库建立机械系统三维参数化模型。
- 分析类型包括运动学、静力学和准静力学分析,以及线性和非线性动力学分析,包含刚体和柔性体分析。
- 具有先进的数值分析技术和强有力的求解器,使求解快速、准确。
- 具有组装、分析和动态显示不同模型或同一个模型在某一个过程变化的能力,提供多种虚拟样机方案。
- 具有一个强大的函数库供用户自定义力和运动发生器。

- 具有开放式结构,允许用户集成自己的子程序。
- 自动输出位移、速度、加速度和反作用力,仿真结果显示为动画和曲线图形。
- 可预测机械系统的性能、运动范围、碰撞、包装、峰值载荷和计算有限元的输入载荷。
- 支持同大多数 CAD、FEA 和控制设计软件包之间的双向通信。

(2) ADAMS 软件的应用

ADAMS 软件可以在多个领域内应用。

① 航空航天:发射系统动力学研究、制导系统设计和研究、弹道和姿态动力学、模拟零重量和微重量环境、雷达人造卫星轨道设计、碎石和微陨石碰撞分析、模拟飞船连接和俘获顺序。

② 汽车工程:悬架设计、汽车动力学仿真、发动机仿真、动力传动系仿真、噪音、振动和冲击特性预测、操纵舒适性和乘坐舒适性控制系统设计、驾驶员行为仿真、轮胎道路相互作用仿真。

③ 铁路车辆及装备:悬挂系统设计、磨耗预测、轨道载荷预测、货物加固效果仿真、物料运输设备设计、事故再现、车辆稳定性分析、临界车速预测、乘员舒适性研究。

④ 机械设备:涡轮机和发动机设计、传送带和电梯仿真、卷扬机和起重机设计、机器人仿真、包装机械工作过程模拟、压缩机设计、洗衣机振动模拟、动力传动装置模拟。

⑤ 工程机械:履带式或轮式车辆动力学分析、车辆稳定性分析、重型工程机械的动态性能预测、工作效率预测、振动载荷谱分析、部件和发动机载荷预测、部件和发动机尺寸确定、耐久性研究、挖掘功率预测、研究蛮石碰撞效应。

ADAMS 软件还可以帮助改进各种机械设计,从简单的连杆机构到车辆、飞机、卫星,甚至复杂的人体。例如,在国防及航空工业中,ADAMS 能够仿真分析飞机起落架、货舱门以及载重车辆和武器的动力学问题;在航天工业中,它能用于太阳能电池板的展开和回收过程的运动、动力分析;在汽车工业中,能用于卡车、越野汽车以及其他车辆的动力学分析;在生物力学和人机工程学领域,ADAMS 能用于人机界面设计、事故重建、车辆乘员保护以及产品的人机工程学设计;在机电产品中,它能用于磁盘和磁带驱动器的设计、传真机以及电气断电器的设计;在健身娱乐产品中,它能用于健身自行车以及其他健身运动器材的设计;在一般机械中,如电动印刷机、家用电器、电梯等都可应用 ADAMS 进行设计和分析;在制造业和机器人的设计、材料加工设备、包装机械以及食品加工设备的设计中,也都能够应用 ADAMS;在铁路系统中,ADAMS 能够用于车轮与铁轨的相互作用分析以及车厢之间耦合的动力学问题。

(3) ADAMS 的工具模块

ADAMS 软件由若干模块组成,分为核心模块、功能扩展模块、专业模块、工具箱和接口模块 5 类，如图 4-17 所示。其中最主要的模块为 ADAMS/View（用户界面模块）和 ADAMS/Solver（求解器），通过这两个模块可以对大部分的机械系统进行仿真。

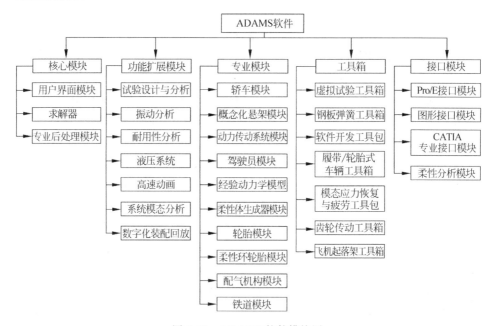

图 4-17　ADAMS 软件模块图

ADAMS/View（用户界面模块）是以用户为中心的交互式图形环境，它提供丰富的零件几何图形库、约束库和力库，将便捷的图标操作、菜单操作、鼠标点取操作与交互式图形建模、仿真计算、动画显示、优化设计、X-Y 曲线图处理、结果分析和数据打印等功能集成在一起。

ADAMS/Solver（求解器）是 ADAMS 软件的仿真"发动机"，它自动形成机械系统模型的动力学方程，提供静力学、运动学和动力学的解算结果。ADAMS/Solver 有各种建模和求解选项，可以精确有效地解决各种工程问题。

ADAMS/Controls（控制模块）可以通过简单的继电器、逻辑与非门、阻尼线圈等建立简单的控制机构，或者利用在通用控制系统软件（如 MATLAB、MATRIX、EA3Y5）中建立的控制系统框图，建立包括控制系统、液压系统、气动系统和运动机械系统的仿真模型。

ADAMS/Linear（系统模态分析模块）可以在进行系统仿真时将系统非线性的运动学或动力学方程进行线性化处理，以便快速计算系统的固有频率（特征值）、特征向量和状态空间矩阵，更快更全面地了解系统的固有特性。

ADAMS/Flex（柔性分析模块）提供 ADAMS 软件与有限元分析软件之间的双向数据交换接口。它与 ANSYS、MSC/NASTRAN、ABAQUS、I-DEAS 等软件的接口,可以方便地考虑零部件的弹性特性,建立多体动力学模型,以提高系统的仿真精度。

MECHANISM/PRO(Pro/E 接口)是连接 Pro/E 与 ADAMS 之间的桥梁,二者采用无缝连接的方式,不需要退出 Pro/E 应用环境,就可以将装配的总成根据其运动关系定义为机构系统,进行系统的运动学仿真,并进行干涉检查、确定运动锁止的位置,计算运动的副作用力等等。

ADAMS/Car(轿车模块)是 MDI 公司与 Audi、BMW、Renault 和 Volvo 等公司合作开发的整车设计模块,它能够快速建造高精度的整车虚拟样机,其中包括车身、悬架、传动系统、发动机、转向机构、制动系统等,可以通过高速动画直观地再现在各种试验工况下(例如:天气、道路状况、驾驶员经验)整车的动力学响应,并输出标志操纵稳定性、制动性、乘坐舒适性和安全性的特征参数。

ADAMS/Driver(驾驶员模块)是在德国的 IPG—Driver 基础上,经过二次开发而形成的成熟产品,它可以确定汽车驾驶员的行为特征,确定各种操纵工况(例如:稳态转向、转弯制动、ISO 变线试验、侧向风试验等),同时确定转向盘转角或转矩、加速踏板位置、作用在制动踏板上的力、离合器的位置、变速器挡位等,提高车辆动力学仿真的真实感。ADAMS/Driver 还可以通过调整驾驶员行为适应各种汽车特定的动力学特性,并具有记忆功能。

ADAMS/Rail(铁道模块)是由美国 MDI 公司、荷兰铁道组织(NS)、Delft 工业大学以及德国 ARGE CARE 公司合作开发的,专门用于研究铁路机车、车辆、列车和线路相互作用的动力学分析软件。利用 ADAMS/Rail 可以方便快速地建立完整的、参数化的机车车辆或列车模型以及各种子系统模型和各种线路模型,并根据分析目的的不同而定义相应的轮轨接触模型,可以进行机车车辆稳定性临界速度、曲线通过性能、脱轨安全性、牵引/制动特性、轮轨相互作用力、随机响应性能和乘坐舒适性指标以及纵向列车动力学等问题的研究。

有关详细情况,请浏览 www.msc.com。

4.3　一阶直线倒立摆的虚拟样机

1. 问题提出

倒立摆系统仿真与实物控制实验是控制领域中用来检验某种控制理论或方法的典型方案。它对一类不稳定系统的控制以及对于深入理解反馈控制理论具有重要的意义。对倒立摆的研究最初始于 20 世纪 50 年代,麻省理工学院(MIT)的控制论专家根据火箭发射助推器原理设计出一阶倒立摆实验设备,而后世界各国都将一阶倒立摆控制作为验证某种控制理论或方法的典型方案。

倒立摆系统的控制方法在军工、航天、机器人等领域和一般工业过程中都有着广泛的用途,如机器人行走过程中的平衡控制、火箭发射中的垂直度控制(如

图 4-18 所示)、卫星飞行中的姿态控制、海上钻井平台的稳定控制(如图 4-19 所示)、卫星发射架的稳定控制、飞机安全着陆、化工过程控制等均涉及到倒立摆问题。

图 4-18　托载"神五"升空的长征火箭

图 4-19　海上钻井平台

对倒立摆系统的研究在理论上和方法论上均有着深远意义。多年来,人们对倒立摆的研究越来越感兴趣,这其中的原因不仅在于倒立摆系统在高科技领域的广泛应用,而且由于新的控制方法不断出现,特别是近些年,随着计算机和信息技术的飞速发展,新的控制理论和算法层出不穷,人们试图通过倒立摆这样一个严格的实物对象,检验新的控制方法是否有较强的处理多变量、非线性和绝对不稳定系统的能力。

本节将介绍如何运用虚拟样机技术对一阶倒立摆系统进行虚拟制造,动态仿真实验,并最终形成物理样机的过程。

2. 虚拟样机制作

（1）一阶倒立摆的结构

为了制作出一阶倒立摆系统的虚拟样机，首先需要对倒立摆的各项技术功能结构进行分解。图 4-20 给出了一些常见的直线倒立摆结构。其中各倒立摆中共有的功能结构单元是：摆杆、直线导轨、小车（或滑块）、伺服电机、底座和护板，如图 4-21 所示。

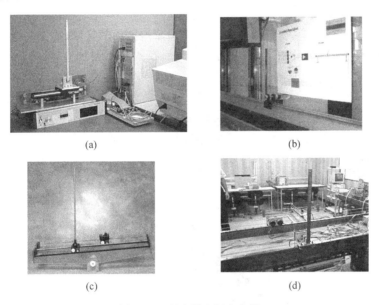

(a)　　　　　　　　　　　　　　(b)

(c)　　　　　　　　　　　　　　(d)

图 4-20　现有倒立摆实物图

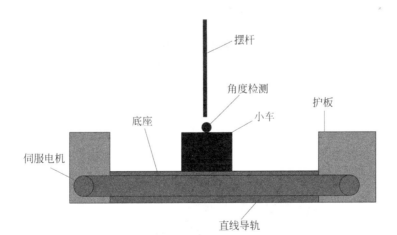

图 4-21　倒立摆本体功能结构单元图

　　直线运动倒立摆的基本模块为直线运动模块,该模块由伺服电机驱动滑动小车沿直线导轨滑动,完成定位控制和速度跟踪的任务。在滑动小车上加装一个单摆系统,构成经典的控制教学产品——一阶倒立摆系统,可完成各类控制课程的教学实验。

　　(2)单元设计

　　根据上文中对于倒立摆功能结构单元的划分,将倒立摆整体结构的设计也划分为相应的部分,然后再将各个功能单元组合起来,这样便于和之前进行的外形设计相衔接。

　　摆杆连接部位应具有使摆杆可以在竖直面内摆动的转轴、支撑转轴的支架以及必要的连接。通过分析选择和设计,得到如图4-22的最终方案。

图4-22　摆杆连接部分结构设计装配图

　　倒立摆对于滑块运动过程中的要求是,摩擦力尽可能小,并且保持恒定,同时要保持摆杆运行过程中的直线性,消除纵向运动对倒立摆的影响。组成形式为直线导轨——滑块模式,最终的滑块运动部位的结构设计方案如图4-23所示。

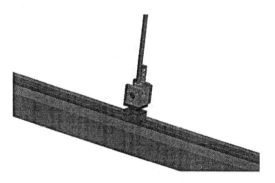

图4-23　滑块部位的结构设计方案

倒立摆的动力与传动部分由三个动能结构单元组成,分别是伺服电机、支架和底座。经过分析比较后,得到最终方案,如图 4-24 所示。

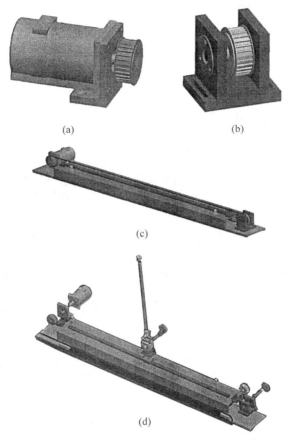

(a)　　　　　　　　　　　　(b)

(c)

(d)

图 4-24　动力与传动部分结构设计最终方案图

（3）系统总装

图 4-25 所示即为整个一阶倒立摆系统虚拟样机模型的结构分解图。在此模型的设计过程中,使用的是 Pro/E 软件,其在机械系统设计及三维演示方面的优点是显而易见的,通过其设计出的虚拟样机模型无论在结构上,还是感官上都极其接近物理模型,为生产出物理样机模型奠定了基础。图 4-26 所示即是在此基础上制造的一阶倒立摆实物实验系统。

3. 虚拟样机的动态仿真实验

经过以上过程,建立了一阶倒立摆系统的虚拟样机模型,下面将该虚拟样机模型导入 ADAMS 中进行机械动力学仿真,如图 4-27 所示。

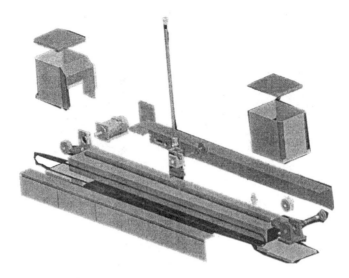

图 4-25　一阶倒立摆系统虚拟样机模型的结构分解图

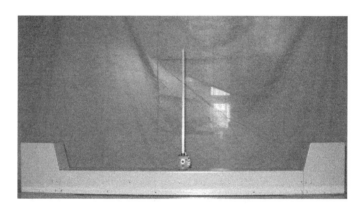

图 4-26　一阶倒立摆实物实验系统

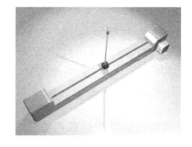

图 4-27　虚拟样机的动态仿真实验

　　将 Pro/E 生成的模型导入 ADAMS 中后,就相当于制作出了"实物模型",可以在该系统上借助 MATLAB 软件强大的数值计算及其在控制方面的优势进行一系列动力学仿真实验。在实验过程中可以随时修改模型的参数,诸如摆杆长度、摆杆质量、摆杆材料、控制算法等,而这些改变在实物模型上体现是十分困难的。具体实施办法及注意事项,请参见 4.4 节。

4.4　问题与探究——球棒系统的虚拟样机研究

1. 问题提出

球棒系统是一个典型的多变量非线性系统,是非线性控制理论的一个典型实验课题。该系统通过控制驱动电机的力矩使刚性球稳定在连杆的中心位置。

由刚性球和连杆臂构成的球棒系统,如图 4-28 所示。连杆在驱动力矩 τ 作用下绕轴心 O 点做旋转运动。连杆的转角和刚性球在连杆上的位置分别用 θ 和 L 表示,刚性球的半径为 R。当小球转动时,球的移动和棒的转动构成复合运动。

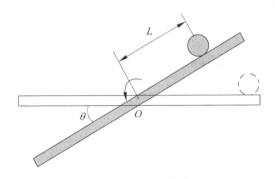

图 4-28　球棒系统结构图

本节将利用 ADAMS 软件,建立该球棒系统的虚拟样机模型,并通过连接 MATLAB 实现机电控制系统的机械动力学仿真。

2. 基于 ADAMS/MATLAB 的联合仿真技术

（1）技术描述

ADAMS 软件是实现在计算机上仿真分析复杂机械系统的运动性能的工具软件。通过建立该球棒系统的 ADAMS 模型,可得到一个近似的虚拟实物模型。通常使用的 MATLAB 仿真是建立在数学模型的基础上的,其动态性能都是经过计算得来的;使用 ADAMS 建立的系统模型,其仿真模型相当于“虚拟样机”,能够较真实模拟实物的真实运动状况。ADAMS/Control（控制模块）可以将 ADAMS 的机械系统模型与控制系统应用软件（如 MATLAB、EASY5 或者 MATRIX）连接起来,实现在控制系统软件环境下进行交互式仿真,还可以在 ADAMS 中观察仿真结果。因此将两种软件联合起来使用不仅可以验证动力学模型的准确性及控制策略的实用性,还可以得到更加接近实际情况的仿真结果,并通过分析,进一步改善控制策略的稳定性。

(2) 仿真方法及其步骤

在使用 ADAMS/Control 模块以前,机械设计师和控制工程师使用不同的软件对同一概念设计进行重复建模,并且进行不同的设计验证和实验,然后制造物理样机。一旦出现问题,不管是机械系统的故障还是控制系统的故障两方都要重新设计(见图 4-29)。

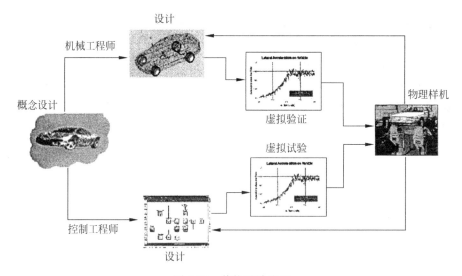

图 4-29　传统设计流程

通过 ADAMS/Control 模块,机械设计师和控制工程师可以共享同一个虚拟模型,进行同样的设计验证和实验,使机械系统设计和控制系统设计能够协调一致,并且可以设计复杂模型,包括非线性模型和非刚体模型。这样既节约了设计时间,又增加了设计的可靠性(见图 4-30)。

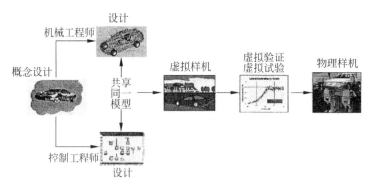

图 4-30　基于虚拟样机的设计流程

ADAMS/Control 控制系统设计主要有以下四个步骤,如图 4-31 所示。

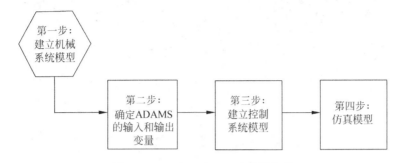

图 4-31　ADAMS/Control 设计流程

第一步:建立机械系统模型。机械系统模型可以在 ADAMS/Control 下直接建立,也可以输入已经建好的外部模型。

第二步:确定 ADAMS 的输入和输出变量。通过确定 ADAMS 的输入和输出变量可以在 ADAMS 和控制软件之间形成一个闭合回路,如图 4-32 所示。

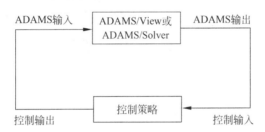

图 4-32　ADAMS 的输入和输出变量

第三步:建立控制系统模型。使用控制软件 MATLAB 建立控制系统模型,并将其与机械系统模型连接起来。

第四步:仿真模型。可以使用交互式或批处理式方式,建立仿真机械系统和控制系统连接在一起的模型。

(3) 球棒系统的联合仿真实验

下面通过球棒系统的例子,来说明 ADAMS-MATLAB 动力学联合仿真的过程。

① 在 ADAMS 中建立球棒系统动力学模型(如图 4-33 所示)。

② 定义状态变量,生成 ADAMS-MATLAB 模块。

由于 ADAMS 与 MATLAB 联合动力学仿真是由状态变量的传递来完成的,我们首先要清楚控制该系统所需的控制变量和检测变量。经过分析,定义系统的控制变量为转轴处的力矩,检测变量(控制目标)为小球在棒上的位置及棒与水平方向的转角。设置控制量、测量量为相应的状态变量,由 ADAMS 生成 MATLAB 模型文件,其组成如图 4-34 和图 4-35 所示。

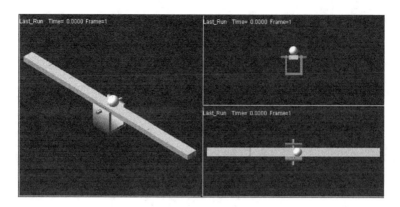

图 4-33　球棒系统

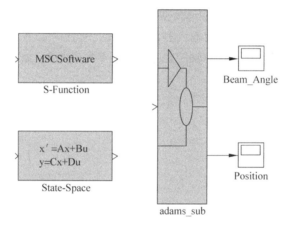

图 4-34　由 ADAMS 生成的 MATLAB 文件

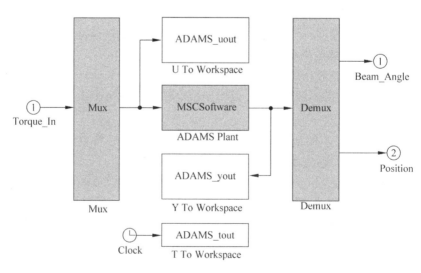

图 4-35　ADAMS-SUB 内部结构

打开 ADAMS Plant 模块可以看到一些仿真设置,其中的 Simulation mode (仿真模式),选择 discrete(离散)。Animation mode(动画模式),可选 batch(批处理)生成数据文件,不进行实时动画演示,待仿真完毕后,再导入 ADAMS Post Processor 中进行分析,其优点是仿真时间较短,对计算机系统要求不高;也可选 interactive(交互式)实时进行动画演示,优点是仿真过程中对系统有更加直观的认识,并可以随时暂停仿真,缺点是对计算机系统,尤其是图形显示部件要求较高。

③ 建立 MATLAB 控制系统。

接下来即可以用 ADAMS-SUB 模块来代替 MATLAB 中的动力学建模部分,使用 Simulink 模块,运用相应的控制策略建立球棒系统控制框图。开始仿真后,如果选择的是交互式仿真模式,在屏幕上就可以看到动态的仿真过程,如图 4-36 所示。

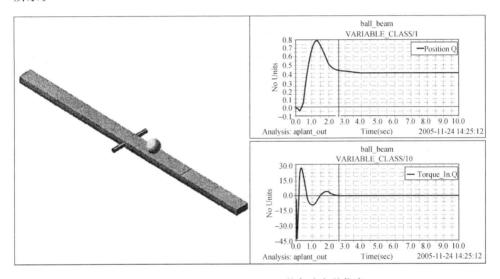

图 4-36   ADAMS-MATLAB 联合动力学仿真

通过以上步骤,就可以利用 MATLAB 数值计算与控制模块来对任意一个在 ADAMS 中建立的"虚拟样机"进行系统的动力学仿真分析。这种方法可以获得大量直观的信息,可以帮助我们更好地运用仿真技术,实现对复杂机电系统的设计与研究。

3. 问题探究

试利用"虚拟样机"模型,以及 ADAMS/MATLAB 动力学联合仿真方法,分析下列问题:

(1) 改变小球的材料(转动惯量),看一下控制效果又如何? 控制策略应作如何改变?

(2) 改变长杆材料(转动惯量),看一下控制效果又如何? 控制策略应作如何改变?

(3) 改变球与棒之间的动摩擦系数,看一下控制效果又如何? 控制策略应作如何改变?

从中来体会,虚拟样机技术如何使得数字仿真过程中的参数修改、结构变更等问题变得快捷、系统、真实、有效。

本章小结

(1) 本章阐述了虚拟样机技术的产生背景、工程应用和发展方向,介绍了虚拟样机技术的基本概念、知识构成及其应用范围。

(2) 虚拟样机技术是一种数字化仿真方法,其应用是产品设计的重要组成部分,其特点是:运行成本极低、开发周期短、解决传统设计的弊端等。它的出现不仅为工程应用开辟了新路,更将数字仿真技术的应用提高到了一个新的境界。

(3) 本章针对一阶倒立摆实验系统,通过建立其虚拟样机模型,较深入地说明了虚拟样机的制造过程。

(4) 本章通过一个动力学联合仿真的例子(球棒系统),指出了虚拟样机在动力学"联合仿真"方面的意义与优势;详细说明了基于 ADAMS/MATLAB 联合动力学仿真的建模(虚拟样机制造)、控制及其仿真实验过程。

虚拟样机技术的广泛应用,为计算机仿真技术开辟了更广阔的应用前景,它使得建模技术逐步走向"简便、实用、形象、精确"的新阶段。我们相信,虚拟现实技术与仿真技术的有机结合,必将为科学与技术的创新产生巨大的推动作用。本章最后给出的参数就有易于深入理解与应用虚拟样机技术,感兴趣的读者可广泛阅读之。

参考文献

[1] 安维华. 虚拟现实技术及其应用[M]. 清华大学出版社,2014.

[2] 杜宝江. 先进制造技术与应用前沿:虚拟制造[M]. 上海科学技术出版社,2012.

[3] Fang X, Zheng D, He H, et al. Data-driven Heuristic Dynamic Programming with Virtual Reality[J]. Neurocomputing, 2015, 166(1):244-255.

[4] Sibue J R, Kwimang G, Ferrieux J P, et al. A Global Study of a Contactless Energy Transfer System: Analytical Design, Virtual Prototyping, and Experimental Validation [J]. IEEE Transactions on Power Electronics, 2013, 28(10):4690-4699.

[5] Gladigau J, Haubelt C, Teich J. Model-based Virtual Prototype Acceleration[J]. IEEE Transactions on Computer-Aided Design of Integrated Circuits and Systems, 2012, 31 (10):1572-1585.

[6] 胡清华,邓四二,滕弘飞. 虚拟样机若干关键支撑技术研究进展[J]. 系统仿真学报,

2008，20(22)：6186-6189.

[7]　朱雨童，王江云，韩亮. 复杂航天器虚拟样机模型描述与集成[J]. 计算机集成制造系统，2010，16(11)：2363-2368.

[8]　姚远，张红军，罗赟，等. 基于虚拟样机的机车黏着控制研究[J]. 铁道学报，2010，32(6)：96-100.

[9]　周进，张东升，梅雪松，等. 基于虚拟样机技术倾转四旋翼飞行器联合仿真[J]. 计算机仿真，2015，32(1)：94-98.

[10]　汪若尘，黄欢，孟祥鹏，等. 基于虚拟样机模型的液压 ISD 悬架动态性能分析[J]. 机械工程学报，2015，51(10)：137-142.

[11]　王西超，曹云峰，庄丽葵，等. 面向复杂系统虚拟样机协同建模的方法研究[J]. 电子科技大学学报，2013，42(5)：648-655.

[12]　黄建兴，赵又群. 人—车闭环操纵稳定性综合评价及其虚拟样机实现[J]. 机械工程学报，2010，46(10)：102-108.

[13]　李军，邢俊文，谭文洁. ADAMS 实例教程. 北京：北京理工大学出版社，2002

[14]　王涛，张会明. 基于 ADAMS 和 MATLAB 的联合控制系统的仿真. 机械工程与自动化，2005，3：44-46.

[15]　井海明，杨明，赵宁. 球棒系统的建模及反馈控制. 航空计算技术，2003，133：452-454.

第5章

实物/半实物仿真技术与应用

5.1 概述

1. 系统仿真的类型

所谓系统仿真,可以理解为对一个已经存在或尚不存在但正在开发的系统进行系统特性研究的综合技术。对于实际系统不存在或已经存在但无法在现有系统上直接进行研究的情况,只能设法构造既能反映系统特征又符合系统研究要求的系统模型,并在该系统模型上进行所关心问题的研究,以期揭示已有系统和未来系统的内在特性、运行规律、分系统之间的关系,并预测未来。系统仿真是以建模理论、计算方法、评估理论为基本理论,以计算机技术、网络技术、图形图像技术、多媒体技术、软件工程、信息处理、自动控制及系统工程等相关技术为支撑的综合性交叉科学[1-4]。

根据仿真方法和模式的不同,系统仿真可分为以下四种类型:

(1) 数字仿真。主要用于控制系统的前期开发,为系统设计提供理论依据,并为其他类型的仿真提供数值解。数字仿真是基于系统数学模型的仿真,它的显著优点是经济、方便、灵活;但是,其真实性要依赖所建立的数学模型的精确性。

(2) 虚拟现实。该仿真类型是在经济全球化、贸易自由化和社会信息化及技术更新速度加快的新形势下,制造业的经营战略发生了很大变化,企业面临如何在最短的时间内,用最经济的手段开发出用户能够接受的产品的要求下产生的。自动化方向的虚拟制造是采用建模技术在计算机及高速网络支持下,在计算机群组协同工作条件下,通过三维模型及动画实现产品设计、工艺规划、加工制造、性能分析、质量检验以及企业各级过程的管理与控制的仿真产品制造过程,最典型的应用是汽车制造业。虚拟制造的突出优点是机械设计师和控制工程师共享三维模型,可大大缩短产品的开发周期并降低产品的开发费用。

(3) 半实物仿真,又称为半物理仿真。这部分仿真实验在条件允许的情况下尽可能在仿真系统中接入实物，以取代相应部分的数学模型，而将控制系统的其他部分由仿真设备模拟[5-7]。由于在控制回路中接入实物，半实物仿真系统必须实时运行，因此半实物仿真属于实时仿真（即仿真时间的标尺等于客观世界的自然时间标尺）。半实物仿真最初应用于军事领域（例如战斗机测试、卫星姿态控制、火箭控制和导弹制导等），近年来其应用范围逐渐扩展到汽车电子、电力牵引、电力系统等领域。由于半实物仿真已经比较接近实际情况，从而可得到更确切的产品信息。对于半实物仿真技术，本节将在后续内容中进一步展开讨论。

（4）实物仿真，又称为物理仿真。由实际的全系统参与仿真实验，它主要包含两种仿真情形：一种情况由于产品的实际使用环境不易受到控制，因此将实际产品放置在模拟的环境中进行实验，使用最多的是飞行器的风洞实验；另一种情况是为了研究特定的技术或产品而首先使用相应的实物模型（缩小的或者放大的）进行仿真实验，如为了研究某些大型机械（如 50t 龙门吊车）的控制方案，研究人员往往会先制作一个等比例缩小的模型来进行实物仿真实验。实物仿真实验的优点是真实直观，但投资大、开发周期长、实验易受到限制。

纵观上述四种仿真模式，可以发现这四种仿真模式对应的仿真结果的真实性是由低到高的，数字仿真和虚拟现实都可以由计算机独立完成，而半实物仿真和实物仿真都是在有实际产品参与的情况下进行的。在仿真技术蓬勃发展的今天，对于某些重要产品的开发或技术的验证过程应该是包含这四个仿真模式并逐一进行的。本书在前述章节中已详细介绍了数字仿真和虚拟现实/虚拟样机技术，本节将对近年来兴起和快速发展的半实物仿真技术的基本概念和相关理论进行详尽讨论，5.2 节和 5.3 节将分别给出半实物仿真和实物仿真的典型工程应用案例。

2. 半实物仿真技术

（1）半实物仿真的两种类型

广义上的半实物仿真具有丰富的理论内涵和广阔的应用领域，例如航空航天领域广泛使用的三维转台即属于半实物仿真装置，可用于模拟飞行器的各种姿态角运动，复现其运动时的各种动力学特性[1]。需要注意的是，本章主要探讨的是基于 MATLAB/Simulink 的机电控制系统的半实物仿真问题，对于其他领域的半实物仿真则不在本书的讨论范围之内。

半实物仿真技术有两种实现类型，一种称为快速控制原型（rapid control prototype，RCP），即用半实物仿真系统作为控制器，对实际物理系统进行控制，验证控制算法性能和控制器参数[8]；另一种则称为硬件在回路仿真（hardware-in-loop simulation，HILS），指的是用半实物仿真系统模拟被控对象，在实物控制器（实际应用的控制器）的作用下进行实验研究[9]。例如，对于异步电机的矢量控制问题,其快速控制原型半实物仿真如图 5-1(a)所示(此时半实物仿真系统运行控制算法,模拟实际 DSP 等控制器),而硬件在回路半实物仿真如图 5-1(b)所示(此时半实物仿真系统中运行电机驱动系统电气主回路的仿真模型,模拟三相电压型逆变器和异步电机等被控对象)。

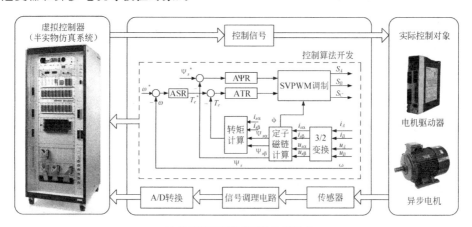

(a) 快速控制原型半实物仿真技术

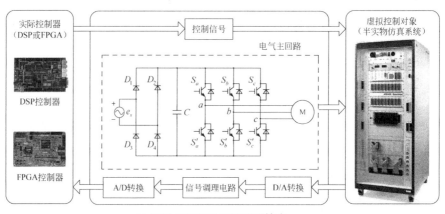

(b) 硬件在回路半实物仿真技术

图 5-1 半实物仿真的两种类型

上述两种半实物仿真技术均可与 MATLAB/Simulink 完全无缝链接,将计算机仿真与实时控制有机结合,实现 Simulink 所建模型的代码转化、下载和运行,避免了 DSP 等嵌入式系统软件程序的繁琐编程,使得研究人员可更专注于控制策略的设计与优化;同时,半实物仿真系统一般均具有强大的数据采集与记录功能,便于控制系统参数在线调节和整定,以及实验结果的对比分析。

（2）基于半实物仿真的系统开发流程

利用半实物仿真技术,进行机电产品、电力电子装置等系统设计时,常常遵循"V 形"开发流程[10],如图 5-2 所示。

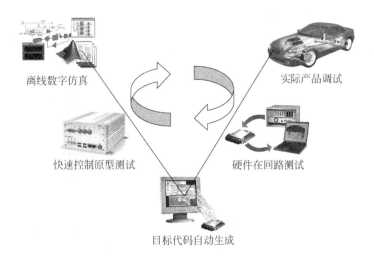

图 5-2　基于半实物仿真的"V 形"系统开发流程

① 离线数字仿真。该阶段的主要任务是利用 MATLAB/Simulink 软件,建立系统的离线仿真模型,对系统参数进行设计,并初步验证控制算法。

② 快速控制原型测试。在此阶段中,半实物仿真系统将控制算法的 MATLAB/Simulink 离线仿真模型转化为可以运行于快速控制原型控制器的目标代码。此时,半实物仿真系统作为快速原型控制器对实际对象进行闭环控制,达到进一步验证控制算法的目的。这种方式充分利用 MATLAB/Simulink 离线仿真模型的先期结果,并将其作用于实际控制对象上,可实现控制算法的快速设计、系统测试和参数整定,大大缩短了产品开发周期,提高了研究工作效率。

③ 目标代码自动生成。在此阶段中,半实物仿真系统将快速控制原型阶段验证后的控制算法,通过目标代码自动生成技术(例如 dSPACE 公司的 Targetlink 工具),转化为可以运行于实际控制器的目标代码。转化的过程一般为:基于 MATLAB/Simulink 的 Simulink Coder 和 Embedded Coder 等工具将控制算法离线仿真模型转化为 C/C++代码,再通过脚本语言调用相应的编译器将 C/C++代码编译生成目标代码(可面向多个厂家/型号的嵌入式处理器自动生成目标代码)。

④ 硬件在回路测试。在此阶段中,利用 MATLAB/Simulink 软件建立控制对象仿真模型,并编译下载至半实物仿真系统中,模拟实际控制器的运行环境,对目标代码自动生成阶段获得的实际控制器进行测试和检验,进一步验证控制算法。这种方法常用于实体实验成本高或不便于长期实验的场合(高危险性、数据难于获取等),例如高速铁路电力牵引系统的开发过程。

⑤ 实际产品调试。此阶段采用"实际控制器+实际控制对象"的调试方式,如果遇到问题,可再回到快速控制原型和硬件在回路测试阶段,利用半实物仿真平台,模拟现场故障,解决实际问题。

(3) 半实物仿真的实现平台

近年来,随着半实物仿真技术的快速发展,出现了多种半实物仿真实现平台,具有一定影响力的相关产品包括 dSPACE 半实物仿真平台、RT-Lab 半实物仿真平台、RTDS 半实物仿真平台和 A&D 半实物仿真平台等。由于 dSPACE 半实物仿真平台问世早、应用面广、影响力大,因此本节将对其硬件系统和软件系统进行重点介绍;对于其他半实物仿真平台,由于与 dSPACE 在体系结构上有一定相似之处,因此下面对其他三种半实物仿真平台进行简要介绍,重点突出每种仿真平台在技术和应用方面的特殊之处。

① dSPACE 半实物仿真平台

dSPACE 半实物仿真系统是德国 dSPACE 公司研发的一套基于 MATLAB/Simulink 的控制系统开发及测试工作平台,目前已在汽车电子、航空航天和工业自动化等领域得到了广泛应用。dSPACE 半实物仿真系统由硬件系统和软件系统两部分组成,其硬件系统具有高速的处理能力以及丰富的 I/O 接口,可以根据用户的需要进行扩展和剪裁;软件系统包括从 Simulink 模型到目标代码自动生成工具,以及对实验进行可视化、自动化管理的一系列软件[11-13]。

在硬件系统方面,dSPACE 半实物仿真系统硬件资源丰富、板卡功能齐全,具有工业控制领域常用的数字接口、模拟接口和通信接口(RS232、RS485、CAN、Profibus 等),其一般可分为单板系统、组件系统和专用仿真系统等类型。

在 dSPACE 单板系统中(例如 DS1103 和 DS1104),半实物仿真系统的 CPU 处理器和外围 I/O 集成在一起(如图 5-3(a)所示),其移动灵活、组建方便,但不具有板卡扩展能力,且只适用于快速控制原型半实物仿真领域。

对于 dSPACE 组件系统,其由高速处理器板卡和各种功能的 I/O 板卡组合而成,处理器板和 I/O 板卡之间的通讯由 PHS(Peripheral High-Speed)总线完成,具有灵活的扩展性能,可根据用户需要进行扩展和剪裁,同时还支持多处理器系统(如图 5-3(b)所示)。组件系统的处理器包括 DS1005 和 DS1006 等型号,配备合适的 I/O 板卡后,既可应用于快速控制原型场合,也可应用于硬件在回路场合。

dSPACE 专用仿真系统指的是 AutoBox(如图 5-3(c)所示)、MicroAutoBox 和 Simulator 等专用内置式车载仿真系统,满足汽车、火车和飞机等运载系统在空间体积、振动和环境温度上的需求。例如在汽车电子领域,AutoBox 在发动机控制、底盘控制、电机驱动控制等产品设计开发中具有大量应用。

此外,dSPACE 硬件系统还包括机箱、面板连接器(如图 5-3(d)所示)等附件,以组成完整产品,与外界信号相连接。

在软件系统方面,dSPACE 半实物仿真系统包括 Real-Time Interface (RTI)、ControlDesk、MotionDesk、MLIB/MTRACE 和 TargetLink 等软件工具。

Real-Time Interface 是连接 dSPACE 半实物仿真系统与 MATLAB/Simulink 之间的纽带,可实现从 Simulink 仿真模型到 dSPACE 实时硬件代码的

(a) dSPACE 单板系统

(b) dSPACE 组件系统

(c) dSPACE 专用仿真系统

(d) dSPACE 接口面板

图 5-3　dSPACE 硬件系统

无缝自动编译和下载,避免了费时费力的手工编程。

ControlDesk 是 dSPACE 半实物仿真系统的人机交互界面(如图 5-4(a)所示),使用方法与工业控制组态软件类似,可实现 dSPACE 半实物仿真系统的硬件管理、变量管理、参数管理、虚拟仪表测控和数据采集存储等功能。

MotionDesk 可实现仿真系统三维动画显示和图像化视景设计,如图 5-4(b)所示。

MLIB/MTRACE 可使用 MATLAB 功能强大的优化、统计等工具箱,实现在线控制器参数优化和大型数据跟踪记录等功能,其可以和 ControlDesk 同时使用。

TargetLink 用于目标代码自动生成,可将 Simulink 仿真模型转换为指定嵌入式处理器的产品级 C/C++代码。

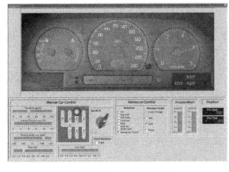
(a) ControlDesk界面

(b) MotionDesk界面

图 5-4　dSPACE 软件系统

② RT-Lab 半实物仿真平台

RT-Lab 是由加拿大 Opal-RT 公司推出的一套工业级实时仿真平台。作为一种全新的基于模型的工程设计应用平台,可以灵活地应用于诸多工程系统仿真和控制场合,通过将复杂的模型划分成多个可并行执行的子系统,并分配到多个 CPU 或 FPGA 上,从而构成分布式实时仿真系统。RT-Lab 半实物仿真最突出的特点是借助"CPU＋FPGA"分布式结构和丰富的仿真模型库,具有很强的仿真建模与运算能力,近年来面向电气工程学科提出了多种解决方案,如可应用于电力电子与电机驱动领域的 eDRIVEsim 平台和可应用于电力系统保护与控制领域的 eMEGAsim 平台[14-15]。RT-Lab 半实物仿真平台包括 OP4500、OP5600、OP7000 和 OP7020 等多种型号,如图 5-5 所示。

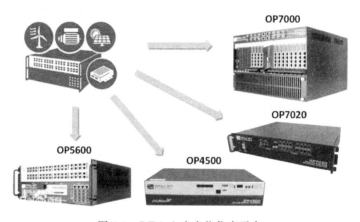

图 5-5   RT-Lab 半实物仿真平台

③ RTDS 半实物仿真平台

RTDS 是加拿大 RTDS(Real Time Digital Simulator)公司推出的专门用于实时电力系统电磁暂态仿真的研究平台,其对电力系统,尤其是对 HVDC(High-Voltage Direct Current)和 FACTS(Flexible Alternative Current Transmission Systems)装置的仿真准确性已经得到了国际上广泛的验证和认可[16]。RTDS 半实物仿真平台如图 5-6 所示。

在硬件上,RTDS 采用高速 DSP 芯片和并行处理结构以完成连续实时快速运算。RTDS 的软件系统由图形用户界面 RSCAD(Real-time Simulator CAD)、电力系统和控制元件模型库以及编译器组成,方便用户进行仿真模型搭建、仿真实验运行和实验结果分析。RTDS 半实物仿真系统目前在电力系统装置开发(继电保护装置、HVDC 控制器、FACTS 控制器以及发电机励磁装置等)、电力系统稳定性研究、电力系统故障分析和技术培训等方面得到了广泛应用。

④ A&D 半实物仿真平台

A&D 半实物仿真平台是由日本 A&D 株式会社推出的产品,A&D 公司是世

图 5-6　RTDS 半实物仿真平台

界一流的检测仪器产品生产商和服务提供商,以生产精密天平而在世界闻名。A&D 半实物仿真平台包括 AD5435 高性价比解决方案和 Procyon 高性能解决方案。AD5435 半实物仿真系统的突出特点是其前面板装有一块触摸屏(如图 5-7 所示),支持灵活的人机界面组态,可脱离上位机独立运行;同时,其具有双 CPU 架构,一个 CPU 用于高速数据处理与运算,另一个 CPU 用于触摸屏/键盘等人机交互以及与上位机间的网络通信;此外,AD5435 支持直流供电,便于根据工业现场情况,灵活选择供电方式[17]。Procyon 半实物仿真平台为基于多个多核 CPU 和 FPGA 的开放式、可配置的实时仿真系统,可应用于复杂对象的快速控制原型和硬件在回路半实物仿真领域[18]。

图 5-7　A&D 半实物仿真平台

　　除了上述国外产品之外,国内北京经纬恒润科技有限公司、北京华力创通科技股份有限公司也开发了 HiGale、HRT1000 等具有我国自主知识产权的半实物仿真产品,目前在航空、航天、兵器、船舶、轨道交通等领域得到了一定的应用;然而,与国外知名产品相比,在产品性能和影响力方面尚有一段差距,期待未来可打破国外产品一统天下的局面,在半实物仿真产品方面占据一席之地。

目前,半实物仿真技术正向着"CPU＋FPGA"多处理器分布式并行计算、"功率级"硬件在回路仿真(半实物仿真系统直接接入大功率强电回路)、与虚拟样机/虚拟现实技术相结合等方向发展[10],随着我国航空航天、武器装备、轨道交通、智能电网等行业的迅猛发展,相信半实物仿真技术必将具有更为广阔的应用前景。

3. 本章内容与目的

本章将阐述半实物仿真/实物仿真技术的基本概念与典型工程应用,具体内容包括:

- 基于 TORA 技术的土木结构减振控制系统半实物仿真研究;
- 龙门吊车重物防摆控制系统的实物仿真研究。

本章最后一节的问题与探究,将就"独轮自行车的实物仿真问题"展开讨论。通过本章的学习,希望读者能够了解半实物仿真和实物仿真技术,掌握为了验证相应理论与技术问题而进行的半实物/实物仿真装置的设计、制作以及仿真实验的全部过程,为以后的新技术研究与产品开发奠定基础。

4. 网上资源

以下网站有助于读者更进一步了解和应用半实物仿真/实物仿真技术。
中国系统仿真学会:http://cass-sim.buaa.edu.cn;
中国仿真互动:http://www.simwe.com;
系统仿真学报:http://www.china-simulation.com;
计算机仿真:http://www.compusimu.com;
MATLAB 仿真论坛:http://www.ilovematlab.cn。

5.2 半实物仿真技术应用

本节结合一个实际的工程案例——土木结构减振控制问题,给出了"半实物仿真技术"(快速控制原型)在控制系统设计与实际应用的全过程,从中我们可以体会"系统建模与仿真"技术在实际工程应用中的价值所在。

5.2.1 基于 TORA 的土木结构减振控制技术

1. 问题提出

旋转激励的平移振荡器(Translational oscillator with rotating actuator, TORA),又称为 RTAC(Rotational/translational actuator),是航天领域中双自旋卫星的共振捕获现象的一个简化模型[19]。该系统由一个未驱动的平移振荡器和驱动的转动偏心质量组成,其中小车(平移振荡器)与弹簧相连,并在水平面内做一维运动。偏心质量在输入转矩的作用下在水平面内转动,如图 5-8 所示。当给这个偏心质量一个输入转矩时,偏心质量在 $\theta\in(-\pi,\pi]$ 范围内转动,进而带动小车在水平面内来回移动。由于 TORA 系统拥有两个自由度且仅有一个输入,即小车位移和偏心质量转角两个自由度,但只有偏心质量转角是直接驱动的,因此 TORA 系统是一个典型的"欠驱动系统"。

　　TORA 系统除了是航天领域双自旋卫星共振捕获现象的简化模型外,还是结构物振动控制领域里主动振动控制系统的简化模型,该系统由一个电机驱动的质量块固定在具有质量、阻尼和刚度的单层框架结构上构成,如图 5-9 所示。

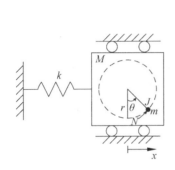

图 5-8　TORA 系统

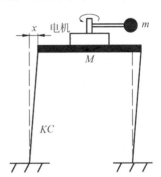

图 5-9　单层框架形式的 TORA

　　通过结构振动分析可知,上述两种形式的 TORA 结构动力学特性是等价的,为了研究土木结构的振动控制,这里将图 5-9 所示单层框架形式的 TORA 系统作为主要研究对象,与土木工程中传统的结构主动质量阻尼控制系统(Active Mass Damper,AMD)(图 5-10)相比,TORA 系统的惯性质量在作动器牵引下做旋转运动,行程不受限制,且具有结构简单、控制灵活、易于应用等特点。

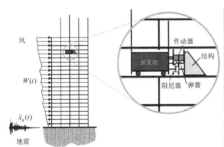

图 5-10　结构 AMD 控制系统

2. 系统建模

　　单层框架形式的 TORA 系统与图 5-8 中 TORA 系统具有相同的数学模型,通过应用分析力学里的拉格朗日方程可建立其数学模型。拉格朗日方程是解决复杂的非自由质点系的动力学问题的基本方法[20]。拉格朗日方程从广义能量出发,以与广义坐标变量数目相等的广义坐标方程来表达系统的动态,其普遍形式是:

$$\frac{\mathrm{d}}{\mathrm{d}t}\left(\frac{\partial L}{\partial \dot{q}_n}\right) - \left(\frac{\partial L}{\partial q_n}\right) = Q_n \qquad (n = 1, 2, \cdots) \tag{5-1}$$

其中 L 为质点系动能,q_n 为广义坐标,n 为质点系自由度数,Q_n 为广义力。

对于如图 5-9 所示的单层框架形式的 TORA 系统,其框架结构质量为 M,刚度为 K,阻尼为 C,惯性质量为 m,偏心惯性质量在电机控制转矩 N 的作用下在水平面内转动,转动半径为 r,转过角度为 θ,惯性质量关于质心转动惯量为 J,单层框架在水平面内做一维运动,集中质量 M 的位移为 x,不引起歧义的情况下,本文将该位移称为结构位移,垂向位移较小,在这里不做研究。

取结构位移 x,电机转角 θ 作为系统的广义坐标系,在此基础上对系统进行动力学分析。

首先计算出整个系统的动能和势能,系统的总动能由两个部分组成,结构振动动能为

$$T_1 = \frac{1}{2}M\dot{x}^2 \tag{5-2}$$

惯性质量的动能包括随结构运动的平动动能和绕电机轴及自身质心转动的旋转动能:

$$T_2 = \frac{1}{2}m\dot{x}^2 + mr\,\dot{x}\dot{\theta}\cos\theta + \frac{1}{2}(mr^2 + J)\dot{\theta}^2$$

系统总的动能为

$$T = T_1 + T_2 = \frac{1}{2}(M+m)\,\dot{x}^2 + mr\,\dot{x}\dot{\theta}\cos\theta + \frac{1}{2}(mr^2 + J)\dot{\theta}^2 \tag{5-3}$$

系统的总势能为

$$P = \frac{1}{2}Kx^2 \tag{5-4}$$

则系统的拉格朗日算子函数为

$$\begin{aligned} L &= T - P \\ &= \frac{1}{2}(M+m)\,\dot{x}^2 + mr\,\dot{x}\dot{\theta}\cos\theta + \frac{1}{2}(mr^2 + J)\dot{\theta}^2 + mgr\cos\theta - \frac{1}{2}Kx^2 \end{aligned} \tag{5-5}$$

根据拉格朗日方程,TORA 系统的动力学方程为

$$\begin{cases} \dfrac{\mathrm{d}}{\mathrm{d}t}\left(\dfrac{\partial L}{\partial \dot{x}}\right) - \dfrac{\partial L}{\partial x} = 0 \\[3mm] \dfrac{\mathrm{d}}{\mathrm{d}t}\left(\dfrac{\partial L}{\partial \dot{\theta}}\right) - \dfrac{\partial L}{\partial \theta} = N \end{cases} \tag{5-6}$$

经过计算可得系统的动力学描述为:

$$\begin{cases} (M+m)\ddot{x} + mr\cos\theta\ddot{\theta} - mr\sin\theta\dot{\theta}^2 + C\dot{x} + Kx = 0 \\ mr\cos\theta\ddot{x} + (mr^2+J)\ddot{\theta} = N \end{cases} \tag{5-7}$$

通过观察该系统的物理模型,并将

$$\ddot{x} = 0, \quad \dot{x} = 0, \quad \ddot{\theta} = 0, \quad \dot{\theta} = 0, \quad N = 0$$

带入到 TORA 系统的动力学模型中,可以解得

$$x = 0; \quad \theta \in [0, 2\pi]$$

即系统稳定时,电机角可为 $[0, 2\pi]$ 内任意值,工程实践中,考虑到便于维护和管理,应将惯性质量也稳定在某一固定位置处,这样要求用一个控制输入完成对两个独立状态变量(结构位移和电机转角)的控制,体现出了 TORA 系统的欠驱动特性。

3. 模型验证

(1) 仿真模型

以上节得到的 TORA 系统数学模型为基础,采用 MATLAB 软件 Simulink 模块搭建 TORA 系统仿真模型,搭建起的模型如图 5-11 所示。

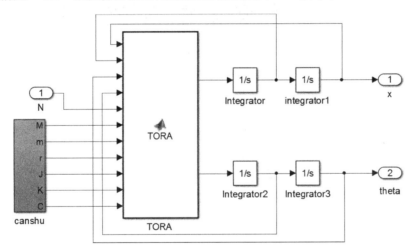

图 5-11　Simulink 仿真模型

其中: TORA 子系统

```
function [D2x,D2theta] = TORA( position_now,position_acc,arc_now,arc_acc,N,M,m,
r,J,K,C)
    D2x = ((m * r^2 + J) * (m * r * sin(arc_now) * arc_acc^2 - K * position_now - C *
position_acc) - N * m * r * cos(arc_now))/((M + m) * (m * r^2 + J) - (m * r * cos(arc_
now))^2);
    D2theta = ( - m^2 * r^2 * sin(arc_now) * cos(arc_now) * arc_acc^2 + (M + m) * N +
```

m * r * cos(arc_now) * (K * position_now + C * position_acc))/((M + m) * (m * r ^ 2 + J)

　- (m * r * cos(arc_now))^2);

end

(2) 模型验证

仍采用必要条件法验证所建立的数学模型具备正确模型应具备的必要性质。实验设计：实验开始前，使结构具有初始位移 $x=0.02$m，其他初始条件均设为 0，即 $\dot{x}=0, \theta=0, \dot{\theta}=0, N=0$，之后释放结构使其做自由运动。因为结构本身具有弹簧-质量系统的性质，结构在仿真实验开始后应该在弹簧恢复力的作用下做往复运动，又因为结构阻尼的存在，结构往复运动的幅值逐渐变小，惯性质量在与结构的相互作用下应来回摆动。下面利用仿真实验来验证"正确数学模型"应具有的这一性质，对图 5-11 中的模型进行仿真，得到图 5-12 中结果。从中可见，结构往复运动过程中，位移幅值逐渐衰减，惯性质量也在一定范围内摆动。与理论预想相符，因此可以在一定程度上认为所建立的模型是准确的。

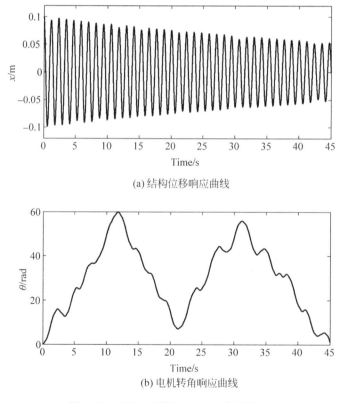

(a) 结构位移响应曲线

(b) 电机转角响应曲线

图 5-12　TORA 系统 Simulink 仿真结果

从上述系统建模与分析结果可见，基于 TORA 的控制系统可以应用于土木结构系统的主动减振控制；相对于 AMD 系统，其"机电结构简单、控制实现方便、运动空间小"等优点,对土木结构抗风减振技术具有良好的应用前景。

5.2.2　基于 TORA 的土木结构减振控制系统设计

土木结构在外加荷载(地震、风等)的作用下结构会发生位移/变形,土木结构出现较大位移对于结构安全十分不利;图 5-2 所示的 TORA 系统可以用来进行结构的减振控制,其相当于 TORA 系统的稳定性控制问题。

对于 TORA 系统,常见的稳定性控制设计方法有两类,一是通过部分反馈线性化和解耦处理将系统转化为严格反馈的级联规范型,然后应用经典的反步法得到系统的稳定控制律[21-23],二是利用 TORA 系统的无源特性设计控制器[24-26]。本节采用滑模变结构控制(Sliding Mode Control,SMC)算法设计 TORA 系统的控制器,由于滑模变结构控制算法可有效抑制系统未建模动态,且系统在滑模面上运动时具有比鲁棒性更优的不变性,故其更适用于具有随机干扰的土木结构系统的减振控制。

1. 滑模变结构控制器设计

在为 TORA 系统设计滑模变结构控制器时,考虑到整个控制系统只有一个控制输入,但是需要控制的变量数目却不止一个,包括结构位移、惯性质量转角,这使得系统具有"欠驱动特性",需采用特殊的滑模变结构算法——分层滑模控制算法(Hierarchical Sliding Mode Control,HSMC)——来设计控制器[27]。

为方便设计系统控制器,将系统动力学(5-7)化为以下形式

$$\begin{cases} \dot{x}_1 = x_2 \\ \dot{x}_2 = f_1(X) + b_1(X)N \\ \dot{x}_3 = x_4 \\ \dot{x}_4 = f_2(X) + b_2(X)N \end{cases} \tag{5-8}$$

其中

$$[x_1, x_2, x_3, x_4]^{\mathrm{T}} = [x, \dot{x}, \theta, \dot{\theta}]^{\mathrm{T}}$$

$$f_1(X) = \frac{(mr^2 + J)[mr\sin\theta\dot{\theta}^2 - Kx - C\dot{x} - (M+m)\ddot{x}_g]}{(M+m)(mr^2 + J) - (mr\cos\theta)^2}$$

$$b_1(X) = \frac{mr\cos\theta}{(M+m)(mr^2 + J) - (mr\cos\theta)^2}N$$

$$f_2(X) = -\frac{mr\cos\theta[mr\sin\theta\dot{\theta}^2 - Kx - C\dot{x} - (M+m)\ddot{x}_g]}{(M+m)(mr^2 + J) - (mr\cos\theta)^2}$$

$$b_2(X) = -\frac{M+m}{(M+m)(mr^2 + J) - (mr\cos\theta)^2}N$$

分层滑模控制器的滑模面选取分两级来进行,两个一级滑模面对应平动和转

动两个子系统，选取如下

$$s_1 = a_1 x + \dot{x}, \quad s_2 = a_2 \theta + \dot{\theta} \tag{5-9}$$

很明显，假如这两个一级滑模面可以到达的话，那么 x 和 θ 都会按指数衰减到零，这样系统达到稳定状态。

系统在两个一级滑模面上运动时，即 $\dot{s}_i = 0 (i = 1, 2)$ 时，利用等效控制方法可以计算出等效控制律

$$\begin{cases} u_{eq1} = -\dfrac{f_1(X) + c_1 x_2}{b_1(X)} \\[2mm] u_{eq2} = -\dfrac{f_2(X) + c_2 x_4}{b_2(X)} \end{cases} \tag{5-10}$$

为保证每个子系统都能跟随对应的滑模面运动，最终控制输入中应包含每个子系统等效控制的一部分，可以定义如下的整体控制输入

$$u = u_{eq1} + u_{eq2} + u_{sw} \tag{5-11}$$

其中 u_{sw} 为控制输入的切换控制部分，可以构造如下二级滑模面：

$$S = \alpha s_1 + \beta s_2 \tag{5-12}$$

下面通过 Lyapunov 稳定性控制理论来得到控制律的切换控制部分，选取如下 Lyapunov 函数：

$$V(t) = \frac{1}{2} S^2 \tag{5-13}$$

计算其导数

$$\begin{aligned} \dot{V}(t) &= S\dot{S} \\ &= S(\alpha \dot{s}_1 + \beta \dot{s}_2) \\ &= S[\beta b_2 u_{eq1} + \alpha b_1 u_{eq2} + u_{sw}(\beta b_2 + \alpha b_1)] \end{aligned} \tag{5-14}$$

取

$$\beta b_2 u_{eq1} + \alpha b_1 u_{eq2} + u_{sw}(\beta b_2 + \alpha b_1) = -\eta \operatorname{sgn}(S) - kS$$

可计算得

$$u_{sw} = -(\beta b_2 + \alpha b_1)^{-1}[\beta b_2 u_{eq1} + \alpha b_1 u_{eq2} + \eta \operatorname{sgn}(S) + kS] \tag{5-15}$$

此时

$$\dot{V}(t) = -\eta |S| - kS^2 \leqslant 0 \tag{5-16}$$

所以二级滑模面是存在的，即证明了二级滑模面是可以到达的。故系统的最终控制律为

$$u = u_{eq1} + u_{eq2} - \frac{\beta b_2 u_{eq1} + \alpha b_1 u_{eq2} + \eta \operatorname{sgn}(S) + kS}{\beta b_2 + \alpha b_1} \tag{5-17}$$

在文献[27]中，W. Wang，J. Yi 等人对于该滑模算法一级滑模面的可达性及整体分层滑模变结构控制系统的稳定性进行了证明，这里不再赘述。

滑模变结构算法趋近律中符号函数的存在使得控制输入具有开关特性，会引

起控制系统抖振。为能在实物平台上进行算法有效性的验证,考虑到电机的限制,本文采用边界层法以实现控制输入抖振的消除。这种方法的思路是对理想的继电型切换 $\mathrm{sgn}(s)$,引入线性段,使之变为具有饱和型特性的 $\mathrm{sat}(s)$,它可以表达为

$$\mathrm{sat}(s) = \begin{cases} +1 & (s > \Delta) \\ \kappa s & (|s| \leqslant \Delta) \\ -1 & (s < \Delta) \end{cases} \tag{5-18}$$

因为边界层的设置使得当 s 在 $(-\Delta, \Delta)$ 范围内变化时,控制输入保持连续,所以该方法也称为连续化法。这样,式(5-15)所表示的趋近律优化为

$$\dot{s} = -\rho\,\mathrm{sat}(s) - ls \quad (\rho > 0, l > 0) \tag{5-19}$$

用 $\mathrm{sat}(s)$ 代替(5-17)中的 $\mathrm{sgn}(s)$,即可得到抖振消除后的控制输入。

2. 数字仿真实验

根据前面所设计的控制器,以 Simulink 为平台可以搭建出如图 5-3 所示的仿真程序,其中 SMC 模块表示滑模变结构控制器的"封装形式",系统参数如表 5-1 所示,控制器的参数选取为,$a_1 = 1, a_2 = 150, a_3 = 30, a_4 = 1, \Delta = 1$。

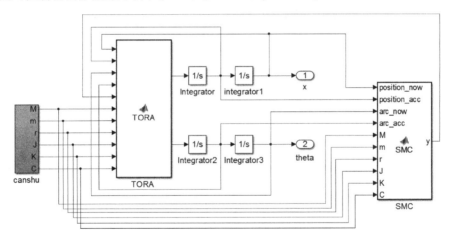

图 5-13　TORA 控制系统仿真程序

表 5-1　系统参数

项目	数值
M	10.235kg
m	0.328kg
r	0.05m
J	0.001kgm²
k	294.87N/m
C	0.5Ns/m

　　结构初始状态为 $x=0.1\mathrm{m}, \dot{x}=0, \theta=0, \dot{\theta}=0, N=0$ 时,未施加控制时,系统的结构响应如图 5-5 所示。采用滑模变结构控制器施加控制后的结果如图 5-14 所示。

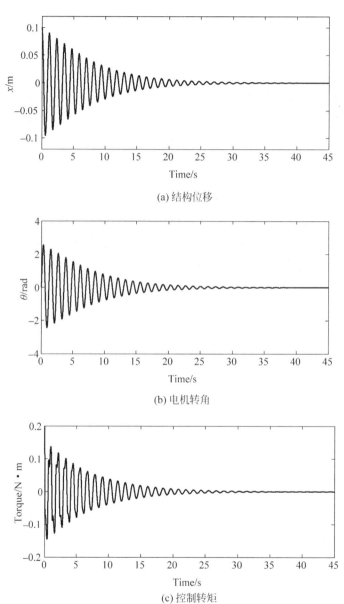

(a) 结构位移

(b) 电机转角

(c) 控制转矩

图 5-14　滑模变结构控制器控制效果,初始为 $x=0.1, \dot{x}=0, \theta=0, \dot{\theta}=0$

　　为定量分析控制算法的控制效果,这里引入二阶系统调节时间 t_s 的概念,将其定义为结构由初始位移变为初始位移 10% 所需的时间。在未施加控制时,如图 5-5

所示,系统在自身阻尼作用下,调节时间较长,$t_s = 170\mathrm{s}$;用滑模变结构控制器施加控制时,如图 5-7 所示,$t_s = 18\mathrm{s}$。控制器的引入有效的加快了结构稳定的过程,使得结构在因地震、强风等外界干扰出现位移时,能较快的恢复到平衡状态,从而保证结构的安全。

5.2.3　基于 dSPACE 半实物仿真技术的控制系统实现

1. 系统总体设计

TORA 减振控制系统半实物仿真实验是利用 dSPACE 代替真实系统中的控制器/DSP(快速控制原型),控制实际的"单层土木框架实物模型"上的 TORA 系统;因此,称其为半实物仿真实验(控制器为 dSPACE 仿真器,对象为实物系统),半实物仿真系统整体结构如图 5-15 所示。

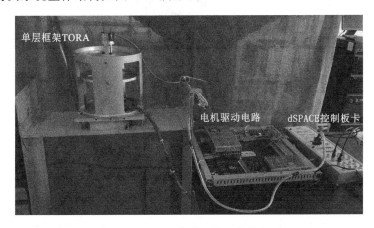

图 5-15　半实物仿真系统整体结构图

2. TORA 与机械本体

搭建好的 TORA 与机械本体如图 5-16 所示,其为图 5-9 中所示物理模型的实物实现,其顶部和底部的水平钢板厚度较大,不易弯曲,两侧竖直钢板为弹簧钢,具有很好的弹性。因为结构在晃动时,垂向位移远小于结构尺度,故其对水平方向运动的影响可以忽略。惯性质量在电机的驱动下可以在水平面内运动。电机与编码器同轴,这样编码器就可以测出惯性质量在电机的带动下所转过的角度。

3. 半实物仿真系统电气控制平台

半实物仿真系统将 dSPACE 作为控制器,主要是应用到了 dSPACE 系统的"快速控制原型功能",dSPACE 用于快速控制原型时的系统结构如图 5-17 所示。

图 5-16　TORA 机械本体

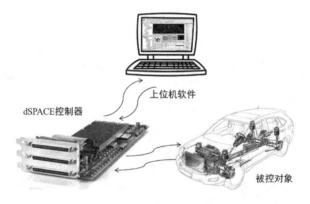

图 5-17　"快速控制原型"系统结构图

　　实验中使用的板卡型号为 RS1104（如图 5-18 所示），它包含了基于 TMS320F240 DSP 微控制器 slave-DSP,适用于各领域中多变量的控制与实时仿真；DS1104 控制板卡提供了丰富的输入输出接口。包括 10 路 DA 接口,10 路 AD 接口,40 路数字量输入输出接口,两路增量式编码器差分信号接收接口,以及 RS232、RS422/RS485 通信接口,能够满足 TORA 系统稳定性控制的需求。

图 5-18　dSPACE RS1104 板卡及接口

实验中,我们需要一路 AD 接口采集位移传感器输入的电压信号,一路差分正交信号接收接口接收编码器输出的角度信息,以及一个 DA 端口用于输出 dSPACE 计算出的控制信号给电机驱动器,以实现电机控制。

dSPACE 系统也配置了相应的软件工具 ControlDesk(如图 5-19 所示),以实现基于 MATLAB/Simulink 的"快速控制原型"算法实现等功能;ControlDesk 软件可以连接到电气控制单元(ECU),以实现"快速控制原型/硬件在回路"半实物仿真,以及系统状态变量监视、系统参数定标等功能。

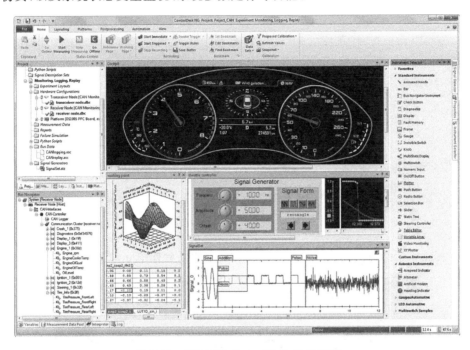

图 5-19　dSPACE ControlDesk 软件界面

作为执行机构的电机选用的是瑞士 Maxon 公司的盘式电机(如图 5-20(a)所示),该电机低转速、大转矩的特点符合 TORA 控制以及系统设计的要求。电机驱动器采用 Maxon 公司的 ESCON 50/5 驱动器(如图 5-20(b)所示),该驱动器具有转矩控制模式和转速控制模式。

实验中,电机转角的检测由编码器完成,编码器型号为日本内密控公司的 OVW2-1024-2MD 编码器,该编码器为增量式编码器,码盘线数为 1024 线;结构位移的测量由德国 SensrPart 公司的 FT 80 RLA 激光位移传感器完成,该传感器的量程为 500mm,精度可得到满量程的 0.5%,该传感器可以输出范围在 4~20mA 的电流,加载在 500 欧姆的高精度电阻上,可转变为 2~10V 的电压信号,在 dSPACE 模拟量输入(−10V~10V)的可测范围之内;传感器的外形如图 5-21 所示。

(a) Maxon 盘式电机　　　　　(b) ESCON 50/5驱动器

图 5-20　电机及驱动器

(a) 增量编码器　　　　　(b) 激光位移传感器

图 5-21　传感器外观图

综上,搭建起的 TORA 系统半实物仿真实验平台如图 5-22 所示。

图 5-22　TORA 系统半实物仿真实验平台

4. 半实物仿真实验

基于图 5-22 所示的实验平台,我们完成了 TORA 系统稳定性控制的半实物仿真实验。

首先,考虑不施加控制的情况,初始条件仍与 5.2.2 节中仿真实验的初始条件一致,即 $x=0.1,\dot{x}=0,\theta=0,\dot{\theta}=0$;图 5-16 给出了未施加控制时位移随时间的变化情况,从中可见:搭建起的实物 TORA 系统在自身阻尼作用下做振幅衰减的往复运动,其 t_s 约为 140s。对比图 5-12(a)和图 5-23,可以发现,实物系统的运动与仿真模型具有相同特性,这也同时验证了 5.2.1 中所建立的 TORA 系统数学模型的准确性。

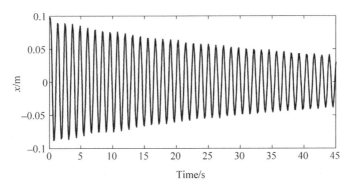

图 5-23   未施加控制时结构位移

其次,考虑用 5.3.2 节所设计滑模变结构控制器对 TORA 系统施加控制;先用 Simulink 完成可由 dSPACE 转化为控制程序的仿真程序,如图 5-24 所示,通过编译即可得到 dSPACE 系统实施控制所需的程序,利用 ControlDesk 软件可将程序加载到 RS1104 控制板卡中。上述整个过程中均在 PC 上完成,不用像 DSP/ARM 等嵌入式系统开发那样,编写复杂的程序,这一"快速控制原型功能"可有效加快实验研究的进程;半实物仿真实验结果图 5-25 所示。

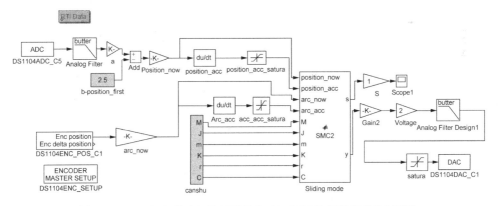

图 5-24   Simulink 搭建起的可转化为 dSPACE 控制程序的控制模块

对比半实物仿真实验和数字仿真实验所得到的结果可见:半实物仿真实验时控制效果稍差些(这是由于建模误差、系统时滞等多种因素造成的),滑模变结构控制器施加控制时,$t_s=27s$;由半实物仿真实验结果可以得出与仿真实验相同的

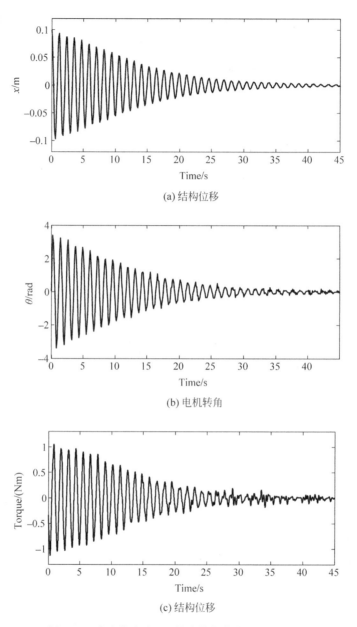

图 5-25　半实物实验：滑模变结构控制器控制效果

结论：滑模变结构控制策略可明显加快 TORA 系统的稳定过程，快速减小土木结构因初始位移而产生的结构振动响应。

同时，由于土木工程结构外界干扰具有随机性，所以对于控制器的鲁棒性也有较高的要求，为了能够应用于土木结构减振控制中，还需要对滑模变结构控制器的鲁棒性进行验证。

鲁棒性检验方案为分析框架质量发生变化时控制算法的有效性,具体实验过程为:在半实物仿真实验开始前,将质量为 2kg 的质量块放置到单层框架结构上,相当于将单层框架结构的质量(原来为 10.235kg)增加了约 20%,半实物仿真实验结果如图 5-26 及图 5-27 所示。

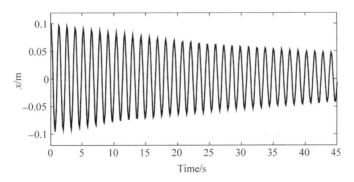

图 5-26　未施加控制时结构位移

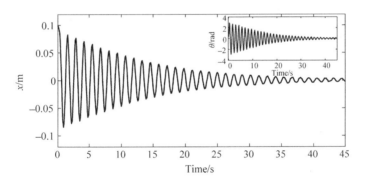

图 5-27　滑模变结构控制器作用下的结构位移

从上述实验可见,质量的增加改变了系统的固有振动周期(使周期增大,结构振动变缓),t_s 约为 143s;结构参数发生变化时,在滑模变结构控制器作用下,结构位移和电机转角还是达到了稳定状态,调节时间 t_s 为 30s。

对比图 5-18 和图 5-20,可见滑模控制的稳定时间 t_s 基本没受到框架质量变化的影响,其说明所设计的滑膜变结构控制策略具有良好的鲁棒性。

5. 小结

本节应用 dSPACE 半实物仿真技术,基于"快速控制原型方法"实现了被控对象的快速实时控制,以验证控制策略的有效性;利用 dSPACE 半实物仿真器寻优获得的控制算法与参数可直接移植到 DSP / ARM 等嵌入式数字控制器中,实现MATLAB/Simulink 所建模型的代码转化、下载和运行,避免了 DSP 等嵌入式系统软件程序的繁琐编程,使得研究人员可更专注于控制策略的设计与优化;同时,

dSPACE 还具有强大的数据采集与记录能力,便于控制系统参数在线调节和整定,以及实验结果的对比分析。

综上可见,半实物仿真技术在加快工业产品开发流程,控制参数寻优等方面具有重要意义,其在机器人、汽车、航天等领域已得到了广泛应用。

5.3　实物仿真技术应用

本节结合龙门吊车重物防摆控制问题的研究,给出了一个小型吊车实物仿真平台的实现全过程。

5.3.1　龙门吊车实物仿真系统

1. 系统总体设计

为了研究龙门吊车重物的防摆控制策略,我们综合吊车的行走传动机构与仿真实验的要求,设计的吊车实物仿真系统的本体结构如图 5-28 所示,其主要由以下几部分组成。

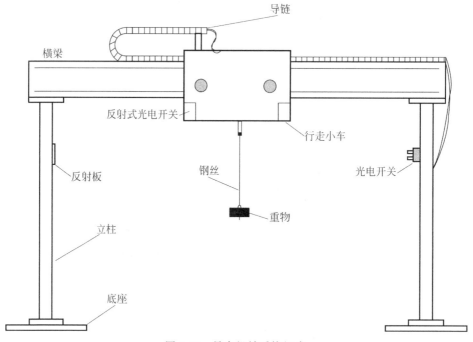

图 5-28　吊车机械系统组成

（1）行走小车：该部分是整个机械系统的核心,内部包括小车的行走装置、重物提升装置、左右限位装置、角度检测装置。为保证仿真结果的有效性,传动机构与实际装置是一致的。

（2）支撑部分：支撑部分主要包括横梁、立柱、底座、导链等四部分，其中导链的作用是保护连接行走小车与电控柜之间的电缆。

（3）悬挂部分：悬挂部分主要由重物、钢丝以及小车内部的卷筒、提升电机构成。

（4）保护部分：保护部分主要由行走小车内部的左、右限位开关以及外部的重物上限位光电开关组成。

从吊车工作过程看，小车的行走机构和重物的提升机构应该是吊车机械设计过程中的重点。系统设计中充分考虑到实际吊车的行走机构，小车行走是由电机输出轴经过齿轮组减速传动，最后通过压在工字梁上的轮毂的转动牵引小车行走的。在这一过程中，轮毂与工字梁之间的摩擦显得十分重要，必须设计轮毂与工字梁之间有足够大的摩擦系数，才不至于使得吊车在行走过程中产生打滑的现象。同时，行走小车也是整个吊车防摆控制系统的核心，小车的行走机构、重物提升机构、角度与位移检测机构、左右限位机构等都要放在行走小车内，因此，在有限的空间下合理摆放整个机构也是行走小车设计的难点。

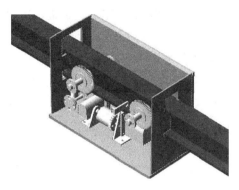

图 5-29　小车结构图

图 5-29 和图 5-30 给出了我们设计的吊车实物仿真系统的小车传动机构和重物的提升机构的虚拟样机模型，图 5-31 则是我们设计制造的吊车实验系统的吊车本体的照片。

图 5-30　传动机构图

图 5-31　吊车本体照片

实物模型的性能参数如下：

- 系统水平行程：3m；

- 系统垂直行程：2m；
- 行走速度：<1m/s；
- 提升速度：<0.5m/s；
- 行走加速度：<2m/s²；
- 提升加速度：<1m/s²；
- 小车质量：<50kg；
- 重物质量：<20kg。

2. 行走与提升机构设计

（1）小车行走机构的设计

根据实际情况，小车的行走机构采用悬臂轴支撑、二级开式齿轮传动、伺服电机驱动的方式，二级齿轮传动的减速比 $i=4$。图 5-32 为行走部分传动机构简图。伺服电机的额定参数如下：松下 MINAS A 系列的 MSMA 小惯量交流伺服电机，额定功率 200W、额定转矩 0.64N·m、额定转速 3000r/min。

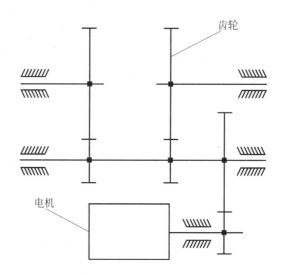

图 5-32　行走部分传动机构简图

① 功率校验

由功率校验公式[31]可知，

$$M = \beta(Q + Q_{xl})(k + \mu d/2)$$
$$= 2 \times (50 + 20) \times 10 \times (0.0005 + 0.02 \times 0.028/2) \tag{5-19}$$
$$= 1.092 \ (\text{N} \cdot \text{m})$$

式中，M 为行走轮上的转矩，N·m；β 为附加阻力系数，这里 $\beta=2$；Q、Q_{xl} 为分别为吊车与重物的重力，N，这里取重力加速度 $g=10\text{m/s}^2$；d 为轴承内外直径平均值,cm,这里 $d=0.028$cm;k 为滚动摩擦系数,这里 $k=0.0005$;μ 为轴承摩擦系数,这里 $\mu=0.02$。

所以吊车运行时的静阻力为

$$P_{\mathrm{m}} = \frac{M}{D_c/2} = \frac{1.092}{0.05/2} = 43.68 \,(\mathrm{N}) \tag{5-20}$$

电机的静功率为

$$\begin{cases} N_i = \dfrac{P_{\mathrm{m}}v}{\eta m} = \dfrac{43.68 \times 0.5}{0.9 \times 1} = 24.3 \,(\mathrm{W}) \\ N = k_d N_i = 2 \times 24.3 = 48.6 \,(\mathrm{W}) \end{cases} \tag{5-21}$$

式中,N 为电机功率,W;P_{m} 为满载时静阻力,N;v 为吊车运行速度,$v=30$m/min$=0.5$m/s;m 为驱动电机数;k_d 为功率放大系数;D_c 为车轮直径,cm,这里 $D_c=5$cm;η 为机构总效率。

由上面的校验结果可知,我们选择的额定功率为 200W 的 MSMA 小惯量交流伺服电机的功率满足设计的要求 48.6W。

② 转矩校验

松下 MSMA 系列 200W 伺服电机的额定转矩为 0.64N·m,最大转矩为 1.91N·m,由于采用齿轮减速($i=4$),所以输出的最大转矩为 7.64N·m。车轮半径 $d=D_c/2=2.5$cm$=0.025$m,摩擦系数 $\mu=0.05$,所以,行走小车的最大加速度为

$$\begin{aligned} a &= \frac{F - f_N}{m_0 + m_1} \\ &= \frac{M/d - \mu N}{m_0 + m_1} \\ &= \frac{7.64/0.025 - 0.05 \times (50 + 20) \times 10}{50 + 20} = 3.87 \,(\mathrm{m/s^2}) \end{aligned} \tag{5-22}$$

式中,M 为行走轮上的转矩,N·m;f_N 为摩擦阻力,N;N 为吊车与重物的压力,这里等于重力,N,重力加速度取 $g=9.8$m/s^2;m_0、m_1 分别为吊车与重物的质量,kg。

由于吊车内部空间有限,因此限制了齿轮的减速比,这里,二级齿轮减速的减速比只能取到 $i=4$。其中,第一级减速比 $i_1=3$,第二级减速比 $i_2=4/3$。由于吊车行走的额定速度为 $v=30$m/min,所以,伺服电机的额定转速须限定在 $n=\dfrac{iv}{\pi D_c}=\dfrac{4 \times 30}{\pi \times 0.05}=764$r/min;若伺服电机的额定转速为 $n=3000$r/min,则吊车行走的额定速度将为 $v=117$m/min。

转矩校验的结果说明,该电机的输出转矩经过总减速比为 4 的二级齿轮减速,其输出转矩足以使小车满足 <2m/s^2 的最大设计加速度的要求,且伺服电机的

额定转速充分满足小车最大行走速度的要求。

(2) 小车提升机构的设计

小车的提升机构由提升电机、单级齿轮减速器、卷筒、提升用钢丝组成。单级齿轮传动减速比 $i=2$。提升电机采用步进电机,因为步进电机在低速下的启动力矩大,比较适合于提升机构这种工作在低速状态下,要求启动力矩大的场合。图 5-33 为提升部分的传动简图。

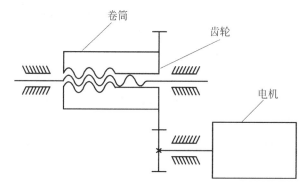

图 5-33　提升部分传动简图

由于要检测角度变化,因此钢丝穿过辅助轴和穿线导管,为此,在重物提升的过程中,要保证钢丝相对位置不变,只有这样,才能确保角度测量的准确性。这是提升机构设计的一个难点。

为解决这一问题,可以在提升机构设计中采用丝杠传动的方法,即卷筒不是套在光轴上,而是通过螺纹连接套在丝杠上,在提升过程中,钢丝在卷筒上缠绕,同时卷筒以一定的速度在丝杠上运动,从而保证钢丝在提升过程中的相对位置保持不变。图 5-34 为卷筒的设计原理图。

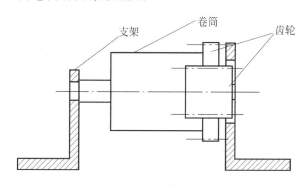

图 5-34　卷筒的设计原理图

卷筒设计的重点是如何确定钢丝在卷筒上缠绕一周,卷筒在丝杠上向相同方向移动相应的距离,以保证钢丝相对位置不变。由于选用的钢丝绳直径为 1mm,

钢丝在卷筒上缠绕一周,钢丝移动 1mm,卷筒也需向相同方向移动 1mm,才能保证钢丝相对位置不变,因此,选取丝杠的螺距为 1mm。为保证钢丝在卷筒上顺序排列,卷筒表面也刻上螺距为 1mm 的右旋螺纹。

下面进行提升转矩校验。

步进电机采用四通两相混合式步进电机,保持转矩 7.5N·m,考虑步进电机的矩频特性,给定脉冲的频率最大为 1kHz,即步进电机的转速为 300r/min,考虑卷筒的直径为 $D=50$mm,提升速度为 $v=0.5$m/s,即卷筒的转速 $n=191$r/min,可以看出,减速比 $i>1.57$ 均可满足要求,综合考虑行走小车箱体的体积,取减速比 $i=2$。由于步进电机的最大保持力矩为 7.5N·m,所以可以提升的重物最大质量为

$$m = \frac{Mi}{D/2}\bigg/ g = (7.5 \times 2 \times 2)/(0.05 \times 10) = 60 \text{ (kg)} \qquad (5\text{-}23)$$

式中,M 为步进电机最大转矩,N·m;g 为重力加速度,这里取 $g=10$m/s²;D 为卷筒直径,cm。

根据校验结果可以看出,选择的提升电机可以提起设计的最重负载 20kg,显然也可满足最大提升加速度小于 1m/s² 的要求。

3. 摆角检测与限位保护机构设计

(1) 角度检测机构设计

角度检测采用精密电位器作为角度传感器,型号为 WDD35D-4 型精密导电塑料电位器。参数如下:分辨精度 0.1%,阻值 1kΩ,电压<15V。为检测重物的角度变化,需通过角度传感器将角度变化转换为电压信号的变化。为了减小机构对角度变化的影响,在角度传感器机构的设计中,采取如下提高检测精度的方法。

① 辅助轴的设计

由于采用精密电位器作为角度传感器,不能承受很大的径向力,如何在保证准确测量角度的同时,减少重物摆动对电位器的磨损,是角度传感器机构设计的一个难点。为满足以上要求,可以在电位器的基础上增加一个辅助轴。辅助轴在这里不但传递角度信号,还承受重物摆动对传感器的径向力,从而保护了电位器。图 5-35 为电位器、辅助轴和支架的原理图。

② 穿线导管的设计

从图 5-35 中可以看出,若钢丝直接从辅助轴中心穿过,由于滚动轴承及电位器轴的阻尼,将影响角度的检测;同时由于辅助轴半径的存在,转动中心将不再是电位器轴心,对绳长的测量产生影响。为解决上述问题,可在辅助轴的基础上增加穿线导管。钢丝通过穿线导管连在辅助轴上,由于辅助轴有一定的长度,减少

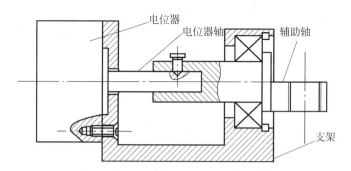

图 5-35　电位器、辅助轴和支架的原理图

了系统阻尼,使得整个角度检测机构的精度提高。

　　由于钢丝要从穿线导管中穿过,因此整个导管直径应该很细,但是实际加工中存在一个问题,即由于导管长 100mm,太细的导管无法加工。为此设计了组合式穿线导管,即整个导管由三部分组成:铝制粗导管、钢制的上、下穿线导管。图 5-36 为导管的原理图。其中下导管设计成活式,采用螺纹与铝制粗导管连接是为使钢丝易于从导管中穿过。

图 5-36　穿线导管原理图

　　采用上述两种措施,使得角度检测机构的检测精度提高,减少了角度检测中存在的测量机构对角度测量的影响。

　　(2) 小车位移检测机构设计

　　位移传感器:采用电感式接近开关,配以计数齿轮(参见图 5-30),从而实现吊车位移的检测功能。接近开关采用中沪 ZLJ 螺纹圆柱形电感式接近开关,型号:ZLJ-A12-4ANA,参数:检测距离 4mm,NPN 输出。实物如图 5-37 所示。

　　(3) 限位机构设计

　　小车的左、右限位检测采用反射式光电开关,实现行走小车的限位报警功能。型号为中沪公司的 YK 系列放大器内藏型光电开关。型号:YK-D10,参数:检测距离 0～30cm,NPN 输出。

　　重物上限位检测也采用了反射式光电开关,以实现重物提升的限位功能。型号为中沪 YK-R10,检测距离大于 3m,NPN 输出。实物如图 5-38 所示。

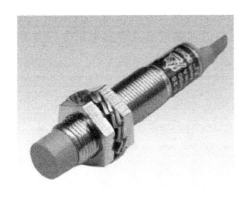

图 5-37　螺纹圆柱型电感式接近开关　　　　　图 5-38　反射式光电开关

5.3.2　实物仿真系统的电气控制平台

1. 伺服驱动

（1）交流伺服驱动

由于行走小车内部空间有限,因此行走驱动电机的尺寸要小,输出功率要满足要求;同时该系统对行走小车的定位精度也有一定的要求。因此,我们采用了松下电工公司 A 系列全数字式交流伺服电机作为行走小车的驱动电机(图 5-39)。

图 5-39　松下电工全数字式电机与驱动器

在本系统中,交流伺服电机工作采用力矩控制方式,力矩给定信号由控制平台的模拟量给定。

（2）步进驱动

在吊车的提升装置中,希望在提升重物的过程中可以同时对绳长有记忆功能,由于步进电机是通过对其发送脉冲进行工作的,这样通过对所发脉冲个数的计算就可以得到绳长了。这里采用四通公司的两相混合式步进电机作为垂直方向的提升驱动电机(图 5-40)。

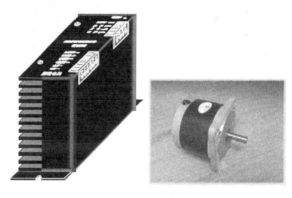

图 5-40   两相混合式步进电机及其驱动器

步进电机驱动信号为 TTL 电平,为了与控制系统的电平信号隔离及匹配,需要进行电平转换,才能对步进电机进行控制。同时,步进电机为直流供电,电源电压为 $24\sim80V$,而输入电源为交流电,这就需要进行交-直流整流变换。为此采用了如图 5-41 所示的步进电机驱动信号调节电路,将 PLC 发出的步进脉冲信号 P_S 和步进方向控制信号 P_D 转变为 TTL 电平,输入到步进电机驱动器进行步进电机的控制。采用图 5-42 所示的整流电路,将从 AC2N、AC2L 端输入的交流电源(接如图 5-48 中间隔离变压器的多抽头输出端,可以选择 24V、36V、55V 三个抽头,改变步进电机的供电电压),经整流电路后,变为直流电源给步进电机供电。

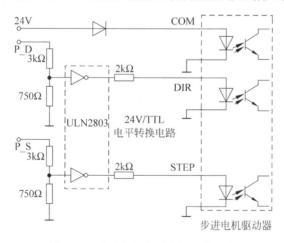

图 5-41   步进电机驱动信号调节电路

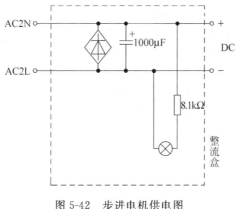

图 5-42　步进电机供电图

2. 基于 PLC 和 IPC 的控制平台

（1）基于 PLC 的控制平台

为了实现手动控制以及简单的控制算法，首先设计了基于 PLC 的控制平台，其结构如图 5-43 所示。根据系统的控制要求 PLC 采用西门子的 S7-200 系列 PLC 224，负责接收系统信号并通过控制交流伺服驱动器和步进电机驱动器控制小车的行走和重物的升降。由于摆角信号和伺服电机控制信号为模拟量，增加了模拟输入输出模块 EM235（4 路模拟输入，1 路模拟输出）。同时，选择配套的人机界面 TD200 作为用户进行参数设定及系统数据显示的窗口。图 5-44 为西门子 S7-200 系列的 PLC 及其配套的人机界面 TD200 实物图。

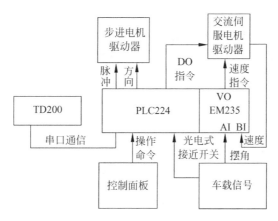

图 5-43　以 PLC 为核心的电控系统

根据吊车系统各部分需要，PLC 的资源及分配如下：

交流电机系统需要数字量控制信号 SRV-ON（伺服允许）、ZEROSPD（零速钳位）、CMODE（控制模式选择）、ACLR（报警清楚）、CCWL（左驱动禁止）、CWL（右

图 5-44 S7-200 系列 PLC 及 TD200 实物图

驱动禁止)和模拟量控制信号 SPR/IRQR(速度/转矩指令,-10V~+10V)输出(速度控制信号)。使用数字量输出 Q0.4~Q1.1 及模拟量输出 VO。

步进电机系统需要步进脉冲输出端和步进方向(数字量)控制端。使用 Q0.0(步进脉冲)和 Q0.2(步进方向)。

车载信号包括两个高速计数输入端(两个计程输出)、三个数字量输入端(左限位、右限位和上限位)和两路模拟输入端(摆角电流信号和速度检测信号)。分别使用 I0.0(高速计数端,使用 HSC0 的 0 模式)、I0.1(高速计数端,使用 HSC3 的 0 模式)、I0.2~I0.5 和模拟输入端 AI(摆角电流信号)、BI(速度检测信号)。

控制面板需要 8 个数字量输入端(手动/自动选择、内控/外控选择、启动按钮、急停按钮以及左右行走和提升下降点动命令),分别连接 I0.6~I1.7。

TD200 可通过串口直接与 PLC224 连接,两者之间的通信功能由产品自备,不需要另行编写。

(2) 基于 IPC(工业 PC)的控制平台

对于上述内容实现的基于 PLC 的吊车防摆控制系统(称为系统内控方式),由于 PLC 不能实现比较复杂的控制算法,为了解决这一问题,建立了"基于 IPC 的控制平台"(称为系统外控方式)。对于外控系统的设计,希望能够满足如下要求:

① 不改变已有的基于 PLC 控制的电子线路;

② IPC 控制吊车运行;

③ IPC 显示吊车运行状态(定位和摆角);

④ PLC 完成硬件的急停和限位保护功能。

对于建立 IPC 控制平台,首先要设计一个控制信号的切换系统,以协调系统中两个控制器的工作,其次就是选择合适的 PC 总线控制接口板卡,以满足系统的控制要求,完成上面的四个设计要求。

① 信号切换系统的设计

根据外控系统的设计要求,外控系统和内控系统使用同一个控制柜,也就是

说必须对已有的控制柜进行改进以同时满足内控和外控的要求。这一要求可以
通过控制柜面板上的控制旋钮来选择,是使用 IPC 还是 PLC 来控制吊车系统的
运行,而这个控制旋钮产生的信号送给 PLC,然后由 PLC 选择输入到电机驱动器
的控制信号是由 PLC 发出的还是由 PC 发出的,这一过程可以通过 PLC 编程实
现。图 5-45 为这一程序的流程图,图 5-46 则为用继电器组实现信号切换功能的
实物照片。

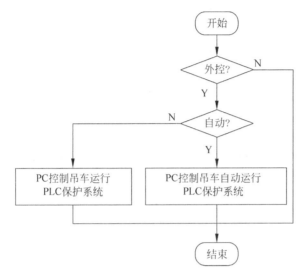

图 5-45 吊车信号切换控制流程图

图 5-46 切换电路

软件上,"手动运行"无防摆功能,"自动运行"具有防摆控制算法。

硬件上,设计并实现这样的信号切换电路,同时对内控和外控系统中各种不

兼容的信号进行调理,就可完成系统中两个控制器的相互协调工作。

② PC 总线控制板卡的选择

系统中采用两块 PC 总线数据采集/控制板卡来实现前面提出的控制要求,通过性价比的寻优,选择台湾凌华公司的产品 PCI9111-DG 和 ACL8454-6,其实物照片如图 5-47 所示。

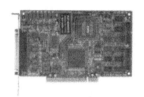 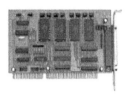

(a) PCI9111-DG   (b) ACL8454-6

图 5-47　实验用板卡

系统中,板卡 PCI9111-DG 主要用来采集摆角模拟量和输出控制交流伺服电机的模拟量,其模拟量的输入输出芯片为 ADS7804 和 DAC7541A。ADS7804 和 DAC7541A 是美国 BURR-BROWN 公司推出的一种新型 12 位 A/D 转换器,采用单 5V 电源供电,芯片内部含有采样保持、电压基准和时钟等电路,采用 CMOS 工艺制造,转换速度快、功耗低(最大功耗为 100mW)。转换器采用逐次逼近式工作原理,单通道输入,模拟输入电压的范围为 ±10V,采样速率为 100kHz。

PCI9111-DG 主要特征如下:

- 32 位 PCI 总线;
- 12 位模拟量输入分辨率;
- 100kHz 最高 A/D 转换率;
- 16 路单端 8 路双端 12 位 A/D;
- ±10V 的模拟输入范围;
- 16DI、16DO;
- 1 路 12 位单/双端模拟量输出;
- 37pin＋2×20pin 接口。

系统中,板卡 ACL8454-6 用于定时、计数和数字量控制信号的输出,该卡的核心芯片 8254 可以看成是一个具有四个输入/输出接口的器件,其中三个是计数器,一个是可编程序工作方式的控制寄存器。

ACL8454-6 主要特征如下:

- ISA 总线;
- 4 通道 16 位定时/计数可外用;
- 16DI、8DO;
- 2 个中断源;

- 最高 10MHz 时钟；
- 37pin 接口。

（3）系统供电

系统供电如图 5-48 所示，系统通过航空插头 HC1 接到交流 220V 电源上。为保证系统安全，防止供电及信号线之间的干扰，系统采用了"多处隔离"的保护措施。

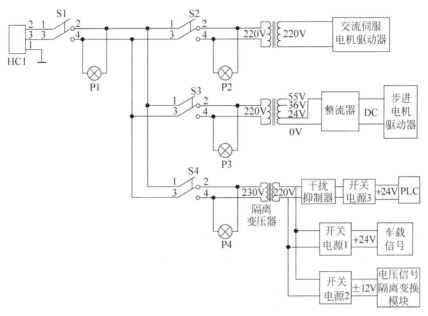

图 5-48　系统供电图

为了防止交流伺服电机、步进电机和信号之间通过电源干扰，这里分别采用了三个隔离变压器供电，同时在 PLC 的电源输入端加入干扰抑制器，防止电机运行产生的谐波通过供电电源干扰 PLC。

为了防止信号之间的共地干扰，分别采用三个开关电源对 PLC、车载信号和电压隔离变送模块供电。PLC 通过电压隔离变送模块将交流伺服电机速度指令信号（-10V～+10V）加在驱动器上，保障信号指令不受干扰。

（4）摆角检测电位器

由于摆动的幅值不超过 30°（对应输出的摆角电压信号为 4～6V），模拟电压信号在长线传输过程中很容易衰减与受到干扰，将会严重影响摆角测量精度。为此，系统中采用了如图 5-49 所示调节电路，将电位器输出的摆角电压信号通过隔离变换模块 WBV344E1 变为 0～20mA 的电流信号，然后通过电缆线引入控制柜，图 5-50 为 WB 隔离变换模块的实物照片。由于电流信号抗干扰能力强，能够克服长线传输中的干扰，可有效提高摆角检测精度；同时，为了避免摆角信号和供电电源的共地干扰，采用了 24/12V DC-DC 隔离变换电源给隔离变换模块 WBV344E1 供电，使得摆角信号在进入控制柜前进行了隔离，提高了摆角检测的安全性。

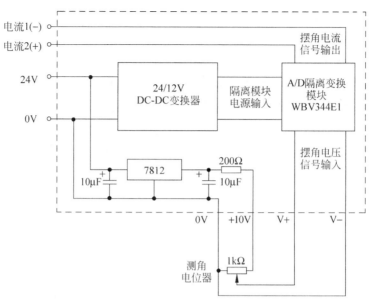

图 5-49　车载电位器信号调节电路原理图

图 5-50　WB 信号隔离模块

在基于 IPC 的控制平台下，为了匹配工控板卡 PCI9111-DG 的模拟电压采入要求，在电流传输的末端通过一个 250Ω 精密电阻将电流信号转换成电压信号。

3. 控制柜总体装配

吊车防摆实验装置电气控制柜结构如图 5-51 所示，该控制柜可独立作为基于 PLC 的一个控制平台，同时也为基于 IPC 控制平台提供完整的电气系统。系统的信号线都通过下面的航空插头引入电控柜，进行转接、调节，进入控制器；控制器发出控制信号到电机驱动器，电机电源线也由下面的航空插头引出。

为了便于操作，在图 5-51 上部控制面板上安装有控制方式切换旋钮（手动/自动、内控/外控）和手动操作旋钮（提升、下降、左行、右行点动按钮和启动、急停按

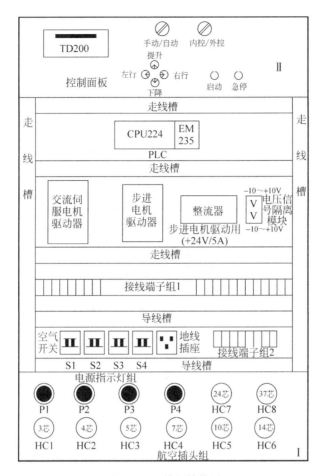

图 5-51　电控柜结构图

钮)。为了便于观察系统运行状态,安装了 TD200 人机界面和 PLC 通过串口连接,用于设定系统运行参数和观察系统运行状态。

吊车实物仿真控制平台的实物照片,如图 5-52 所示。

(a) 工业PC

(b) 控制柜

图 5-52　吊车实物仿真系统控制平台

5.3.3　实物仿真实验

本节介绍在所建立的仿真实验平台上进行的三组实验,分别为无防摆控制算法的联动(小车水平行走和重物提升同时进行)实验、基于时间最优的定摆长防摆实验和基于非线性控制算法的联动防摆实验。其中前两种实验都可以通过基于 PLC 的内控平台进行,但是第三组实验由于算法对于 PLC 来说比较复杂,不能在内控平台上进行。因此,本节将只介绍通过外控平台(IPC 控制)实现该三组实验的相关内容。

系统软件采用 Visual Basic 6.0 语言开发。首先,该语言是 Windows 编程语言,可以实现其他任何 Windows 编程语言的功能,所设计的程序具有 Windows 环境的五大优点,即标准的图形用户界面、动态链接(DLL)、多任务、设备独立性及直接操作特性;其次,所选择的 Adlink(凌华)数据采集卡提供有专门 Visual Basic 的函数库予以调用,可以大大降低编程的难度,同时也可以节约开发的时间;再次,由于开发时间的限制,Visual Basic 易于学习也成为其被选择为开发软件的原因之一。

1. 系统软件设计

根据控制系统的功能要求,系统的界面设计分为四个部分。

(1) 右侧控制栏

右侧控制栏的最上方给出了该外控系统的一般操作流程,以提示第一次使用该系统的操作人员;下方的系统操作栏主要用于开启系统和退出系统,当系统刚刚开启时,需要单击初始化系统按钮,以初始化数据采集卡以及系统的一些运行参数,显示灯亮(红色)则表示初始化成功,否则需要重新初始化,使用完毕,单击退出系统则正常退出该系统,中间的曲线操作选项主要用于处理系统得到的运行参数,可以将系统运行得到的参数保存起来。

(2) 手动控制页面

该页面包括当前运行的参数显示、水平向手动控制和垂直向手动控制三个部分,手动控制只可以实现单轴的运动控制,水平向包括左右;垂直向包括上下,各自的控制栏里有停止运行的按钮用来停止,即该手动控制是点动式的,控制页面如图 5-53 所示。

(3) 主页面

如图 5-54 所示,该页面包括吊车实际运行的动画显示、吊车运行状态的数据显示(起始位置、起始绳长、起始摆角、当前位置、当前绳长和当前摆角)、吊车运行控制算法的选择(两轴联动不加控制算法、时间最优控制之前提升、时间最优控制之后提升、非线性解耦转矩控制和非线性解耦速度控制)以及吊车自动行走时参数(重物质量、目标位置和目标绳长)的设定和控制等功能。

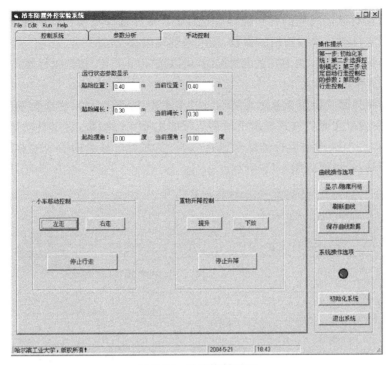

图 5-53　手动控制页面

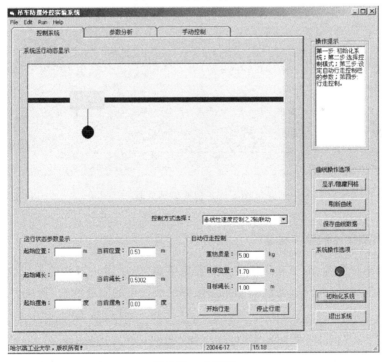

图 5-54　主页面

　　一次自动行走过程的操作流程是这样的:首先选择自动行走的控制方式,然后合理设定自动行走控制栏的参数,接下来就可以按"开始行走"按钮,则吊车将按设定的控制算法运行,当遇到紧急情况时,可以按"停止行走"按钮强行停止。

　　(4) 曲线显示页面

　　该控制界面主要用于显示系统运行时小车位置、绳长和重物摆角三个变量的曲线,该曲线以实时的方式显示出吊车运行的主要状态参数,对于自动运行,在运行结束后,对本次自动运行的结果进行分析,并在对应显示的曲线的右边显示出分析的结果,该页面如图 5-55 所示。

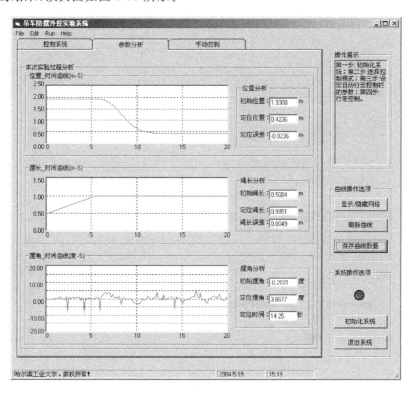

图 5-55　曲线显示页面

2. 检测数据的数字滤波

　　对于小车位置、绳长和重物摆角的数据采集,为了防止可能的干扰信号,需要对采集的变量进行滤波,滤波算法采用限幅滤波法中的限速滤波,算法表示如下:

$$\begin{cases} y = y(n), & |y(n) - y(n-1)| \leqslant \Delta y_0 \\ y = y(n-1), & |y(n) - y(n-1)| > \Delta y_0 \end{cases} \tag{5-24}$$

　　根据该算法,一个采样周期中对应小车位置、绳长和摆角的 Δy_0 分别为 $0.06\mathrm{m}$、$0.01\mathrm{m}$ 和 $0.5°$,这样保证了小车位置、绳长和摆角变量变化的基本连续性。

小车位置是通过两个计数器分别记录两个安装在小车从动轮上的接近开关发出的计程脉冲得到的,由于机械上的原因,会出现某个时刻一个从动轮与横梁不接触的情况,即与此对应的接近开关不发出脉冲,从而造成位置测量的错误。为了解决这个问题,程序采用了如下滤波算法。

假设某个采样周期两个计程轮($c1$ 和 $c2$)对应的计数器的位置分别为 $p1(n)$ 和 $p2(n)$,相对前一采样周期位置的增量分别是 $d1(n) = p1(n) - p1(n-1)$,$d2(n) = p2(n) - p2(n-1)$。

如果 $|d1(n)| > |d2(n)|$,则认为在两个采样周期间隔内,计程轮 $c2$ 停止过计数,以计程轮 $c1$ 为准,该段时间位置增量为 $d1(n)$,速度为 $d1(n)/T$;否则,以计程轮 $c2$ 为准,该段时间的位置增量为 $d2(n)$,速度为 $d2(n)/T$。

可见,该算法的精度只与采样周期有关,随着采样频率的提高,位置测量的精度相应提高。

3. 控制算法的实现

在完成变量的采集工作后,下面给出本系统使用到的主要控制算法的程序实现流程图。首先给出"部分解耦非线性控制"[30]程序流程图(如图 5-56 所示),从图中可以看出,在垂直方向上绳长的改变用的是步进电机,在整个绳长的定位过程中通过发送频率一定的方波脉冲,可使绳长匀速改变。开始运行后,系统取出设定的目标位置和目标绳长,通过目标位置、目标绳长和当前位置、当前绳长进行比较以决定运动的方向。对于小车水平方向和垂直方向的运动同时开始控制,水平方向应用提出的部分解耦的非线性控制算法计算出控制交流伺服电机的实时电压值,垂直方向给定步进电机一个频率固定数量确定的脉冲串。关于定位,水平方向使用的为闭环定位,即小车的位置和设定的目标位置距离不超过 0.03m 的时候水平方向则开始零速钳位,垂直方向则采用开环的方式定位,即通过计算出来的脉冲数发送完毕则绳长定位结束,定位结束后输出本次自动行走的结果。

为了进行比较,该实验系统还编程实现了不加控制算法的两轴联动控制和基于时间最优控制的定绳长消摆控制策略[29]。

对于不加控制算法的两轴联动控制也可以由图 5-56 进行说明,不加控制的两轴联动算法实质上就是对小车位置和绳长位置分别单闭环,让它们以一个设定好的速度运行。

时间最优的方法实质上是一种开环控制的办法,它通过分析重物的摆动情况,根据需要行走的距离事先计算出相应的小车运行速度的时间序列,然后让加速度已知的小车按照这样的时间序列行走,从而达到定位和消摆的目的。

根据该算法,给出的程序框图如图 5-57 所示,由于该算法是定摆长防摆控制

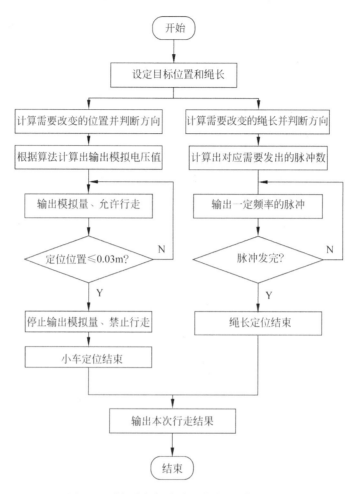

图 5-56　"部分解耦非线性控制"程序流程图

策略，因此对于绳长的改变必须单独进行，在设定完目标绳长和目标位置后，首先根据设定的目标绳长进行绳长定位，在绳长定位完毕以后，进行适当延时，再实现小车的防摆定位控制。防摆定位控制基于事先设定好的小车加速度，根据绳长和小车行走距离计算出小车运行的最大速度，然后让控制器输出对应该速度的模拟电压。

4. 系统实验与结果分析

（1）系统实验

根据搭建的龙门吊车实物仿真系统的实际性能指标，在该系统上进行了实物实验来检验参考文献[30]提出的"部分解耦的非线性控制方法"。为了有所对比，同时进行了定绳长单拍消摆控制方法的实验和不加防摆控制算法时两轴联动情形的实验结果。表 5-2 和表 5-3 分别为吊车在 $M=50\text{kg}, m=5\text{kg}$，吊车运行前保

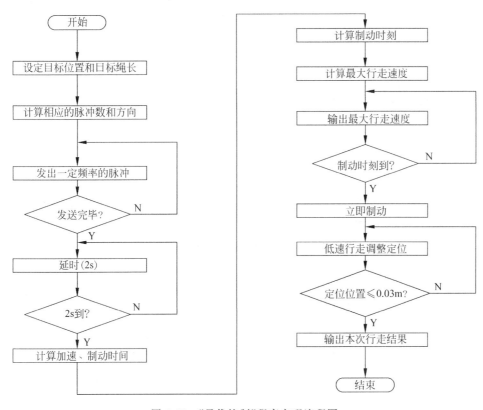

图 5-57 "最优控制"程序实现流程图

持静止的初始状态情况下得到的不加防摆控制策略时的两轴联动实验结果、基于时间最优控制的单拍消摆实验结果以及参考文献[30]提出的部分解耦非线性控制时的实验结果。

表 5-2 不加防摆控制策略时的两轴联动实验结果

实验项目　　　实验组号	1	2	3	4	5	6
初始位置/m	0.516	0.500	0.500	1.701	1.701	1.709
目标位置/m	1.700	1.700	1.700	0.500	0.500	0.500
定位位置/m	1.678	1.686	1.701	0.500	0.492	0.500
位置误差/m	0.022	0.014	0.001	0.000	0.008	0.000
初始绳长/m	0.500	0.500	0.505	0.997	0.994	0.994
目标绳长/m	1.000	1.000	1.000	0.500	0.500	0.500
定位绳长/m	0.997	0.997	0.991	0.509	0.504	0.505
绳长误差/m	0.003	0.003	0.009	0.009	0.004	0.005
定位摆角/(°)	7.68	5.90	7.11	5.33	5.45	6.63
定位时间/s	5.86	5.86	5.75	5.75	5.75	5.38

表 5-3　最优控制基于时间的单拍消摆实验结果

实验项目＼实验组号	1	2	3	4	5	6
初始位置/m	0.500	0.500	0.500	1.772	1.795	1.725
目标位置/m	1.700	1.700	1.700	0.570	0.590	0.520
定位位置/m	1.678	1.693	1.678	0.592	0.618	0.547
位置误差/m	0.022	0.007	0.022	0.024	0.028	0.027
初始绳长/m	0.500	0.500	0.500	0.995	0.991	0.992
目标绳长/m	1.000	1.000	1.000	0.500	0.500	0.500
定位绳长/m	0.992	0.989	0.995	0.509	0.510	0.503
绳长误差/m	0.008	0.011	0.005	0.009	0.010	0.003
定位摆角/(°)	1.26	1.34	2.16	1.02	2.28	3.12
定位时间/s	13.00	13.13	12.50	13.50	13.88	13.38

表 5-4　部分解耦非线性控制时的实验结果

实验项目＼实验组号	1	2	3	4	5	6
初始位置/m	0.500	0.500	0.500	1.796	1.782	1.709
目标位置/m	1.700	1.700	1.700	0.590	0.500	0.500
定位位置/m	1.685	1.678	1.678	0.602	0.518	0.524
位置误差/m	0.015	0.022	0.025	0.012	0.018	0.024
初始绳长/m	0.500	0.500	0.500	1.001	0.985	1.002
目标绳长/m	1.000	1.000	1.000	0.500	0.500	0.500
定位绳长/m	0.991	0.990	0.995	0.502	0.514	0.518
绳长误差/m	0.009	0.010	0.005	0.002	0.014	0.018
定位摆角/(°)	1.15	1.43	1.91	2.48	2.03	2.40
定位时间/s	4.00	4.13	4.38	5.50	4.80	6.13

表 5-2～表 5-4 的前三组实验是将重物由高处某一点吊运到低处某一点,后三组为重物由低处某一点吊运到高处某一点。根据实际实验条件,三组实验分别是选择小车的水平移动位置为 1.2m,重物的垂直升降为 0.5m 典型数据进行的。

由表 5-2 可以看出当吊车不加防摆控制算法时,其水平方向的定位误差小于 0.03m 垂直方向的定位误差小于 0.01m,联动的结果使得小车定位的时间明显提高,但是不具有防摆的功能,不论是将重物由低处吊往高处还是将重物由高处吊往低处,定位时间在 5～6s 之间,但是重物的摆动比较大,在 5°～8°之间。

由表 5-3 可以看出当吊车使用定摆长单拍消摆策略时,其水平方向的定位误差小于 0.03m,垂直方向的定位误差小于 0.015m,重物的摆动情况有明显好转,在绳长较长的时候摆动比较小,不超过 1.5°,但是当绳长较短的时候摆动有所增大,最大达到 3.12°。分析简单的单摆,根据能量守恒定律,同样的动能,当摆长较短时摆动的角度必然大于摆长较长的情况,因此对于该防摆控制算法,当残留的动能相同的时候,绳长较短的情况下吊车定位后不能充分地消摆,残留的动能将使得重物的摆动角度比绳长较长的情况要大。由于该算法将吊车的绳长改变和小车定位分开进行,而且在这之间进行了 2s 的延时,所以其最终定位的时间变得比较长,在 12～14s 之间,而且绳长较长时的平均定位时间应该小于绳长较短时的定位时间也是合理的。因为根据算法,绳长较长时小车运行的速度比绳长较短时小车运行的速度要大,而其他费时基本相同。

由表 5-4 可以看出当吊车使用非线性控制算法时,其水平方向的定位误差小于 0.03m,垂直方向的定位误差小于 0.02m,吊车运行效率有明显提高,定位时间和不加控制时两轴联动运行的结果一样有了显著的提高,定位时间在 4～6.5s 之间,并且该控制算法有明显的防摆效果,由实验结果可以看出在绳长较长的时候摆动比较小,不超过 2.0°,但是当绳长较短的时候摆动有所增大,最大达到 2.5°,原因和单拍消摆的情况相同。

(2)结果分析

为了明显地区别三组实验的效果,分别将上面三组实验中的第 2 组实验数据保存出来并用 MATLAB 将三次实验的结果曲线在一幅图上显示,如图 5-58 所示。由该图可以明显看出上面三组实验结果的差别:不加控制时两轴联动所需要的时间和非线性控制算法使用时间接近,大概为 5s,而最优控制算法的定位时间则需要 13s 左右(包含绳长定位结束后延时 2s),而定位后重物的摆动情况则是使用非线性控制算法和定绳长最优控制算法基本相同(为 1.5°左右),而不加控制算法的联动情况摆动比较明显(为 6°左右)。

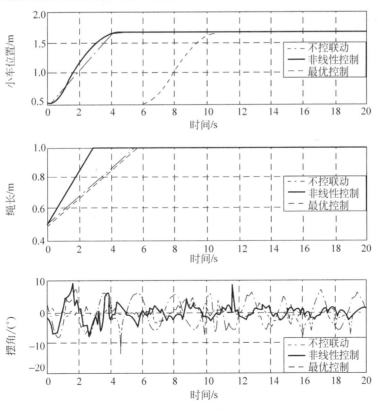

图 5-58 实验结果曲线

　　综合实验情况可见,非线性控制算法的效率是最高的,可同时达到快速定位和防摆的效果。

5.4　问题与探究——独轮自行车实物仿真

1. 问题提出

　　对于人们常见的独轮自行车(如图5-59所示),其运动特性实质上可抽象为一个在平面上移动的一阶倒立摆,抽象的物理模型如图5-60所示,F_1、F_2分别表示施加在x_1、x_2方向上的控制力,均质倒立摆的杆长为l,倒立摆在空间的摆动情况可以由θ、ϕ两个角度决定。

图 5-59　独轮自行车与实物仿真

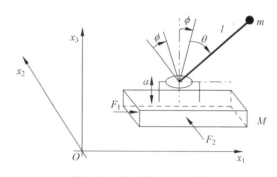

图 5-60　平面倒立摆示意图

　　这样建立一个一阶平面倒立摆实验系统,实质上可完成独轮自行车驾驶的实物仿真。

2. 问题探究

(1) 机械结构设计问题

机械机构的设计是能否很好完成该实物仿真系统的基础,在设计中应考虑到下面几个问题:

① 三个主要机械部件(移动平台、杆和配重)的材料选取及比例配置;

② 如何实现平台的移动;

③ 驱动系统与移动平台的安装配合。

(2) 摆角检测与驱动控制问题

摆杆的摆动检测是该系统中值得重视的一个问题,对于一个空间的摆角可通过相应的两个平面角度(x_2Ox_3 平面的 ϕ 角与 x_1Ox_3 平面的 θ 角)来确定,但是这两个角度的测得显然需要机械和电气的配合,该问题可参见文献[32]中给出的吊车系统的摆角检测方案。

驱动控制方案和如何实现平台的移动问题相关联,即将平台设计成有"丝杠传动"的形式还是通过"同步带"拖动平台在平面上移动的形式,将影响到驱动控制的方案;同时不同驱动电机的选用会影响到控制算法的研究问题。

(3) 控制策略问题

从上面的系统结构可见,最终实现的实物仿真系统是一个"两轴联动"的运动控制问题,其中将涉及到模型的非线性、两轴间的耦合等建模与控制器设计问题。

以上三个问题实际上是相互联系的,机械设计和电气设计必须要综合考虑,机械设计必须考虑到电气系统的可实现问题,电气系统的设计同样也要考虑到机械安装的可实现问题。同样,研究适合的控制算法也会涉及机电系统的设计问题。

本章小结

本章从系统仿真的类型出发,说明了实物仿真/半实物仿真技术具有最高可信度;现有的商业化半实物仿真工具(例如,dSPACE 半实物仿真平台)与商业化的仿真软件(例如,MATLAB 语言)有机结合,为理论研究与工程化的产品开发开辟了一个经济、高效、真实的仿真技术新天地。

给出了基于 dSPACE 半实物仿真工具的土木结构抗振控制仿真实验结果,高效快捷的仿真实验验证了 TORA 技术在土木结构抗振控制中的有效性,为今后的深入研究奠定基础。

详细阐述了龙门吊车重物防摆控制实物仿真平台的开发过程,其中应用 CAD 软件进行的机械系统设计、传感器选型、电气控制系统设计/组装,以及控制计算机/上位管理计算机软件等环节的开发过程,可为同类实物仿真系统平台的开发提供借鉴。

最后,本章提出了一个"独轮自行车/平面倒立摆的实物仿真问题",供大家思考;我们相信,读者基于本书的内容,通过查阅资料、系统建模、仿真实验,一定能够给出自己的系统实现与控制方案。

参考文献

[1]　单家元,孟秀云,丁艳半,等. 半实物仿真(第 2 版)[M]. 北京:国防工业出版社,2013

[2]　王子才. 仿真技术发展及应用[J]. 中国工程科学,2003,5(2):40-44

[3]　田芳,黄彦浩,史东宇,等. 电力系统仿真分析技术的发展趋势[J]. 中国电机工程学报,2014,34(13):2151-2163

[4]　宋强,刘钟淇,张洪涛,等. 大功率电力电子装置实时仿真的研究进展[J]. 系统仿真学报,2006,18(12):3329-3333

[5]　Dusan Majstorovic, Ivan Celanovic, Nikola DjTeslic, et al. Ultralow-Latency Hardware-in-the-Loop Platform for Rapid Validation of Power Electronics Designs [J]. IEEE Transactions on Industrial Electronics, 2011, 58(10):4708-4716

[6]　Adrian Martin, M. Reza Emami. Dynamic Load Emulation in Hardware-in-the-Loop Simulation of Robot Manipulators[J]. IEEE Transactions on Industrial Electronics, 2011, 58(7):2980-2987

[7]　Myaing A, Dinavahi V. FPGA-based Real-time Emulation of Power Electronic Systems with Detailed Representation of Device Characteristics [J]. IEEE Transactions on Industrial Electronics, 2011, 58(1): 358-368

[8]　丁荣军. 快速控制原型技术的发展现状[J]. 机车电传动,2009,(4): 1-3

[9]　王坚. 电力电子系统硬件在回路仿真技术的探讨[J]. 大功率变流技术,2011,(2): 1-5

[10]　许为,应婷,李卫红. 电力电子半实物仿真技术及其发展[J]. 大功率变流技术,2014,(6): 1-5

[11]　葛兴来,宋文胜,冯晓云. 基于 dSPACE 的高速列车牵引传动系统[J]. 电力自动化设备,2012,32(3):18-22

[12]　付志红,熊学海,侯兴哲,等. 基于 dSPACE 平台的电能计量实时仿真系统[J]. 仪器仪表学报,2011,32(8):1763-1770

[13]　杨达亮,卢子广,杭乃善. 电力电子系统实时仿真综合平台及设计方法[J]. 电力自动化设备,2011,31(10):139-143

[14]　汪谦,宋强,许树楷,等. 基于 RT-LAB 的 MMC 换流器 HVDC 输电系统实时仿真[J]. 高压电器,2015,51(1): 36-40

[15]　毕大强,常方圆,党克,等. 基于 RT-LAB 的风电并网混合仿真系统[J]. 电源学报,2014,(6): 36-41

[16]　范瑞祥,邓才波,徐在德,等. 基于 RTDS 的有源电力滤波器实物控制器闭环仿真技术[J]. 电力系统自动化,2014,38(21): 104-107

[17]　蔡光权,张云龙,李颖. 基于 AD5435 的电子节气门快速原型控制[J]. 内燃机,2010,(5): 7-10

[18]　王振华,许辉,陈国栋,等. 基于 Procyon 半实物仿真系统的伺服电机控制[J]. 制造业

自动化，2013，35(11)：26-29

[19] Wan C J，Bernstein D S，Coppola V T. Global Stabilization of the Oscillating Eccentric Rotor[J]. Nonlinear Dynamics，1996，10(5)：49-62

[20] 王振发. 分析力学[M]. 北京：科学出版社，2002：41-77

[21] 高丙团，贾智勇，陈宏钧，等. TORA 的动力学建模与 Backtepping 控制[J]. 控制与决策，2007，22(11)：1284-1288

[22] Celani F. Output regulation for the TORA benchmark via rotational position feedback [J]. Automatica，2011，47(3)：584-590

[23] Tadmor G. Dissipative design，lossless dynamics，and the nonlinear TORA benchmark example[J]. Control Systems Technology，IEEE Transactions on，2001，9(2)：391-398

[24] 高丙团. TORA 的动力学建模及基于能量的控制设计[J]. 自动化学报，2008，34(9)：1221-1224

[25] 高丙团，孙国兵. TORA 转子位置反馈的稳定控制方法[J]. 电机与控制学报，2010，14(8)：58-62

[26] Jiang Z P，Kanellakopoulos I. Global output-feedback tracking for a benchmark nonlinear system[J]. Automatic Control，IEEE Transactions on，2000，45(5)：1023-1027

[27] Wang W，Yi J，Zhao D，Liu D，Design of a stable sliding-mode controller for a class of second-order underactuated systems，IEE Proc，Control Theory Appl，2004，151，(6)，pp. 683-690

[28] 金玉岭. 吊车防摆控制实物仿真技术研究. 哈尔滨工业大学硕士论文，2002

[29] 熊永波. 吊车防摆实物仿真技术研究. 哈尔滨工业大学硕士论文，2003

[30] 高丙团. 非线性控制理论在吊车防摆中的应用研究. 哈尔滨工业大学硕士论文，2004

[31] 胡宗武，顾迪民. 起重机设计计算. 北京：北京科学技术出版社，1987

[32] Diantong Liu，Jianqiang Yi，Dongbin Zhao，Wei Wang. Adaptive sliding mode fuzzy control for a two-dimensional overhead crane. Mechatronics，2005，15：505～522